IDL程式語言

許志浤◎著

中央大學出版中心｜遠流

前言

　　IDL（Interactive Data Language）是一個直譯互動式的電腦語言，在科學和工程上已經有廣泛的應用，尤其在醫學和遙測方面。其指令語法簡單易懂，接近人類的思考方式，其計算和繪圖功能強大，可幫忙解決複雜的工作需求，所以深受科學家和工程師的喜愛。它與學習其它電腦語言一樣，基本的概念和技巧易學，但要廣泛、深入且精通，則需要不斷地研讀和練習。台灣的 IDL 使用者不多，主要的原因是市面上的 IDL 書籍大部分是以英文書寫，而 IDL 內建的線上查詢系統也是英文版，在語言的隔閡下，學生的學習效果自然下降，作者在此動機下，才提筆撰寫。因學校工作繁忙，無法全時撰寫，歷經數年，才得以完成。

　　本書的作者於 1989 年進入美國阿拉斯加大學費爾班克分校的地球物理研究所攻讀博士學位。在學期間，師事 Dr. Daniel Weimer，學習太空衛星資料分析和研究地球極區上空電離層的對流電場，Dr. Weimer 是 IDL 的專家，開始帶領作者進入 IDL 的殿堂，作者因此開始感受到 IDL 程式撰寫的簡單性和方便性，也深深地感受到 IDL 強大資料處理和繪圖功能的震撼，從此離不開 IDL。博士畢業後，在台灣做博士後副研究員，到日本當研究講師，然後前往美國做研究員，最後回到母校國立中央大學太空科學所任教，也都使用 IDL 進行做太空物理研究。因 IDL 是跨電腦平台，在做工作單位轉換時，不需要學習新的程式語言，節省許多寶貴的時間。回台灣後，開授「高等程式設計」和「太空資料分析與模式化」二門課程，為課程教學需要，開始研讀與 IDL 相關的書籍和線上查詢系統，在教學相長的作用下，讓作者更深入了解 IDL 的概念和運作方式。在此感謝 Dr. Weimer 對作者在 IDL 方面的啟發和教導。

　　本書是根據作者長期使用 IDL 的經驗和參考 IDL 的線上查詢系統撰寫而成，編排方式盡量簡單易懂，並附上大量的範例，讓讀者快速地從範例中學習 IDL 指令的語法和關鍵字的運用，以期在最短的時間內達到學習的效果和工作的需求。而且，本書的大部分章節會配置至少一個表格，簡單扼要地敘述每個章節的內容。進階的讀者可以只參閱表格內的重點，回憶曾經學習過的指令和語法。初學者則需要詳細閱讀各章節的內容，然後實際地操作練習，以掌握正確的使用方法。本書章節的編排是參照洪維恩教授編著的《Matlab 7 程式設計》書籍而訂定，本書作者認為洪教授的書籍編排簡單明瞭且有條理，各個章節獨立，讀者可以根據工作需求來參閱特定章節，以節省查詢的時間。

　　本書將完整地介紹 IDL 的基本概念和實施方式，對於 IDL 的專業物件和視窗界面指令，只是做基本的介紹。本書主要是適用於 IDL 的初學者，如果想成為 IDL 的專業程式設計師，則需要閱讀其它的專業書籍，甚至包括 C 語言撰寫、資料庫管理以及網

頁程式設計等主題。在熟悉 IDL 基本的物件和視窗界面之實施方式後，很容易繼續學習進階的物件和視窗界面之實施方式。本書作者相信，IDL 的基本指令精通後，許多複雜的計算和繪圖工作都可完成，進階的指令也是由基本的指令所寫成，直接使用可以節省很多程式撰寫的時間，但會受限於進階指令執行流程的設計和規格，可能不會完全滿足工作的需求。例如 ENVI 軟體是 IDL 進階的視窗界面，影像處理的功能強大，但必須熟悉 ENVI 界面的特定運作方式，才能靈活運用，另外 ENVI 軟體也需要 IDL 來擴展其現有的功能。市面上也有許多第三者撰寫的 IDL 進階程式，如果剛好符合工作需求，也可以直接拿來使用，但不要太依賴，以後變成都會上網尋找特定程式，並不是自己寫程式來解決工作上的問題。本書作者不是反對使用進階的程式，只是希望讀者能更熟悉且精通基本的指令，遇到特別的工作需求時，可以自己獨立撰寫程式。

從 IDL 7.0 版本開始，IDL 公司推出新繪圖系統（new graphics），提供一些繪圖函數，可以簡單地繪製複雜的圖形，例如顏色桿、條形圖以及箱型圖等，但在本書中不介紹新繪圖系統，因本書作者相信這些複雜的圖形以 IDL 傳統的繪圖系統也能做到，只不過比較費時。新繪圖系統是建立在物件的繪圖和傳統的指令語法上，等傳統的繪圖方式熟悉後，再從線上查詢系統去學習新繪圖系統，這些新繪圖指令的掌握可以更得心應手。本書介紹的指令和關鍵字至少可以適用至 IDL 6.0 版本，更低的版本也可能適用，但有少部分的指令或關鍵字會發生問題，當這種情況發生時，讀者可以使用線上查詢系統去做確認。在 IDL 中，有些指令所配合的關鍵字很多，本書只列出常用的關鍵字，作者不希望以本書去取代線上查詢系統，希望讀者先熟悉常用的關鍵字，然後再從線上查詢系統擴展至其它特殊需求的關鍵字。對於各個指令的完整關鍵字集，讀者可以查閱 IDL 系統的線上查詢系統，注意的是，有些指令的關鍵字會互相衝突，不能同時使用，或者某一個關鍵字一旦使用，就會讓另一個關鍵字失效。

本書採取不精簡的寫作風格，有些內容會在不同章節中重複介紹，主要是為了各個章節的獨立性和完整性，作者希望讀者在同一章節學到與相同主題相關的 IDL 觀念和技巧，盡量不要跳到其它章節去學習，以避免分心至其它主題，作者也極力避免重複過多的情況。本書附上的範例眾多，讀者需要反覆練習，直到熟練為止。有些範例針對相同的工作需求，卻以不同方式來實施，一樣都可達到目的，作者希望以這樣的書寫方式，讓讀者不要拘泥於某一種特別的方法，能夠多方嘗試來找出最適當的方法，另外也可傳達「執行方式不只有一種」的概念，讓讀者能夠靈活應用 IDL 程式語言來幫忙解決工作上的需求。在本書的範例中，如果指令敘述的前面包含提示符號「IDL>」，代表這個指令敘述可以直接輸入，如果沒有包含提示符號，則需要使用文字編輯器把所有的指令敘述鍵入成為一個檔案，然後以指令「.RUN」實施編譯與執行。

對於初學者，作者建議讀者先閱讀第一章的 IDL 系統之基本操作、第二至四章的

三維以下陣列之建立與運算、第六至七章的二維之基本影像繪圖、第十四至十五章的控制指令之運用和副程式之實施、第十六章的一般資料之存取。當讀者熟悉上述章節的內容後，則變成進階使用者，自己可以依據不同的工作需求來選擇適當的章節閱讀，例如需要做三維繪圖的讀者，可繼續閱讀第五章和第八章的三維陣列之建立和繪圖；需要做數學運算的讀者，可跳至第三篇的微積分、線性代數、統計、擬合以及內插的實施；需要做數據訊號處理的讀者，可研讀第二十三至二十四章的時間序列資料之繪製和頻譜之分析；需要做地圖繪製的讀者，可參照第二十五章的地圖之繪製；需要做影像處理的讀者，可參考第二十七至二十八章的數位影像之處理和感興趣區域之分析。專業程式設計師可從第二十九至三十章獲得圖形界面製作和物件繪圖的基本知識和概念。本書提供中英文對照表和英文索引，方便讀者查閱特定內容的位置。本書範例的程式碼可以從網頁 http://www.ss.ncu.edu.tw/~jhshue/idl_programming.html 下載。

有很多人的協助才能讓這本書完成，感謝老婆（李碧惠）的全力支持，讓作者沒有後顧之憂；感謝兒子（許柏祥）提供的封面設計靈感，本書才有簡單而有力的封面；感謝地科領域同事（呂凌霄、黃世任和黃健民）的激勵，作者才沒有半途而廢；感謝助理（齊宇柔）和學生們（吳冠廷、徐稚婷、畢可為、黃冠瀚、陳沛羽、蔡承新、謝文傑、謝怡凱）的校稿，才能讓本書得以完美呈現；感謝中大出版中心（李光華、周惠文、張翰璧、徐幸君）的審查、遠流出版公司（簡玉欣）的排版，以及科協股份有限公司（康念滇）的授權，本書才能順利出版。

本書封面的主插圖是由IDL的物件繪圖製作而成的，包含一個IDL標誌和二個魔術方塊，一個雜亂的魔術方塊代表執行IDL前的工作狀態，另一個整齊的魔術方塊代表執行IDL後的工作狀態，雜亂的魔術方塊掉至IDL標誌後變成整齊的魔術方塊，就像生澀的蘋果掉至牛頓的腦袋上後變成有條理的科學成果。IDL程式語言的功能強大，可以幫助使用者將雜亂的工作狀態變成整齊的工作狀態，成就豐碩的研發成果。

許志泓

jhshue@jupiter.ss.ncu.edu.tw

目錄

第一篇　基本語法

第一章 IDL 系統介紹

本章簡介

　　IDL（Interactive Data Language）是個互動式的高階電腦語言（computer language），其語法簡單且容易學習，廣受科學家和工程師的喜愛。其應用範圍涵蓋農林漁資源遙測、環境監測、生物醫學、光電工程、地球探勘、太空探測以及國防安全等領域。本章將介紹初學者應該知道的基本資訊，包括 IDL 的發展歷史、IDL 軟體的安裝、系統環境的設定、IDL系統的啟動和離開、IDL指令的輸入方式以及線上查詢系統（online help）的使用。

本章的學習目標

　　認識IDL的發展歷史沿革和程式語言特性
　　熟悉IDL的工作操作環境和系統環境設定
　　學習IDL的指令輸入方式和線上查詢系統

1.1 認識系統

　　在介紹IDL的工作操作環境、系統環境設定、指令輸入方式以及線上查詢系統之前，先對IDL的發展歷史、相關產品、語言特性以及學習IDL的先修課程做簡單地介紹，讓讀者有一個初步的認識。

1.1.1 IDL的發展歷史

　　如同表1.1.1 顯示，在1970年代，其原型版本問世，當時大部分的科學家不懂程式語言，在美國科羅拉多大學波德校區（University of Colorado at Boulder）的太空物理與大氣實驗室（Laboratory for Atmospheric and Space Physics, LASP）的David Stern博士發展出IDL程式語言的原型版本，其特性簡單易懂且操作容易，非常適合科學家的使用。此版本一發表就深受其實驗室的科學家喜愛，於是不斷地演進發展成一套自成格式的程式語言。最後Stern 博士覺得時機成熟，於 1977 年創立 Research System Incorporation（RSI）公司，當時最熱門的電腦是由 Digital Equipment Corporation（DEC）公司發展的 Virtual Address eXtension（VAX）計算機，所以 IDL 的程式碼那時只適用於 VAX 電腦平台。從1987年開始，RSI 後來陸續改寫程式碼，使得IDL也適用於 Unix、Linux、Mac OS X以及 Microsoft Windows 電腦平台。因為 IDL 的主要用戶在科學界，其市場很快達到飽和，為尋求更寬廣的發展，在2000年，RSI公司與Eastman Kodak公司合併，Kodak公司希望藉助IDL軟體強大的影像處理功能，拓廣醫學和遙測影像等市場。於 2004 年，RSI 變成 International Telephone & Telegraph（ITT）公司的一個部門，名叫 Visual Information Solutions（VIS），提供資料和影像的處理、分析以及視覺化軟體給業界製作附加產品。ITT的客戶來自農

業、林業、漁業、生物、醫學、光電、大氣、海洋、地質、環境、太空以及天文等領域。在 2012 年 ITT 分開成三個上市子公司，除了延續ITT原有的工程業務，並擴展至水資源和國防安全等業務，其中 ITT Exelis 承接 ITT VIS 原有的業務，提供資料和影像的解決方案給美國和全球政府在國防和商業上的顧客群。

表 1.1.1 - IDL的發展歷史沿革

年份	紀事
1970	IDL 原型版本問世
1977	David Stern 博士創立 RSI 公司，適用 VAX 電腦平台
1987	RSI 開始重新改寫 IDL 程式碼，以適用其它電腦平台
2000	Eastman Kodak 公司併購 RSI
2004	RSI 變成 ITT 公司的一個部門
2012	ITT 分開成三個子上市公司，其中的 ITT Exelis 承接與 IDL 相關的業務

1.1.2 IDL的相關產品

如同表1.1.2顯示，IDL的相關產品有很多，包括 Environment for Visualizing Images（ENVI）和IDL on the Net（ION）軟體。ENVI軟體於1993年發行，是由IDL程式語言寫成的視窗軟體界面，其影像處理和分析功能齊全，適合遙測影像和地理資訊處理，有廣大的使用者群，因此不斷地有新增套件出現，成為主力的產品，目前的應用延伸至雲端服務、合成孔徑雷達（Synthetic Aperture Radar, SAR）、光達（lidar）以及地理資訊系統（Geographic Information System, GIS）。ION軟體可以在網頁上執行 IDL 程式，方便發展網路（internet）應用，但目前已停止維護和更新。IDL公司提供 Image Access Solutions（IAS）平台，結合影像壓縮技術，以增加影像配送的效率，此平台目前也已停止維護和更新。IDL 根據當時軟體技術的發展，於 1992 年加進 Widgets 功能，適合發展視窗界面，可延伸IDL的應用範圍。在2000 年加進物件功能，使得 IDL 具有物件導向語言的能力，適合三維繪圖的工作。

表 1.1.2 - IDL的相關產品和功能提升

產品	說明
ENVI軟體	適合遙測影像和地理資訊處理者
ION軟體	可以在網頁上執行IDL，目前已停止維護和更新
IAS平台	提供快速配送影像的功能，目前已停止維護和更新
Widgets 功能	使IDL適合發展視窗界面
Objects 功能	使IDL具有物件導向語言功能

1.1.3 IDL程式語言的特性

IDL程式語言當初是為不太懂程式語言寫作的科學家而設計，基本的要求是操作簡單，幾個簡單的指令即可執行複雜的資料分析和繪圖工作，IDL當時就已經做到，加上軟

體本身隨著時間的演進，內建的程式庫和第三者發展的程式庫不斷擴充，讓IDL變得功能強大。IDL 是種直譯式語言（interpreted language），鍵入一個指令後立即得到結果，不像編譯式語言（compiled language），需要整個程式編譯完成後，才能得到輸出結果，萬一程式碼有錯誤，除錯工作變得更加困難。IDL 是一個高階程式語言，非常人性化，它是FORTRAN和C 程式語法的合成，如果已經懂這兩種語言，學習IDL將會很快。IDL在輸入指令後馬上要得到輸出結果，因而減低計算的速度，為消除此缺失，IDL 採用向量運算，在多核心電腦系統（computer system）中同時進行互相獨立的運算工作，以加速計算的速度。IDL是個跨平台的程式語言，其程式碼可於Windows、 Unix、Linux以及 Mac 等電腦平台執行，方便程式碼的分送和推廣工作。表1.1.3 簡單地陳述IDL 程式語言的特性。

表 1.1.3 - IDL 程式語言的特性

特性	說明
指令和操作簡單化	不需要太多的程式撰寫時間
程式庫齊全	包括數值計算、資料分析和繪圖程式庫
直譯互動式	馬上得到結果
語法是 FORTRAN 與 C 程式語言的混合	是一種高階程式語言
向量平行運算	加速計算速度
程式碼適用不同電腦平台	方便程式碼的分送與推廣

1.1.4 先修課程

讀者基本上不需要有程式設計的經驗也可學習 IDL，透過一些簡單的IDL指令即可做出一些結果，但如果已經懂一些基本的電腦知識，不僅可縮短學習的時間，也可增加程式寫作的簡潔性和程式執行的效率，例如了解硬體結構可以幫助善用記憶體，了解資料型態表示法可以避免使用不適當的資料型態來表示變數。基本數學的觀念在程式寫作上也相當重要，實際的問題需要先轉換成微積分、線性代數以及統計的問題才能善用程式來幫忙解決問題。數學邏輯概念不好的人寫出來的程式可能會很冗長，也可能會陷入無限的迴圈。表1.1.4列出學好IDL程式語言的建議先修課程。

表 1.1.4 - 學習 IDL的先修課程

課程	說明
電腦概論	包括硬體結構、資料型態表示法、簡單程式寫作、軟體執行
基本數學	包括邏輯概念、微積分、線性代數、統計學

1.2 軟體安裝的相關事項

安裝 IDL 軟體的相關事項包括軟體的安裝、使用許可檔（license）的設置以及環境變數路徑（path）的設定。一般來說，除非軟體需要升級或系統損害造成的重新安裝，IDL

軟體安裝後是不會有所更動的。重新安裝或升級時，按照相同的安裝步驟，不同的IDL版本會安裝在不同的目錄（directory）下，只是要更新使用許可檔和重新設定路徑。

1.2.1 軟體安裝步驟

如同表1.2.1顯示的二個主要步驟，IDL軟體的安裝其實很簡單，只要把IDL軟體光碟片放進光碟機中，按視窗指示即可完成。完成後不需要購買使用許可檔就可開始使用IDL，但有7分鐘使用時間的限制，不想有時間限制的使用者則需要向IDL公司購買使用許可檔。設置使用許可檔時，可在安裝IDL軟體時或安裝完後設置。

表1.2.1 - IDL軟體安裝步驟

步驟	說明
獲取IDL軟體光碟片	放進電腦光碟機中，按視窗指示安裝
設置使用許可檔	可在安裝IDL軟體時設置或安裝完後設置

1.2.2 使用許可的種類

IDL公司根據客戶的需求提供許多種使用許可，如表1.2.2所顯示。短期試用者可使用Demonstration Mode的使用許可，每次進入最多可以使用7分鐘，時間一到，會被強迫跳出系統，強迫跳出後可再進入7分鐘，除了時間的限制外，有些功能（如寫入檔案）會被禁止使用。有客戶需要較長期的試用，可向IDL公司申請Evaluation Mode的使用許可。單一使用者可購買Flexible Single User的使用許可，彈性設置三部電腦，也可購買Node Locked的使用許可，固定在特定電腦上，鎖住其主機識別碼。Floating的使用許可最彈性，固定在某一台伺服器（server）上，只限制同時使用人數，不限制電腦數目，只要設置好許可路徑，可透過網路拿取。Virtual Machine的使用許可適用想要推廣軟體的客戶（client），分送客戶自己發展的IDL軟體給其他人使用，但是此軟體只能在有IDL軟體的電腦上使用。

表1.2.2 - IDL的使用許可種類

使用許可	說明
Demonstration Mode	每次最多使用7分鐘
Evaluation Mode	是一種臨時使用許可，適用一段評估時間
Flexible Single User	個人彈性使用，最多三台電腦可以設置使用許可
Node Locked	單一電腦，固定主機識別碼，其它電腦無法使用
Floating	固定在伺服器上，只限制同時使用人數，不限制電腦數目
Virtual Machine	沒有使用許可也可使用

1.2.3 許可路徑的設置

如同表1.2.3顯示，依照電腦主機的種類，IDL設置使用許可路徑的方式有二種，伺服器端和客戶端。伺服器端的使用許可設置在主機的檔案系統中，而客戶端需要透過網路向有使用許可檔的伺服器端拿取。

表 1.2.3 - IDL 設置使用許可路徑的方式

使用許可放置的位置	設置方式
當地主機（伺服器端）	設置系統變數 LM_LICENSE_FILE 至使用許可檔的路徑
遠方主機（客戶端）	設置系統變數 LM_LICENSE_FILE 至網址 port@hostname

　　IDL 使用許可檔 license.dat 一般是放在 IDL 系統目錄下的 license 目錄裡，只要定義好路徑，也可放在其它的目錄裡。不管任何電腦平台，必須設置 LM_LICENSE_FILE 系統變數，但不同電腦平台有不同的設置方式：

Windows：
在「控制板」視窗的「系統」圖示點兩下，然後點選「進階」活頁標籤的「系統變數」按鈕，設置新系統變數 LM_LICENSE_FILE 至 license.dat 的所在路徑。

Unix、Linux 以及 Mac OS X：
這些電腦平台必須透過外殼（shell）來連結使用者和系統核心（kernel），不同的外殼種類有不同的設置方式：

C shell:	setenv LM_LICENSE_FILE *ITT_DIR*/license/license.dat
Korn or Bash shell:	export LM_LICENSE_FILE=*ITT_DIR*/license/license.dat

　　上述的範例是設置「當地伺服器端」使用許可的方式，其中 *ITT_DIR* 是 IDL 系統程式的所在目錄，而 Setenv 和 export 是外殼定義系統變數的指令。為設置「遠方客戶端」的使用許可，只要將系統變數 LM_LICENSE_FILE 設定為 port@hostname，其中 port 為埠號碼，一般設定為 1700，hostname 為電腦主機的 IP 位址（Internet Protocol Address）或網域名稱（domain name），例如當系統變數 LM_LICENSE_FILE 設定為 1700@123.456.78.9 時，IDL 則會透過網路到指定電腦主機所特定的埠號碼拿取使用許可檔。

1.2.4 環境變數路徑的設置

　　IDL 的內建檔案和程式庫是儲存在檔案系統中固定的位置，又稱做路徑，由表 1.2.4 列出的環境變數（environment variable）IDL_PATH 定義，其預設路徑是記錄在 <IDL_DEFAULT> 中。當從 IDL 的提示符號「IDL>」上鍵入一個指令時，系統就會到 <IDL_DEFAULT> 所記錄的路徑尋找檔案，然後進行編譯和執行的工作，如果路徑中沒有這個檔案，系統會在視窗上回應「%Error opening file」錯誤訊息。

表 1.2.4 - IDL 設置環境變數路徑的方式

環境變數	內容
IDL_PATH	<IDL_DEFAULT>：一般程式的路徑

除了內建的檔案和程式庫，要呼叫儲存在目錄program中自己寫的程式和從第三者拷貝來的程式，則需要加入新路徑至目錄program，告訴系統到新路徑所在檔案位置尋找特定檔案，定義方式和定義使用許可路徑類似，如下：

Windows：
在「控制板」視窗的「系統」圖示點兩下，然後點選「進階」活頁標籤的「系統變數」按鈕，設置新系統變數IDL_PATH至 <IDL_DEFAULT>:C:\program\。

Unix、Linux以及Mac OS X：
C shell: setenv IDL_PATH <IDL_DEFAULT>:/program/
Korn or Bash shell: export IDL_PATH=<IDL_DEFAULT>:/program/

注意的是，定義IDL_PATH時，一定要包含 <IDL_DEFAULT>，否則原來設置的路徑會被刪除，結果是找不到IDL內建的檔案和程式庫。

1.3 系統環境的基本操作

IDL環境的基本操作包括IDL的啟動和離開與視窗界面配置的介紹和操作。讀者可以依據自己喜好選擇IDL的操作方式，在本節中將介紹「視窗界面」和「X視窗」二種方式，視窗界面適合點選的方式，而X視窗適合採取手動輸入指令的方式。

1.3.1 啟動IDL的方式

如同表1.3.1顯示，依據不同的電腦平台，啟動IDL的方式有很多種。在 Windows的桌面上點選IDL圖像，即可進入IDL視窗界面，在界面上的指令列上可以鍵入IDL任何指令。對於使用Unix、Linux以及Mac OS X的讀者，先啟動X視窗，然後在X視窗的提示符號「$」後鍵入「idl」指令，接著提示符號「IDL>」則會出現在X視窗中，讀者可以在提示符號「IDL>」上鍵入任何IDL指令，來進行互動式操作。對於習慣於視窗的讀者而言，在X視窗的提示符號「$」後鍵入「idlde」指令來啟動IDL的視窗界面，界面上的指令列也可以鍵入任何IDL指令。注意的是，在IDL系統上鍵入的英文指令是不區分大小寫，亦即鍵入的字母大小寫均可運作，但在Unix、Linux以及Mac OS作業平台內輸出或輸入檔案時，鍵入的檔案名稱必須注意大小寫，否則作業平台的系統會出現「command not found」錯誤訊息。綜合來說，視窗界面是採取點選的方式，適合做事件分析，界面本身提供文字編輯器，做為程式撰寫之用，而X視窗是採取手動輸入指令的方式，適合做批次處理，編輯程式時必須要使用外掛的文字編輯器。

表1.3.1 - 啟動IDL的方式

電腦平台	方式
視窗界面（Windows）	點選桌面上的IDL圖像
X視窗（Unix、Linux、Mac OS）	鍵入「idl」或「idlde」指令，需注意輸入字母的大小寫

1.3.2 IDL 視窗界面的配置

表 1.3.2 列出 IDL 視窗界面的配置，它與其它的界面類似，都有選單、專題視窗、工具列、多用途面板、回應日誌、變數視窗、指令列以及狀態列等配置。IDL 的輸入指令有兩種，第一種是採取互動的方式，從界面上的指令列鍵入，馬上鍵入指令，則立即得到輸出結果，當要重複鍵入一系列的指令時，互動式很沒效率。第二種方式是先用多用途面板編輯由一系列的指令所組合成的程式，然後點選選單內的儲存、編譯以及執行按鈕，即可將這一系列的指令一起編譯和執行。指令的執行狀況會顯示在回應日誌上。如果要知道目前已經定義哪些變數或上載哪些副程式，可從變數視窗得知。

表 1.3.2 - IDL 視窗界面的配置

配置	說明
選單（Menu Bar）	選單內包括多重選單組，每個選單組包括多重按鈕
專題視窗（Project Window）	製作專題所專用的視窗，易於管理專題內所有的程式
工具列（Tool Bar）	包括標準、執行和巨集工具列
多用途面板 （Multiple Purpose Panel）	可同時編輯數個文件，發展程式碼
回應日誌（Output Log）	顯示指令執行的狀況，錯誤時此位置會顯示錯誤訊息
變數視窗（Variable Window）	顯示已輸入的變數的狀態
指令列（Command Line）	輸入 IDL 指令的位置，輸入指令的字母不限制大小寫
狀態列（Status Bar）	當滑鼠游標移動至選單或工具列上的按鈕時，此狀態列會顯示此按鈕的功能

1.3.3 離開 IDL 的方式

如表 1.3.3 所顯示，視窗界面的使用者可點選視窗界面上 FILE 選單中的 EXIT 按鈕或在 IDL 指令列鍵入「EXIT」指令，即可離開 IDL 系統，回到原來的電腦系統上。X 視窗的使用者可在提示符號「IDL>」上鍵入「EXIT」指令，即可離開 IDL 系統，回到原來的電腦系統上。

表 1.3.3 - 離開 IDL 的方式

電腦平台	方式
視窗界面（Windows、Unix、Linux、Mac OS）	點選視窗界面上 FILE 選單中的 EXIT 按鈕或在 IDL 指令列鍵入「EXIT」指令
X 視窗（Unix、Linux、Mac OS）	在 IDL 指令列鍵入「EXIT」指令

1.4 系統環境的進階操作

IDL 環境的進階操作包括線上查詢系統的使用、繪圖環境的改變、客製化環境的改變、變數和系統資訊的查詢以及控制指令的輸入。讀者可以透過進階環境的改變，讓系統的運作更為順暢。

1.4.1 IDL 的線上查詢系統

　　如表1.4.1所顯示，依據系統的狀態，啓動IDL線上查詢系統有三種方式，包括在IDL的提示符號「IDL>」上鍵入「?」符號、在Windows視窗中點選對應的圖示以及在Unix、Linux以及Mac OS X電腦平台的操作系統上鍵入「idlhelp」指令。

表1.4.1 - 啓動IDL線上查詢系統的方式

系統狀態	方式
IDL 提示符號	鍵入「?」符號
Windows 視窗	點選對應的圖示
X 視窗（Unix、Linux、Mac OS）	鍵入「idlhelp」指令，需注意輸入字母的大小寫

　　表1.4.2列出IDL線上查詢系統的三種主要查詢方式：目錄、索引以及搜尋。目錄內有系統地介紹一般讀者和專業程式設計者所需的IDL知識與技巧，讀者可以選擇從頭到尾地閱讀或只選取適當的章節來閱讀，詳細的資訊會在點選之後顯示在查詢系統的視窗上。當在索引內的欄位鍵入指令或主題名稱時，查詢系統立即按照英文字母順序來顯示與指令和主題相關的資訊，詳細的資訊也是在點選之後會顯示在查詢系統的視窗上。當知道特定主題的關鍵字時，可以從搜尋欄位鍵入關鍵字，所有包含此關鍵字的指令和主題全部會顯示出來，詳細的資訊在點選之後也會顯示在查詢系統的視窗上。IDL的線上查詢系統採用像網頁的超連結功能，指令和主題之間會有所連結，當游標移動至這些連結文字上時，其游標狀態也會隨著改變，代表可點選，點選後的畫面立刻跳至所連結的指令或主題畫面。當發現連結資訊不適合需求時，可按下退回鍵，回到原來畫面，另外也可重新啟動搜尋。

表1.4.2 - IDL線上查詢系統的查詢方式

查詢方式	說明
目錄（Contents）	有系統地介紹IDL的概念與方式
索引（Index）	根據指令和主題的英文字母順序排列
搜尋（Search）	鍵入關鍵字，搜尋特定的指令或主題

1.4.2 IDL 繪圖環境的改變

　　各個電腦平台有自己的繪圖環境設定，IDL系統也有自己的設定，讀者可以用DEVICE程序改變預設的IDL繪圖環境，例如當一視窗被另一視窗覆蓋時，後者視窗移開後，前者視窗上的圖形仍然無法恢復（backing store），這時只要鍵入「DEVICE, RETAIN=2」指令，即可避免再度覆蓋。如果螢幕上只要使用256個顏色，鍵入「DEVICE, DECOMPOSED=0」指令即可，亦即限定螢幕的顏色不以三原色分解的方式呈現。現在電腦螢幕的顏色都是設定在256個顏色以上，如果在IDL上不設定顏色的分解狀態，可能會有「顏色錯誤」的問題。表1.4.3上所列出的指令僅是範例，關於其它的操作環境指令，讀者可參閱線上查詢系統，在搜尋欄位中鍵入「DEVICE」關鍵字或在索引欄位中搜尋「!P」字串即可。注意的是，變數名稱之前加上符號「!」代表系統變數，可用來改變IDL系統的操作環境。WINDOW程序用來在螢幕上開啟一個視窗。

表 1.4.3 - 改變 IDL 操作環境的指令

指令	說明
DEVICE	改變繪圖裝置的環境
!P	繪圖系統變數
WINDOW	開啓一個繪圖視窗

範例：

IDL> DEVICE, RETAIN=2   設定視窗上內容免於被其它視窗覆蓋。

IDL> DEVICE, DECOMPOSED=0   設定螢幕的顏色不以三原色的方式顯示。

IDL> WINDOW, XSIZE=216, YSIZE=162   啓動一個 216 × 162 的繪圖視窗，視窗的背景
顏色（background color）為黑色，如圖 1.4.1 所
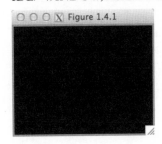
顯示。如要背景顏色為白色，需要設定 !P.
BACKGROUND = 255，設定之後還要再執行
WINDOW 程序一次。前景顏色（foreground
color）則由 !P.COLOR 設定，!P.COLOR = 0 為
黑色，而 !P.COLOR = 255 為白色。

圖 1.4.1

1.4.3 IDL 客製化操作環境的設置

所謂客製化就是讓讀者自己調整操作環境，IDL 提供一個便利的設定客製化操作環境
的方式，可以把一系列的操作指令寫進一個啟動檔案中，然後與設定系統變數 LM_
LICENSE_FILE 和 IDL_PATH 一樣的方式設定路徑，其系統變數名稱則列在表 1.4.4 上。當
啟動 IDL 時，系統會自動到 IDL_STARTUP 的路徑，執行已經定義好的啟動檔案，以設定
客製化的操作環境。如果沒有此自動啟動的功能，讀者必須在每次進入 IDL 時，以手動方
式鍵入一系列的指令，才能改變預設的操作環境。

表 1.4.4 - 設定 IDL 客製化環境的方式

系統變數	內容
IDL_STARTUP	客製化檔案的路徑

IDL_STARTUP 檔案 idl_startup.pro 的內容是由 IDL 指令所構成，假設此檔案是放在目
錄 program 中，設定方式如下：

Windows：
在「控制板」視窗的「系統」圖示點兩下，然後點選「進階」活頁標籤的「系統變

數」按鈕，設定新系統變數IDL_STARTUP至C:\program\idl_startup.pro。

Unix、Linux 以及 Mac OS X：
C shell: setenv IDL_STARTUP /program/idl_startup.pro
Korn or Bash shell: export IDL_STARTUP=/program/idl_startup.pro

1.4.4 變數和系統資訊的查詢

　　表1.4.5列出一些查詢資訊的指令，主要是PRINT和HELP程序，來讓讀者查詢變數的內容，以加速進行程式撰寫和除錯的工作。系統變數的內容也可以用PRINT和HELP程序查詢，如果變數未定義，系統會顯示「variable undefined」的錯誤訊息。

表1.4.5 - 查詢變數和系統資訊所需的指令

指令	說明
CD, Dir_Name	改變現在的工作目錄至Dir_Name字串記錄的路徑
CD, CURRENT=Dir	查詢現在的工作目錄，回傳工作目錄路徑至變數Dir
PRINT, Var1, Var2, ..., VarN	列印Var1, Var2, ..., VarN的內容至視窗上
HELP	顯示工作區上所有變數和系統資訊至視窗上
HELP, Var1, Var2, ..., VarN	顯示Var1, Var2, ..., VarN的資料型態和內容
⇑或⇓鍵	查詢以前鍵入過的指令
DEMO	觀看實例展示
;	註解符號

範例：

IDL> CD, '/program/idlpro'　　　　　　改變現行的工作目錄至 /program/idlpro。在 Windows電腦平台上，則需要鍵入「CD, 'C: \program\idlpro'」指令。

IDL> CD, CURRENT=dir　　　　　　將現在的目錄所在資訊傳至dir變數。當讀者做一些改變目錄的操作後，卻忘記目前所處的工作目錄時，可以呼叫CD程序查詢。

IDL> PRINT, dir　　　　　　列印變數dir的內容至視窗上。在Windows
/program/idlpro　　　　　　電腦平台上，則顯示 'C: \program\idlpro'。

IDL> HELP, dir　　　　　　在視窗上顯示dir的資料型態和內容。在
DIR　　　STRING　　= '/program/idlpro'　　Windows電腦平台上顯示不同的內容。

　　查詢以前鍵入過的指令可按鍵盤的箭頭鍵（arrow key），以前鍵入過的指令會隨著箭頭鍵的移動而顯示在指令列上，如果找到了與即將鍵入指令類似的指令，可以直接按下返

回鍵（return 或 enter key）或移動游標做適當修改後再按下返回鍵。IDL的功能強大，可做很多應用，讀者可以在提示符號「IDL>」上鍵入「DEMO」指令或在系統鍵入「idldemo」指令來啟動實例展示的視窗界面，然後移動游標點選有興趣的實例觀看，實例包括資料分析和資料視覺化（data visualization）的應用，讀者可以從這些實例展示了解IDL語言的功用。IDL的功用主要是做資料分析和資料視覺化（或繪圖），資料分析包括數學、統計、影像處理、訊號處理、網格化方法、線性擬合以及曲面擬合等，而資料視覺化包括簡單圖形繪製、影像繪製、等值線繪製、向量場繪製、地圖繪製、三維圖形繪製、立體成像以及動畫製作等。當IDL系統執行到「;」符號時，此符號後面至該行結尾的任何文字都會被當成註解的一部分，不做任何的編譯或執行。

1.4.5 IDL 控制指令的輸入

　　表1.4.6列出可輸入提示符號「IDL>」上的控制指令，透過這些指令，IDL系統可以與電腦系統的指令互相連結，來增加程式的執行效率。如果在IDL的提示符號下，臨時想要執行一個操作系統的指令，可是又不想跳出IDL系統，這時可以鍵入「$」符號，後方加上操作系統的指令，即可達到目的，例如讀者想要知道現在系統的時間，可鍵入「$ date」指令，其中「date」指令是Unix、Linux以及Mac OS系統內的查詢目前時間的指令。總而言之，IDL與電腦系統的連結功能可以讓IDL的程式和電腦系統的指令更密切地配合，也讓IDL語言的功能變得更強大。離開IDL時，需要鍵入「EXIT」指令，另外一種離開的方式是同時按下「Ctrl」和「D」鍵。暫時中斷IDL系統時，需要同時按下「Ctrl」和「Z」鍵，來回到電腦系統。在Unix、Linux以及Mac OS系統內恢復的指令為「fg」指令，鍵入後即可回到原來的IDL系統，原來存在於IDL工作區的變數和副程式也會保留下來。暫時離開卻不恢復也可以，IDL會在電腦系統中留下記錄，直到離開電腦系統為止。IDL是一個直譯的語言，在提示符號「IDL>」上鍵入任何控制指令，都會立刻回應。

表1.4.6 - IDL指令列可輸入的控制指令

控制指令	說明
$ 電腦系統的指令	在 IDL 系統中，執行電腦系統的指令
Ctrl^D	離開 IDL 系統
Ctrl^Z	暫時中斷 IDL 系統，回到電腦主系統
EXIT	離開 IDL 系統

1.4.6 IDL 系統檔案目錄

　　當安裝好IDL軟體時，IDL系統檔案則放置在系統變數IDL_DIR所宣告的目錄下。如表1.4.7所顯示，IDL系統檔案包括bin、examples、external、help、lib和resource等目錄：目錄bin放置著啟動IDL提示、視窗界面以及線上查詢系統等指令。目錄examples放置著線上查詢系統範例的程式碼和輸入資料，讀者可以從此目錄自由拷貝、修改以及執行程式。目錄external包含與C和FORTRAN聯合使用所需的資訊和外來程式庫（Dynamically Linked Modules, DLM），以延伸IDL語言的功能。線上查詢系統所需的資訊是放置在help

目錄中。目錄 lib 是 IDL 內建指令程式碼的所在，可以拿來做參考學習。目錄 resource 中的內容廣泛，包括 X 視窗控制程式庫（X11）、各式點陣圖（bitmaps）、各式字型（fonts）、地圖圖檔（maps）以及視窗界面的偏好設定（preferences），可以讓 IDL 的運作更順暢。

表 1.4.7 - IDL 檔案系統

目錄名稱	說明
bin	放置啟動 IDL 各式功能的指令
examples	放置線上查詢系統範例的程式碼和輸入資料
external	放置與其它程式語言連結所需的資訊和外來的程式庫
help	放置線上查詢系統運作所需的資訊
lib	放置 IDL 內建的程式庫
resource	放置 IDL 系統運作的配套資訊

1.4.7 指令使用方式的查詢

除了使用線上查詢系統外，還可以使用 DOC_LIBRARY 程序查詢指令的使用說明，但這些指令的程式檔表頭必須包含指令的使用方式和範例，才能列印在視窗上。不用 DOC_LIBRARY 程序查詢也可以，可以直接使用文字編輯器來閱讀程式檔最前面的指令使用說明。一些內建於 IDL 系統核心的基本程式，已經被編譯成機器碼，所以不能使用 DOC_LIBRARY 程序查詢，只能用線上查詢系統尋找指令使用的方式和範例，表 1.4.8 列出 DOC_LIBRARY 程序的語法。

表 1.4.8 - DOC_LIBRARY 程序的語法

指令	說明
DOC_LIBRARY, String	查詢附有表頭說明的程式檔，引數 String 是程式名稱

範例：

IDL> DOC_LIBRARY, 'dist'	查詢 IDL 函數 dist 的使用方式，視窗上會列出附在 dist 程式表頭的說明資訊。
IDL> DOC_LIBRARY, 'fft' Doc_library: Unable to find file	查詢 IDL 函數 fft 的使用方式。函數 fft 是 IDL 系統核心的一支程式，此函數並不在 IDL 的搜尋路徑中，系統會回覆找不到，只能從線上查詢系統尋找。
IDL> DOC_LIBRARY, 'test' —— Documentation for test.pro ——	假設函數 test 是讀者自己發展的程式，程式檔前面沒有列上使用說明，所以視窗上只有列出程式名稱。

第二章 純量的建立與運算

本章簡介

　　純量（scalar）是電腦語言中最基本的資料型態，其內容可以是數字或字串，但不能混合，數字包括零、正負數和複數，字串可以定義為空格或空字串。IDL提供一些基本指令來產生純量變數和對已有的純量進行數學運算。經由實例的示範，讓讀者更熟悉IDL指令的具體執行方式。

本章的學習目標

　　熟悉IDL純量的建立和型態轉換
　　介紹IDL指令的基本語法和執行
　　學習IDL純量的基本數學運算

2.1 純量的建立

　　純量有別於向量，由單一元素所構成，純量可以是數字或字串，數字的進位系統（carry system）一般是以十進位（decimal）表示，但也可以用二進位（binary）、八進位（octal）或十六進位（hexadecimal）系統表示，字串由字元（character）所組成，每個字元都有一組對應碼。純量的建立由指令敘述完成，將特定的數值或字串指定至變數（variable）中。

2.1.1 基本資料型態

　　表2.1.1列出IDL的12種資料型態（data type）。整數（integer）需要2個位元組（byte）或16個位元（bit）來表示，可分有號整數和無號整數，有號整數（簡稱整數）包括正數、負數和零，無號整數（unsigned integer）只包括正數和零。電腦所能表示無號整數的最大值 $2^{16}-1$，有號整數的最大值大約是 $2^{15}-1$。短整數（byte）則只需要1個位元組（8個位元），包括正數和零，最小值是0，最大值是 $2^{8}-1$。長整數（long integer，又叫有號長整數）的最大值是 $2^{31}-1$（大約20億），無號長整數（unsigned long integer）的最大值是 $2^{32}-1$（大約40億）。一般較少使用64位元長整數（64-bit long integer），其最大值是 $2^{63}-1$。在電腦中用浮點數（floating number）表示實數，其表示方法可以是類似科學記號的表示法，例如10.0或1.0E+1。雙精度浮點數（double precision floating number）則有兩倍的精確度，讀者可以單獨使用MACHAR函數或同時加上DOUBLE關鍵字查詢浮點數或雙精度浮點數的相關資訊，包括浮點數尾數的位數、冪次指數的位數以及浮點數的精確度等。複數（complex number）是實數的延伸，包括實部（real part）和虛部（imaginary part），各佔2個位元組，是在執行傅立葉轉換時需要使用的一種數系，複數可以是雙精

度（double precision）。字串是一個以上的字元所組成的串列，字串的每個字元各佔8位元，每個字元對應一個資料型態為短整數的字元碼，字元碼可以是十進位、八進位或十六進位，例如十進位字元碼65、八進位字元碼101和十六進位字元碼41都代表字母A，其它字母的對應短整數可從ASCII字碼（code）表查詢，讀者可以輕易地從上取得ASCII字碼表。

表2.1.1 - 基本資料型態

資料型態	位元	最小值	最大值
短整數（無號）	8	0	255
整數（有號）	16	-32768	32767
無號整數	16	0	65535
長整數（有號）	32	-2^{31}	$2^{31}-1$
無號長整數	32	0	$2^{32}-1$
64位元長整數	64	-2^{63}	$2^{63}-1$
64位元無號長整數	64	0	$2^{64}-1$
浮點數	32	-10^{38}	10^{38}
雙精度浮點數	64	-10^{308}	10^{308}
複數	32	實部和虛部各為 -10^{38}	實部和虛部各為 10^{38}
雙精度複數	32	實部和虛部各為 -10^{308}	實部和虛部各為 10^{308}
字元	8		最多 $2^{31}-1$ 字元

2.1.2 十進位純量的建立

如同表2.1.2所顯示，在IDL的提示符號「IDL>」上鍵入包含等號的指令，等號的左邊是變數的名稱，而右邊是變數值加上變數型態碼，例「IDL> x = 10S」，即設定變數x為整數10，其中的S可省略。如要設定變數x為長整數型態，則鍵入「x = 10L」指令，其中的L不可省略。設定浮點數值時，需要加上小數點，例「x = 10.0或1.0E+1」，後者是科學記號表示式。雙精度是指浮點數有二倍的精確度，例「x = 10.0D或1.0D+1」。複數是特殊的資料型態，需用COMPLEX函數來完成，例「x = COMPLEX(10, 10)」，有二個輸入變數，以逗號隔開，第一個10是實部，第二個10是虛部。設定字串則用單引號或雙引號包夾欲設定的字串，例「x = '10' 或 "10"」。

表2.1.2 - 十進位純量的設定方式

資料型態	設定方式
短整數	x = 10B
整數	x = 10 或 10S
無號整數	x = 10U 或 10US
長整數	x = 10L
無號長整數	x = 10UL
64位元長整數	x = 10LL

64位元無號長整數	x = 10ULL
浮點數	x = 10.0 或 1.0E+1
雙精度浮點數	x = 10.0D 或 1.0D+1
複數浮點數	x = COMPLEX(10, 10)
雙精度複數浮點數	x = DCOMPLEX(10, 10)
字串	x = '10' 或 "10"

2.2 指令的基本語法和操作

電腦運作由指令（command）控制，IDL 的操作也是一樣由指令控制，藉著指令的輸入達到操作的目的。IDL 提供一些純量建立、查詢以及轉換的指令，以供讀者呼叫。一些慣用的常數（constant），例如數學上的圓周率 π，會被定義成系統變數，以方便讀者運用。

2.2.1 指令的型態和基本語法

表 2.2.1 顯示 IDL 指令的基本語法有二種，一種是函數指令（function），另一種是程序指令（procedure）。函數指令可以有多個輸入引數（arguments），但其輸出結果只能傳至一個變數 Result。程序指令可以有多個輸入引數，也可有多個輸出變數。注意的是，引數的順序不能任意變換，但可以省略。關鍵字（keywords）不一定要使用，在啟動函數或程序的特別功能時才使用。關鍵字有很多個時，其順序可以任意擺置。關鍵字有二種用法，第一種是在關鍵字前加斜線，代表此關鍵字的數值為1，表示關鍵字的使用。有些關鍵字的預設值（default）是1，只要設置此關鍵字的數值為0即可取消。第二種是給予關鍵字一個特定數值，不一定是 0 或 1，來適用於關鍵字的選項是多於二種的情況，IDL 系統根據關鍵字的數值來執行函數或程序的特定功能。

表 2.2.1 - 指令的基本語法

指令型態	基本語法
函數指令	Result = FUNCTION_NAME(Arguments, Keywords)
程序指令	PROCEDURE_NAME, Arguments, Keywords

函數的執行方式是函數名稱加上用小括號包夾的輸入引數，函數執行後將輸出結果放在一個變數中或列印出來。

IDL> x = COMPLEX(10, 10, /DOUBLE)　　　COMPLEX 函數包含二個輸入引數（實部和虛部），執行後把結果放入在等號左邊的變數 x 中。/DOUBLE 是關鍵字，相當於 DOUBLE=1，以設定雙精度浮點數。

程序比較彈性，除了可以有多個輸入引數外，也可以有多個或沒有輸出變數，PRINT
和HELP程序是典型的範例。

IDL> PRINT, x (10.000000, 10.000000)	列印變數x的內容至視窗上，複數的表示法是用括號包夾，中間用逗號隔開實部和虛部。
IDL> HELP, x X COMPLEX = (10.000000, 10.000000)	在視窗上顯示變數x的相關資訊。此顯示包含三個欄位，第一個欄位是變數名稱，第二個是變數型態，第三個是變數值。
IDL> DEVICE, RETAIN=2	DEVICE是個程序，其關鍵字RETAIN設定為2代表設定視窗上內容可以恢復。當視窗被其它視窗覆蓋，而移開後原視窗的內容無法恢復時，則需要設定RETAIN=2。

PRINT和HELP程序的用法也可以採取不用輸入引數的方式，僅輸入指令名稱則會把所有已經存在於工作區域中的所有變數和相關資訊顯示在視窗上。

2.2.2 區隔同行和跨行的符號

表2.2.2顯示二種區隔符號，如果數行的指令敘述太短時，可以用「&」符號合併數行的指令敘述為一行。如果一行的指令敘述太長時，可以分成二行撰寫，但需要在第一行的末尾加上「$」符號，系統會等待第二行的鍵入。

表2.2.2 - 區隔同行和跨行的符號

符號	說明
&	同一行包含數個敘述時，用此符號分隔
$	較長的敘述無法撰寫在同一行時，用此符號跨行

範例：

IDL> a = 1 & b = 2. & c = ' '	設定a為1，b為2.，c為一個空格，一般是寫成三行指令敘述，但也可以用「&」符號把三行指令變成一行。
IDL> DEVICE, RETAIN=2, $ IDL> DECOMPOSED=0	「DEVICE, RETAIN=2, DECOMPOSED=0」是原來同一行的指令敘述，當分成二行時，第一行的末尾需加上「$」符號，然後鍵入第二行。

2.2.3 系統變數的定義和運用

表2.2.3顯示常用的系統變數，與一般變數的區別是在變數名稱之前加上符號「!」。系統變數是IDL控制系統運作所需的變數，其資料型態大部分定義為結構（structure），也可以是不變的常數，亦即純量，例如圓周率和無法定義的數（Not a Number, NaN）。注意的是，結構是特殊的資料型態，結構下包括一些標籤，取名的方式是變數名稱加上標籤名稱，中間以點號連結。如果要查詢系統變數的內容，則用 PRINT 或 HELP 程序加上系統變數名稱。

表2.2.3 - IDL常用的系統變數

系統常數	說明
!DPI	雙精度圓周率，π = 3.1415927
!DTOR	角度轉徑度的因數，π / 180 = 0.0174533
!PI	圓周率，π = 3.14159
!RADEG	徑度轉角度的因數，180 / π = 57.2958
!VALUES.F_INFINITY	無限大，其內容為 Inf，亦即 ∞ 或 –∞
!VALUES.F_NAN	無法定義的數，其內容為 NaN
!VALUES.D_INFINITY	雙精度無限大，∞ 或 –∞
!VALUES.D_NAN	雙精度無法定義的數，NaN

範例：

```
IDL> PRINT, !PI
      3.14159
```
列印系統變數 !PI 的內容，視窗上即顯示 3.14159。!PI 為圓周率。

```
IDL> HELP, !VALUES.F_INFINITY, !PI
<Expression> FLOAT   =       Inf
<Expression> FLOAT   =    3.14159
```
在視窗上顯示 !VALUES.F_INFINITY 和 !PI 系統變數的相關資訊，兩者都是浮點數純量。!VALUES.F_INFINITY 的內容為無限大，其中，!VALUES 是變數名稱，F_INFINITY 是標籤名稱。

```
IDL> PRINT, !VALUES.F_NAN
      NaN
```
列印系統變數 !VALUES.F_NAN 的內容，視窗上即顯示 NaN。

```
IDL> x = !DTOR
```
設定變數x為0.0174533。!DTOR 為角度轉徑度的因數。

```
IDL> PRINT, !RADEG
      57.2958
```
列印系統變數 !RADEG 的內容，視窗上即顯示 57.2958。其中 !RADEG 為徑度轉角度的因數。

2.2.4 純量性質的判斷

表2.2.4顯示一個判斷純量性質的函數，讀者可以用此函數查詢一個純量的有限或無

限的性質，如果此變數是個有限的數字，則回傳1，否則為0。所謂無限的數字是指無法定義的數或無限大。

表2.2.4 - 判斷純量性質的函數

函數	功能
FINITE(x)	判斷純量x是否有限

範例：

IDL> x = !VALUES.F_NAN	設定變數x為無法定義的數。
IDL> PRINT, x NaN	列印變數x的內容，視窗上即顯示NaN。
IDL> y = 1	設定變數y為整數1。
IDL> PRINT, FINITE(x) 0	檢查變數x是否有限，因為變數x為無法定義的數，所以回傳0。
IDL> PRINT, FINITE(y) 1	檢查變數y是否有限，因為變數y為有限的數，所以回傳1。
IDL> z = FINITE(y)	將用FINITE函數查詢的結果存入變數z，所以z = 1，資料型態為短整數。

2.2.5 純量的資料型態轉換

表2.2.5顯示IDL中的一些資料型態轉換的函數，各種資料型態可以用適當的轉換函數互相轉換，但有些特定的資料型態不能互相轉換，如強迫轉換，則會產生錯誤訊息或造成錯誤的結果。複數與實數之間也可以轉換，當複數轉換至實數時，只有複數的實部轉換為實數，虛部則被省略，當實數轉換為複數時，實數變成複數的實部，虛部則被設定為0。

表2.2.5 - IDL轉換資料型態的函數（變數x為純量）

函數	功能
BYTE(x)	轉換變數x為短整數
FIX(x)	轉換變數x為整數
UINT(x)	轉換變數x為無號整數
LONG(x)	轉換變數x為長整數
ULONG(x)	轉換變數x為無號長整數

LONG64(x)	轉換變數 x 為 64 位元長整數
ULONG64(x)	轉換變數 x 為 64 位元無號長整數
FLOAT(x)	轉換變數 x 為浮點數
DOUBLE(x)	轉換變數 x 為雙精度浮點數
COMPLEX(x)	轉換變數 x 為複數
DCOMPLEX(x)	轉換變數 x 為雙精度複數
STRING(x)	轉換變數 x 為字元

範例：

IDL> x = 256	設定變數 x 的值為整數 256。
IDL> x = LONG(x)	改變變數 x 的資料型態為長整數。
IDL> x = BYTE(x)	因為短整數的最大值是 255，經過 BYTE 函數轉換之後，變數 x 值變為 0，並不是原先的 256。
IDL> x = -1	設定變數 x 的值為整數 -1。
IDL> x = STRING(x)	更改變數 x 的資料型態為字串，內容為 6 個空格加上負號和數字 1 二個字元。
IDL> x = UINT(x)	因為無號整數沒有負數，經過 UINT 函數轉換之後，變數 x 值變為 65535，並不是原先的 -1。
IDL> x = 'Hello'	設定變數 x 的值為字串 Hello。
IDL> x = FIX(x) % Type conversion error: Unable to convert given STRING to Integer	變數 x 的資料型態為字串，如果想把此字串改變為整數時，系統就會產生錯誤訊息，除非字串的內容是數字。
IDL> x = FIX(4.6)	FIX 函數會把浮點數小數點後的位數全部截掉，剩下整數 4。

2.3 純量的基本運算

　　純量可以做數學運算，它的基本運算包括算術（arithmetic）、三角函數、指數與對數，複數以及其它慣用的數學運算，其操作方式簡單直接，但需要注意運算符號的優先順序和數字之間計算的資料型態轉變，以免得到錯誤的結果。

2.3.1 基本數學運算符號

　　IDL 和其它程式語言一樣，可以做加減乘除、開次方以及求餘數的數學運算，其符號

列在表2.3.1上，這些運算符號有其優先順序，一般是先乘除再加減，開次方的順序是在加減乘除之前。如果不熟悉優先順序，為避免因優先順序而造成的計算錯誤，最好使用括號把各個運算式隔開，這是因為括號的優先順序更高。

表2.3.1 - IDL的基本運算符號

運算符號	說明
+	相加
−	相減、負號
*	相乘
/	相除
^	計算開次方
MOD	求餘數

範例：

IDL> PRINT, 1 + 2 　　3	列印 1 + 2 的計算結果，答案是3。
IDL> x = 2 * 3	將2乘以3的計算結果放進變數x，得到的結果是x = 6。
IDL> PRINT, 2 + x / 3 　　4	上例的計算得到 x = 6。因數學運算子的優先順序是先乘除後加減，所以6先除3為2，然後再加2，最後的答案為4。
IDL> PRINT, 3 * 4 ^ 2 　　48	開次方的運算比乘或除的運算優先，所以4先開平方，再乘以3，最後的答案是48。
IDL> PRINT, 3 mod 2 　　1	列印3除以2的餘數，答案是1。
IDL> PRINT, 3 * 5 mod 2 　　1	求餘數的運算和乘除的運算具有相同的優先順序，所以數學計算的順序是由左至右，亦即3先乘以5，然後再求除以2的餘數，答案是1。
IDL> PRINT, 3 * (5 mod 2) 　　3	括號的優先順序更高，先求5除以2的餘數為1，再乘以3，答案為3。為避免計算順序的混淆，最好是用括號區隔。

　　整數之間的數學計算必須要小心，計算後的結果也會是整數，因此小數點後的位數會被去掉，而影響計算的精確度，解決之道是先將整數轉變為浮點數後再做計算。如果整數與整數相乘的結果是超過電腦所能表示一個整數的最大值，一樣也會得到錯誤的結果，解

決之道是把其中一個整數轉變成長整數後，因整數與長整數相乘會變成長整數，但絕對不能超過長整數所能表示的範圍。浮點數的科學記號表示式是用字母E區隔小數和指數部分，數字100000正確的寫法是1.0E05，絕對不能寫成計算表示式1 * 10^5，按照電腦計算的規則，此表示式的計算結果是 –31072，而不是100000。

範例：

IDL> PRINT, 2 / 3 　　0	計算2除以3的答案，結果不是0.666667，而是0，主要是整數除以整數會得到整數。
IDL> PRINT, 2.0 / 3 　　0.666667	上式的計算中，如果把2改成浮點數2.0，其結果會變成0.666667。
IDL> PRINT, 3000 * 3000 　　21568	二個3000相乘應該是9000000，但列印出來的結果是21568，顯然是錯誤的結果。
IDL> PRINT, 3000L * 3000 　　9000000	如果把其中一個3000改成長整數3000L，結果即可修正回來。
IDL> PRINT, 1 * 10^5 　　–31072	計算10的5次方，結果應該是100000，卻得到–31072，這是因為100000超過16位元所能表示的整數，解決之道是把10改成浮點數10.0或長整數10L。

2.3.2　三角和雙曲線函數

　　如表2.3.2所顯示，IDL提供三角函數和雙曲線三角函數，在科學和工程的計算中常常會使用到。使用時需要注意輸入的單位（角度或徑度），可以使用系統變數 !RADEG 或 !DTOR做角度與徑度之間的轉換。

表2.3.2 - 三角函數與雙曲線三角函數

函數	說明
SIN(x)、COS(x)、TAN(x)	三角函數（x的單位為徑度）
ASIN(x)、ACOS(x)、ATAN(x)	反三角函數（函數輸出的單位為徑度）
SINH(x)、COSH(x)、TANH(x)	雙曲線三角函數（x的單位為徑度）

範例：

IDL> x = 90 * !DTOR	系統變數 !DTOR 是轉換因數，此範例將角度90度轉成徑度。

IDL> PRINT, SIN(x)	變數x在上式的計算為1.57080。在螢幕上列印對
1.00000	x取SIN函數運算的結果。

IDL> y = ASIN(1.0)	對1.0取反SIN函數運算的結果儲存至變數y，得
	到y = 1.57080。

IDL> PRINT, y * !RADEG	反三角函數運算結果的單位是徑度，乘以徑度轉
90.0000	角度的因數後變成90，與原來的角度相同。

2.3.3 指數和對數函數

在科學和工程計算中經常用到指數和對數函數，如表2.3.3所顯示，IDL也有提供相對應的函數。讀者需要注意所使用的對數是以10為底或以e為底的對數，才不會得到錯誤的結果。

表2.3.3 - 指數和對數函數

函數	功能
EXP(x)	計算x的自然指數
ALOG(x)	以e為底的x自然對數
ALOG10(x)	以10為底的x對數

範例：

IDL> PRINT, EXP(2)	列印自然指數e的平方至視窗上。
7.38906	

IDL> PRINT, 10^2	列印10的平方至視窗上。
100	

IDL> x = ALOG(1)	取1的以e為底的自然對數，然後將結果放入變數
	x中，x = 0.00000。

IDL> PRINT, ALOG10(10)	取10的以e為底的自然對數，然後將結果列印在
1.00000	視窗上。

2.3.4 複數運算的函數

IDL具有複數運算的功能，在訊號處理和分析方面的功用極大，其指令名稱和說明列在表2.3.4上。IDL的快速傅立葉轉換（Fast Fourier Transform, FFT）函數的輸出變數是複數，因此需要複數運算的相關函數做後續處理。

表2.3.4 - IDL與複數運算相關的函數（z為複數，z = a + b i）

函數	說明
COMPLEX(a, b)	建立複數，a為實部，b為虛部
DCOMPLEX(a, b)	建立雙精度複數，a為實部，b為虛部
CONJ(z)	求出複數的共軛（conjugate），亦即b改變正負號
REAL_PART(z)	取出複數的實部，亦即a
IMAGINARY(z)	取出複數的虛部，亦即b
ABS(z)	求出複數的模數，即a和b的均方根值

範例：

IDL> a = 1. & b = 2.	設定變數a為1.，變數b為2.。本來是二行獨立的指令敘述，但可用「&」符號連接變成一行指令敘述。
IDL> z = COMPLEX(a, b)	設定複數z，其實部為a，虛部為b。因a和b在上式已經設定過了，否則會得到a和b未設定的錯誤訊息。
IDL> PRINT, z (1.00000, 2.00000)	列印複數z的內容至視窗上。
IDL> PRINT, CONJ(z) (1.00000, −2.00000)	列印複數z的共軛至視窗上。
IDL> PRINT, REAL_PART(z), IMAGINARY(z) 1.00000 2.00000	列印複數z的實部和虛部至視窗上。
IDL> PRINT, ABS(z) 2.23607	列印複數z的模數，亦即計算實部a和虛部b的平方和再開根號。

2.3.5 其它常用的數學函數

　　IDL 也有取絕對值（absolute value）、開根號（square root）、進位（round up）或捨位（round down）、四捨五入（round off）以及計算階乘（factorial）的函數，關於其執行指令的名稱和呼叫方式，可參照表2.3.5。

表2.3.5 - 其它常用的數學函數

函數	功能
ABS(x)	求出x的絕對值，x可為複數
SQRT(x)	求出x的開根號
ROUND(x)	求出最靠近x的整數（四捨五入）

FLOOR(x)	求出小於或等於 x 的整數
CEIL(x)	求出大於或等於 x 的整數
FACTORIAL(x)	求出 x 的階乘

範例：

IDL> PRINT, ABS(-1)　　　　　　　　　　列印 -1 的絕對值至視窗上。
　　　1

IDL> PRINT, SQRT(2)　　　　　　　　　　對 2 開根號，其結果列印在視窗上。
　　　1.41421

IDL> PRINT, SQRT(-1)　　　　　　　　　　開根號內的運算值不能是負值，勉強運算
　　　-NaN　　　　　　　　　　　　　　　的結果得到無法定義的數。

IDL> PRINT, ROUND(4.4), ROUND(4.5)　　　對浮點數四捨五入，數字 4.4 則變成 4，數
　　　4　　　5　　　　　　　　　　　　　字 4.5 則變成 5。

IDL> PRINT, FLOOR(4.6), CEIL(4.2)　　　　FLOOR 函數和 FIX 函數相同，會把浮點數
　　　4　　　5　　　　　　　　　　　　　小數點後的位數全部截掉，剩下整數 4。
　　　　　　　　　　　　　　　　　　　　CEIL 函數則對浮點數不管數值大小都進
　　　　　　　　　　　　　　　　　　　　位，所以得到的結果是 5。

IDL> PRINT, FACTORIAL(3)　　　　　　　　計算 3 的階乘，亦即計算 $1 \times 2 \times 3 = 6$。
　　　6.0000000

第三章 向量的建立與運算

本章簡介

　　陣列（array）是由資料型態相同的純量所組成，其種類（type）可分為一維、二維或多維陣列，其中的一維陣列又稱做向量（vector）。向量內元素的位置由下標控制，透過下標操作（subscript manipulation）可以改變向量的內容，以達到工作的需求。

本章的學習目標

　　認識IDL向量的建立和型態轉換
　　熟悉IDL向量的下標操作
　　學習IDL向量的數學運算

3.1 向量的建立

　　向量是一組型態相同的純量排列而成的一維資料結構。IDL提供許多建立規則性向量的函數指令，其建立的方法非常簡單，一個指令即可完成，不像C和FORTRAN程式語言，需要用數個指令才能做到。

3.1.1 內容為零的向量

　　如表3.1.1所顯示，不同的資料型態是以不同的指令建立，這些指令是以函數的形式呈現，其中的輸入引數n是向量的長度，必須是整數。

表3.1.1 - 建立向量內容為零的函數（n為向量的長度）

函數	功能
BYTARR(n)	建立內容為零的短整數向量
INTARR(n)	建立內容為零的整數向量
UINTARR(n)	建立內容為零的無號整數向量
LONARR(n)	建立內容為零的長整數向量
ULONARR(n)	建立內容為零的無號長整數向量
LON64ARR(n)	建立內容為零的64位元長整數向量
ULON64ARR(n)	建立內容為零的64位元無號長整數向量
FLTARR(n)	建立內容為零的浮點數向量
DBLARR(n)	建立內容為零的雙精度浮點數向量
COMPLEXARR(n)	建立內容為零的複數向量
DCOMPLEXARR(n)	建立內容為零的雙精度複數向量
STRARR(n)	建立內容為零的字元向量

範例：

IDL> x = INTARR(5)   建立一個包含5個元素的整數向量x。

IDL> PRINT, x   列印變數x的內容至視窗上。
    0   0   0   0   0

IDL> y = FLTARR(4) & y2 = FLTARR(4)   建立一個包含4個元素的浮點數向量 y，每個
IDL> y3 = COMPLEX(y, y2)   元素的內容為0.00000，同時建立一個內容為
                                                零的浮點數向量y2。另外建立一個複數向量
                                                y3，實部為向量y，虛部為向量y2。

IDL> z = STRARR(3)   建立一個包含3個元素的字串向量z，每個元
                                                素的內容為空字串。

IDL> HELP, x, y, y3, z   列印x、y、y3和z的相關資訊至視窗上。這四
X   INT   = Array[5]   個變數都是屬於一維陣列，但具有不同的資料
Y   FLOAT   = Array[4]   型態。
Y3   COMPLEX   = Array[4]
Z   STRING   = Array[3]

3.1.2 內容為特定值的向量

　　讀者有時需要建立一個內容不為0的向量，表3.1.2列出的二個REPLICATE和MAKE_
ARRAY函數可幫忙達到目的，它們的功能相同，但引數輸入順序不同。這二個指令也可
用來建立一個只有單一元素的向量，亦即宣告引數n為1。

表3.1.2 - 建立向量內容均為特定值的函數（n為向量的長度）

函數	功能
REPLICATE(value, n)	建立內容為value的向量，value可為任意資料型態
MAKE_ARRAY(n, VALUE=value)	建立內容為value的向量，value可為任意資料型態

範例：

IDL> x = REPLICATE(1, 5)   建立一個包含5個元素的整數向量x，每個元素的
                                                內容為1。

IDL> y = MAKE_ARRAY(4, VALUE=1.)   建立一個包含4個元素的浮點數向量 y，每個元素
                                                的內容為1.00000。

IDL> z = REPLICATE('ABC', 3)   建立一個包含3個元素的字串向量z，每個元素的
                                                內容皆為字串 'ABC'。

IDL> a = 0   設定純量變數a的內容為整數0。

| IDL> b = REPLICATE(0, 1) | 建立一個內容為0的單一元素向量b。 |

IDL> HELP, a, b	列印變數a和b的相關資訊至視窗上。資訊顯示變
A INT = 0	數b是一個元素的向量，因變數a是純量，系統直
B INT = Array[1]	接顯示其數值。

IDL> PRINT, a[0], b[0]	列印變數a和b的第一個元素至視窗上。注意的
0 0	是，純量a可以被當作一個元素的向量，被寫成
	a[0]亦可被IDL系統接受。

3.1.3 內容為亂數的向量

當讀者需要處理統計上的問題時，一般會運用亂數（random number）來增加採樣的客觀性。表3.1.3列出IDL所提供的二種產生亂數的函數，RANDOMU函數製造均勻分布的亂數，而RANDOMN製造常態分布的亂數。注意的是，可以指定種子參數Seed為一個固定的長整數，每次所得到的亂數會相同。種子參數雖然是固定，在不同IDL版本中會得到不同的亂數值。

表3.1.3 - 產生亂數向量的函數

函數	功能
Result = RANDOMU(seed, n)	產生亂數向量Result，包含n個均勻分布的元素。seed是種子參數，可以不給特定值，元素數值落在0和1間
Result = RANDOMN(seed, n)	產生亂數向量Result，包含n個常態分布的元素。seed是種子參數，可以不給特定值，元素數值呈現常態分布

範例：

| IDL> x = RANDOMU(seed, 5) | 建立一個包含5個元素的亂數向量x。此向量的資料型態為浮點數。 |

| IDL> y = RANDOMN(seed, 4) | 建立一個包含4個元素的亂數向量y，其數值正數和負數都有。此向量的資料型態為浮點數。 |

3.1.4 內容為下標的函數

表3.1.4所顯示的一些函數，可以用來建立一個內容為下標的向量。因IDL的下標是從0開始，向量的第一個元素的內容為0，第二個元素的內容為1，然後以此類推至第n個元素的內容為n－1。在C和FORTRAN中，建立此種向量需要讓各個元素接續地計算，所以需要多重指令，而在IDL中，只要用單一指令即可達成。因IDL具有平行運算的功能，可以將計算碼分成很多的執行緒（thread），以讓多核心的電腦CPU同時做計算，增加計算的效率。

表3.1.4 - 建立向量內容為下標的函數（n為向量的長度）

函數	功能
BINDGEN(n)	建立內容為下標的短整數向量
INDGEN(n)	建立內容為下標的整數向量
UINDGEN(n)	建立內容為下標的無號整數向量
LINDGEN(n)	建立內容為下標的長整數向量
ULINDGEN(n)	建立內容為下標的無號長整數向量
L64INDGEN(n)	建立內容為下標的64位元長整數向量
UL64INDGEN(n)	建立內容為下標的64位元無號長整數向量
FINDGEN(n)	建立內容為下標的浮點數向量
DINDGEN(n)	建立內容為下標的雙精度浮點數向量
CINDGEN(n)	建立內容為下標的複數向量
DCINDGEN(n)	建立內容為下標的雙精度複數向量
SINDGEN(n)	建立內容為下標的字元向量

範例：

```
IDL> x = INDGEN(4)
```
建立一個包含4個元素的整數向量x，其內容為各個元素的下標。

```
IDL> PRINT, x[2]
      2
```
列印變數x的第三個元素（下標為2）的內容至視窗上。

```
IDL> y = SINDGEN(4)
```
建立一個包含4個元素的字串向量y，其內容為各個元素的下標。

```
IDL> PRINT, x, y
    0    1    2    3
       0      1      2      3
```
列印變數x和y的內容至視窗上。

3.1.5 內容為不規則數字或字串的向量

目前已經介紹IDL建立內容為規則數字或字串向量之函數，IDL也有建立內容為不規則數字或字串向量的方式，如表3.1.5所顯示，其產生方式是透過一對中括號來執行，在這一對中括號內填入不規則的數字或字串，然後把中括號和填入內容一起指定至一個變數即可達成。

表3.1.5 - 建立向量內容為不規則數字或字串的方式

方式	功能
var = [a_1, a_2, ..., a_n]	建立內容為不規則數字或字串的向量，a_n為不規則的數字或字串，n為向量的元素個數

範例：

IDL> a = [1, 3, 2, 4]   建立一個包含4個元素的向量a，其內容是不規則
                                                的整數。

IDL> PRINT, a   列印字串向量a的內容至視窗上。
        1   3   2   4

IDL> b = ['x', 'yz', 'cde']   建立一個包含3個元素的字串向量b，其內容是不
                                                規則的字串。

IDL> PRINT, b   列印字串向量b的內容至視窗上，各個字串之間
x yz cde   以空白隔開。

3.2 向量的操作

　　向量的操作包括資料型態的轉換、向量資訊的查詢以及向量下標的處理，這些操作是在向量建立之後必須具備的功能，才能進一步做資料的處理和分析，這些功能都有對應的簡單指令，可以讓讀者容易地執行。

3.2.1 資料型態的轉換

　　表3.2.1顯示IDL中的一些向量轉換的函數，這些函數不僅適用於純量，也適用於向量，運作方式是根據每個元素在向量中的排序依次做轉換，如同對純量轉換的方式一樣，最後得到的向量維度不變，而原先向量的資料型態轉變成新的資料型態。

表3.2.1- 轉換向量資料型態的函數（A為向量）

函數	功能
BYTE(A)	轉換A中所有元素為短整數
FIX(A)	轉換A中所有元素為整數
UINT(A)	轉換A中所有元素為無號整數
LONG(A)	轉換A中所有元素為長整數
ULONG(A)	轉換A中所有元素為無號長整數
LONG64(A)	轉換A中所有元素為64位元長整數
ULONG64(A)	轉換A中所有元素為64位元無號長整數
FLOAT(A)	轉換A中所有元素為浮點數
DOUBLE(A)	轉換A中所有元素為雙精度浮點數
COMPLEX(A)	轉換A中所有元素至複數的實部
DCOMPLEX(A)	轉換A中所有元素至雙精度複數的實部
STRING(A)	轉換A中所有元素為字元

範例：

```
IDL> a = FINDGEN(4)
IDL> b = FIX(a)
IDL> PRINT, a, b
     0.00000    1.00000    2.00000    3.00000
        0       1       2       3
```

建立一個包含4個元素的浮點數向量 a，其內容為各個元素的下標。轉換浮點數向量a為整數向量，轉換結果儲存至向量b。接著列印變數a和b的內容至視窗上。

3.2.2 查詢向量資訊的函數

當向量已經建立時，讀者要查詢此向量的相關資訊，除了使用 HELP 和 PRINT 程序外，還可以使用表3.2.2顯示的函數。N_ELEMENTS 函數回傳向量的元素個數。在計算過程中，如果一個向量中的特定元素變成無法定義的數或無限大時，讀者可以使用 FINITE 函數檢查，此函數是逐一檢查每一元素的性質，若有限回傳1，否則回傳0。

表3.2.2 - 查詢向量相關資訊的函數

函數	功能
N_ELEMENTS(A)	求出向量A中元素的個數
FINITE(A)	判斷向量A中各個元素是否為有限

範例：

```
IDL> x = [2, 1, !VALUES.F_NAN, 4]
IDL> PRINT, N_ELEMENTS(x)
         4
IDL> PRINT, FINITE(x)
   1   1   0   1
```

建立內容為不規則數字的向量x，其中第三個元素是無法定義的數 NaN。因其中一個數是浮點數，此向量的資料型態是浮點數。列印向量x的元素個數至視窗上，無法定義的數仍是個數字，所以得到4。接著列印向量x的有限或無限性質至視窗上，結果顯示此向量的第三個元素（下標為2）為無法定義的數。

3.2.3 向量下標的操作符號

表 3.2.3顯示三個特定符號，方便讀者操控向量內的元素。如果讀者要切割一個向量的部分元素，可以使用「:」符號宣告下標範圍或宣告從起始下標開始每次增加的下標值。當沒宣告下標增加量（subscript increment）時，其值為1。

表3.2.3 - 向量下標的操作符號

符號	說明
0	代表下標的開始
*	代表全部下標
:	宣告下標範圍或下標增加量

範例：

```
IDL> x = INDGEN(5)
IDL> PRINT, x[0]
        0
```
建立一個包含5個元素的整數向量x，其內容為各個元素的下標。接著列印向量x的第一個元素（下標為0）至視窗上。

```
IDL> PRINT, x[*]
    0    1    2    3    4
```
列印向量x的所有元素至視窗上，這裡的「*」符號代表全部下標。

```
IDL> PRINT, x[3:*]
    3    4
```
在視窗上列印向量x的第四個至最後一個元素，這裡的「*」符號代表第四個元素後的全部下標。

```
IDL> y = x[1:3] & PRINT, y
    1    2    3
```
切割向量x的第二個至第四個元素至向量y，然後把向量y內容列印在螢幕上。

```
IDL> z = x[0:4:2] & PRINT, z
    0    2    4
```
切割向量x的奇數元素至變數z，第一個「：」分開起始下標0和結束下標4，第二個「：」後的數字2宣告增加量為2。接著列印向量z的內容。

```
IDL> x[2:4] = y & PRINT, x
    0    1    1    2    3
```
把變數y的三個元素放置至變數x下標為2至4的位置。接著列印變數x的內容。

```
IDL> x[2] = y & PRINT, x
    0    1    1    2    3
```
這是上列指令敘述的另外一種寫法，執行後會得到相同的結果。

3.2.4 下標的數學運作

表3.2.4中的函數所回傳的是下標，以供後續處理。注意的是，在執行UNIQ函數時，必須先把向量內的數值以SORT函數由小到大排序（sort），否則會得到錯誤的結果。

表3.2.4 - 回傳下標的數學函數（A為向量）

函數	功能
Subscript = SORT(A)	排列A內的數值由小到大順序，Subscript記錄著順序
Subscript = UNIQ(A)	去除A內重複的數值，Subscript記錄著順序

範例：

```
IDL> a = [7, 9, 8, 15, 8]
IDL> b = SORT(a)
IDL> PRINT, b
        0    2    4    1    3
```
用中括號建立一個向量a。其中數字8重複。用SORT函數把向量a內的數值由小至大做排列，向量b儲存的是由小至大順序的下標。接著列印向量b的數值至視窗上。

```
IDL> c = a[b]
IDL> PRINT, c
      7       8       8       9      15
```

變數 a 是原始向量，變數 b 是由小至大的下標向量，a[b] 的做法是要向量 a 依照向量 b 的順序重組，然後變成向量 c 後列印在視窗上。

```
IDL> d = UNIQ(c)
IDL> PRINT, c[d]
      7       8       9      15
```

UNIQ 函數回傳數值不重複的下標至向量 d。將不重複的數值列印在視窗上，其中重複的數值 8 已經被刪除了。

3.2.5 向量和函數的區隔

表 3.2.5 顯示向量和函數變數慣用的區隔符號。當向量的名稱和函數的名稱相同時，IDL 的優先順序是先把此名稱當作函數來處理。最好的方式是避免使用與函數相同的名稱，如果無法避免，則用小括號區隔函數的參數，中括號區隔變數的下標。

表 3.2.5 - 向量與函數所使用的區隔符號

符號	說明
(和)	函數用小括號區隔參數
[和]	變數用中括號區隔下標

範例：

```
IDL> fix = [4, 5, 6, 7, 8]
IDL> PRINT, FIX(4)
      4
IDL> PRINT, FIX[4]
      8
```

定義一個向量，此向量的名稱為 fix，與 FIX 函數的名稱相同。若在 FIX 字後使用小括號，系統則將 FIX 當作函數來處理，所以結果仍然是 4。若在 FIX 字後使用中括號，系統則解讀 FIX 為向量變數，所以列印變數 fix 的第五個元素。注意的是，IDL 系統是不區別大小寫。

3.3 向量的數學操作

向量與純量一樣可以做數學運算，包括算術、三角函數、指數與對數、複數以及其它慣用的數學運算，除此之外，IDL 提供一些指令執行向量中元素的排列變換。當數學運算使用向量運算時，很多獨立的計算可以同步進行，因此計算的效率會大幅提升，讀者應該善加利用。

3.3.1 向量元素的排列變換

表 3.3.1 列出一些向量變換的函數，可用來重新排列向量內的元素，以達到工作的需求。重新排列包括一個向量的倒轉（reverse）和平移（shift），也包括二個向量的橫向併排。不像 C 和 FORTRAN 程式語言，向量的重新排列需要多重指令的運作，而在 IDL 中，只需要一個指令。注意的是，IDL 的橫向排列是指在行增加的方向排列。

表3.3.1 - 向量變換的函數

函數	功能
[A, B]	將向量A和B橫向併排，亦即擴充行
SHIFT(A, c)	平移向量A中元素的順序，c代表平移量
REVERSE(A)	倒轉向量A中元素的順序

範例：

IDL> a = [1, 2] & b = [3, 4]　　　　　　分別建立向量a和b，二個指令之間的符號「&」
　　　　　　　　　　　　　　　　　　　　是併行符號。

IDL> c = [a, b] & PRINT, c　　　　　　　對向量a和b實施行增加的橫向合併，接著列印向
　　　1　　2　　3　　4　　　　　　　　　量c的內容。

IDL> PRINT, SHIFT(c, 1)　　　　　　　　列印向量c平移後的內容至視窗上。引數1代表往
　　　4　　1　　2　　3　　　　　　　　　右平移一個下標，亦即舊向量的第一個元素變成
　　　　　　　　　　　　　　　　　　　　新向量的第二個元素，舊向量的第二個元素變成
　　　　　　　　　　　　　　　　　　　　新向量的第三個元素，以此類推，最後一個元素
　　　　　　　　　　　　　　　　　　　　變成第一個。

IDL> PRINT, SHIFT(c, -1)　　　　　　　　列印平移後的向量c之內容至視窗上。平移量可
　　　2　　3　　4　　1　　　　　　　　　以是負值，代表向量中的元素往左平移，第一個
　　　　　　　　　　　　　　　　　　　　元素變成最後一個。

IDL> PRINT, REVERSE(c)　　　　　　　　將向量c的內容倒轉，然後列印至視窗上。
　　　4　　3　　2　　1

3.3.2 向量的數學運算

　　向量的數學運算與純量的數學運算類似，但必須遵循運算規則，表3.3.2列出部分的規則，當元素個數相同的二個向量做數學運算時，向量一的第一個元素與向量二的第一個元素做數學運算，接著向量一的第二個元素與向量二的第二個元素做數學運算，直到最後一個元素，最後將運算結果儲存成一個新向量。當一個向量和一個純量做數學運算時，此純量會與此向量中的每一元素做數學運算，然後將計算結果儲存成一個新向量。關於向量的三角函數、指數和對數、取絕對值以及開根號等數學運算與純量的數學運算類似，一個數學函數指令對向量的各個元素做純量的數學運算，最後將計算結果儲存成一個新向量。

表3.3.2 - 向量的數學運算

指令	說明
A – B	將向量A中的元素減去向量B中相同位置的元素
A * B	將向量A中的元素乘以向量B中相同位置的元素

A + b	將向量A中的各個元素加純量b
A / b	將向量A中的各個元素除以純量b
A ^ b	將向量A中的各個元素取純量b次方
A MOD b	計算向量A中各個元素除以純量b後的餘數
SIN(A)、COS(A)、TAN(A)	將向量A中的各個元素取三角函數值
EXP(A)	將向量A中的各個元素取自然指數
ALOG(A)、ALOG10(A)	將向量A中的各個元素取對數值
ABS(A)	將向量A中的各個元素取絕對值
SQRT(A)	將向量A中的各個元素開根號

範例：

```
IDL> x = [1, 2, 3] & y = [3, 2, 1]
```
建立二個向量x和y。

```
IDL> PRINT, x + y
      4      4      4
```
列印向量x和y的相乘結果至視窗上。二個向量同樣順序的元素相加。

```
IDL> PRINT, 2 * x
      2      4      6
```
列印純量2和向量x相乘的結果至視窗上。此純量與向量中的各個元素相乘。

```
IDL> z = x ^ 2
```
對向量x的各個元素取平方，然後將計算結果置於向量z。

```
IDL> PRINT, y MOD 2
      1      0      1
```
對向量y中的各個元素取餘數，然後列印計算結果至視窗上。

```
IDL> PRINT, SQRT(x)
      1.00000      1.41421      1.73205
```
對向量x中的各個元素開根號，然後列印計算結果至視窗上。

　　注意的是，IDL系統採取向量式的平行運算，亦即程式會被轉變成一組執行緒，互相獨立的執行緒即可分配至中央處理單位（CPU）的各個核心，以多工同時的方式來進行運算。在寫IDL程式時，應盡量避免使用迴圈，因為一旦使用迴圈，迴圈內各個指令不再是獨立的個體，後一個指令必須等到前一個指令執行完成才能繼續執行，無法做平行運算。

第四章 矩陣的建立與運算

本章簡介

二維陣列又稱做矩陣（matrix），影像一般是以矩陣的形式儲存，影像處理實際上是對矩陣內的元素進行操縱和運算。當讀者開始熟悉矩陣時，亦即開始為他們的影像處理能力奠定穩固的基礎。IDL 提供一些矩陣建立、下標操作以及數學運算的指令，方便讀者使用。

本章的學習目標

認識 IDL 矩陣的建立和型態轉換
熟悉 IDL 矩陣的下標操作
學習 IDL 矩陣的數學運算

4.1 矩陣的建立

矩陣是一組型態相同的純量排列而成的二維資料結構，建立矩陣的方式與建立向量的方式類似，只不過多一個引數來設定第二個維度的長度。

4.1.1 內容為零的矩陣

如表 4.1.1 所顯示，不同的資料型態是以不同的指令建立，其中的輸入引數 n 是矩陣的第一維度，代表矩陣行的數目，引數 m 是矩陣的第二維度，代表矩陣列的數目。二者必須是整數，不是整數時，也會被系統切成整數。注意的是，IDL 定義的行列順序與數學矩陣的行列順序相反，IDL 矩陣的第一維度是行，而數學矩陣的第一維度是列。

表 4.1.1 - 建立矩陣內容為零的函數（n × m 為矩陣的維度）

函數	功能
BYTARR(n, m)	建立內容為零的短整數矩陣
INTARR(n, m)	建立內容為零的整數矩陣
UINTARR(n, m)	建立內容為零的無號整數矩陣
LONARR(n, m)	建立內容為零的長整數矩陣
ULONARR(n, m)	建立內容為零的無號長整數矩陣
LON64ARR(n, m)	建立內容為零的 64 位元長整數矩陣
ULON64ARR(n, m)	建立內容為零的 64 位元無號長整數矩陣
FLTARR(n, m)	建立內容為零的浮點數矩陣
DBLARR(n, m)	建立內容為零的雙精度浮點數矩陣
COMPLEXARR(n, m)	建立內容為零的複數矩陣

DCOMPLEXARR(n, m)	建立內容為零的雙精度複數矩陣
STRARR(n, m)	建立內容為零的字元矩陣

範例：

IDL> x = BYTARR(5, 2) 　　　　　　　建立一個維度為 5 × 2 的短整數矩陣 x，其元素
　　　　　　　　　　　　　　　　　總共有 10 個。

IDL> PRINT, x 　　　　　　　　　　列印變數 x 的內容至視窗上。因第二個維度的
　　0　　0　　0　　0　　0 　　　　長度為 2，其內容分成二行列印。
　　0　　0　　0　　0　　0

IDL> y = LONARR(4, 3) 　　　　　　建立一個維度為 4 × 3 的長整數矩陣 y，亦即此
　　　　　　　　　　　　　　　　　矩陣有 4 行和 3 列，矩陣內每個元素的內容都
　　　　　　　　　　　　　　　　　是 0。

IDL> z = DBLARR(3, 4) 　　　　　　建立一個維度為 3 × 4 的雙精度浮點數矩陣 z，
　　　　　　　　　　　　　　　　　每個元素的內容為 0.0000000。

IDL> HELP, x, y, z 　　　　　　　　列印 x、y 和 z 的相關資訊至視窗上，這三個變
X　　　　BYTE　　　= Array[5, 2] 　數都是屬於二維陣列的變數型態。
Y　　　　LONG　　　= Array[4, 3]
Z　　　　DOUBLE　　= Array[3, 4]

4.1.2 內容為特定值的矩陣

　　表 4.1.2 所顯示的函數是用來建立內容不為 0 的矩陣。除了應用在向量的建立外，REPLICATE 和 MAKE_ARRAY 函數也可以應用在矩陣的建立上，其用法與向量的建立類似，僅是多增加一個維度，亦即在函數的輸入引數上多增加一個引數 m，其值可以是 1，此時相當於建立一個向量。

表 4.1.2 - 建立矩陣內容均為特定值的函數

函數	功能
REPLICATE(value, n, m)	建立內容為 value 的 n × m 矩陣，value 可為任意資料型態
MAKE_ARRAY(n, m, VALUE=value)	建立內容為 value 的 n × m 矩陣，value 可為任意資料型態

範例：

IDL> x = REPLICATE(1B, 5, 2) 　　　建立一個維度為 5 × 2 的短整數矩陣 x，每個元
　　　　　　　　　　　　　　　　　素的內容為 1。

IDL> y = MAKE_ARRAY(4, 3, VALUE=1D)	建立一個維度為4×3的雙精度浮點數矩陣y，每個元素的內容為1.0000000。
IDL> z = REPLICATE(1L, 3, 4)	建立一個維度為3×4的長整數矩陣z，每個元素的內容為1。
IDL> a = REPLICATE(0, 5)	建立一個內容為0的整數向量a。此向量的元素個數為5。
IDL> b = REPLICATE(0, 5, 1)	建立一個內容為0的5×1整數矩陣b。此矩陣的元素個數也是5。

```
IDL> HELP, a, b
A               INT       = Array[5]
B               INT       = Array[5]
```
將變數a和b的相關資訊列印至視窗上，資訊顯示變數a和b都是5個元素的向量，亦即維度為5×1的矩陣。

```
IDL> PRINT, b
       0       0       0       0       0
```
列印矩陣b的內容至視窗上。注意的是，因為矩陣b的第二維度是1，所以也算是個向量。

4.1.3 內容為亂數的矩陣

表4.1.3列出的二種函數是用來建立一個亂數矩陣，不同於亂數向量的建立，建立亂數矩陣的函數中的輸入引數多一個引數m，來設定第二個維度的長度。注意的是，可以指定種子參數Seed為一個固定的長整數，每次所得到的亂數Result會相同。種子參數雖然是固定，在不同IDL版本中會得到不同的亂數值。

表4.1.3 - 產生亂數矩陣的函數

函數	功能
Result = RANDOMU(Seed, n, m)	產生亂數矩陣，包含n×m個均勻分布的元素。Seed是種子參數，可以不給特定值，元素數值落在0和1間
Result = RANDOMN(Seed, n, m)	產生亂數矩陣，包含n×m個常態分布的元素。Seed是種子參數，可以不給特定值，元素數值呈現常態分布

範例：

IDL> x = RANDOMU(seed, 5, 4)	建立一個維度為5×4的亂數矩陣x。每個元素的數值落在0和1之間。
IDL> y = RANDOMN(seed, 4, 3)	建立一個維度為4×3的亂數矩陣y，其數值正數和負數都有。因為不指定種子參數值，每次得到的亂數都會不同。
IDL> z = RANDOMN(1L, 4, 3)	建立一個維度為4×3的亂數矩陣z。種子參數固定為1L，所以每次得到的亂數會相同。

4.1.4 內容為下標的函數

表4.1.4所列出的一些函數是用來建立內容為下標的矩陣,這些函數都有二個用來宣告維度的輸入引數。在C和FORTRAN中,建立此種矩陣需要用數個指令才能達成。在IDL中,連續的資料先儲存完第一列後,再接續儲存至第二列,直到最後一列。這些內容為下標的矩陣,按照順序地儲存0至n × m − 1的數字內容至維度為n × m的矩陣A中,亦即矩陣A的第i + 1行(下標為i)且第j + 1列(下標為j)的元素內容為n × j + i。注意的是,IDL矩陣的行列順序與Matlab矩陣的行列順序相反。

表4.1.4 - 建立矩陣內容為下標的函數(n × m為矩陣的維度)

函數	功能
BINDGEN(n, m)	建立內容為下標的短整數矩陣
INDGEN(n, m)	建立內容為下標的整數矩陣
UINDGEN(n, m)	建立內容為下標的無號整數矩陣
LINDGEN(n, m)	建立內容為下標的長整數矩陣
ULINDGEN(n, m)	建立內容為下標的無號長整數矩陣
L64INDGEN(n, m)	建立內容為下標的64位元長整數矩陣
UL64INDGEN(n, m)	建立內容為下標的64位元無號長整數矩陣
FINDGEN(n, m)	建立內容為下標的浮點數矩陣
DINDGEN(n, m)	建立內容為下標的雙精度浮點數矩陣
CINDGEN(n, m)	建立內容為下標的複數矩陣
DCINDGEN(n, m)	建立內容為下標的雙精度複數矩陣
SINDGEN(n, m)	建立內容為下標的字元矩陣

範例:

IDL> x = INDGEN(4, 2)　　　　　　　　　　建立一個維度為4 × 2的整數矩陣x,其內容為下標。

IDL> PRINT, x　　　　　　　　　　　　　　列印矩陣x的內容至視窗上,結果顯示按照下標
　　 0　　 1　　 2　　 3　　　　　　　　順序的0至7數字。
　　 4　　 5　　 6　　 7

IDL> PRINT, x[2, 1]　　　　　　　　　　　列印第三行第二列的元素內容至視窗上。行順序
　　 6　　　　　　　　　　　　　　　　　是由左至右,列順序是由上至下,下標是從0開
　　　　　　　　　　　　　　　　　　　　始計數起。

IDL> PRINT, x[6]　　　　　　　　　　　　列印矩陣的第7個元素內容至視窗上。雖然變數x
　　 6　　　　　　　　　　　　　　　　　是二維矩陣,也可以採取一維的方式來設定下
　　　　　　　　　　　　　　　　　　　　標,因為IDL儲存矩陣內的資料順序是由左至
　　　　　　　　　　　　　　　　　　　　右,由上至下。

4.1.5 內容為不規則數字或字串的矩陣

目前已經介紹IDL建立內容為規則數字或字串矩陣的函數，IDL也有建立內容為不規則數字或字串矩陣的方式，如表4.1.5所顯示，其產生方式是透過一些中括號來執行，最外側的中括號內包含m對的中括號，代表m列，每一對中括號內包含n個元素，代表n行。在這些中括號內填入不規則的數字或字串，然後把所有的中括號和填入內容一起指定至一個變數，即可達成一個 n × m 矩陣的建立。

表4.1.5 - 建立矩陣內容為不規則數字或字串的方式

方式	功能
var = [[a_{11}, a_{21}, ..., a_{n1}], 　　　　[a_{12}, a_{22}, ..., a_{n2}], 　　　　... 　　　　[a_{1m}, a_{2m}, ..., a_{nm}]]	建立內容為不規則數字或字串的矩陣，a_{nm}為不規則的數字或字串，n為矩陣行的個數，m為矩陣列的個數

範例：

IDL> a = [[3, 2, 4], [1, 5, 0]]　　　　　建立一個 3 × 2 矩陣a，其內容是不規則的整數，雙中括號實施縱向併排。

IDL> PRINT, a　　　　　　　　　　　　列印整數矩陣a的內容至視窗上，總共三行二
　　3　　　2　　　4　　　　　　　　　列，包含6個元素。
　　1　　　5　　　0

IDL> b = [[2, 4], [1, 5], [6, 7], [3, 8], [4, 5]]　　建立一個 2 × 5 矩陣b，其內容是不規則的整數，雙中括號實施縱向併排。

IDL> PRINT, b　　　　　　　　　　　　列印整數矩陣b的內容至視窗上，總共二行五
　　2　　　4　　　　　　　　　　　　列，10個元素。
　　1　　　5
　　6　　　7
　　3　　　8
　　4　　　5

4.2 矩陣的操作

矩陣的操作包括資料型態的轉換、矩陣資訊的查詢以及矩陣下標的操作，這些操作是在矩陣建立之後必須具備的功能，才能進一步做資料的處理和分析，這些功能都有對應的簡單指令，可以讓讀者容易地執行。

4.2.1 資料型態的轉換

表4.2.1列出IDL中一些矩陣轉換的函數，這些函數不僅適用於純量和向量，也適用

於矩陣。這些函數根據每個元素在矩陣中的排序依次做轉換，如同對純量轉換的方式一樣，最後得到的矩陣維度不變，而原先矩陣的資料型態轉變成新的資料型態。

表 4.2.1 - 轉換矩陣資料型態的函數（A 為矩陣）

函數	功能
BYTE(A)	轉換 A 中所有元素為短整數
FIX(A)	轉換 A 中所有元素為整數
UINT(A)	轉換 A 中所有元素為無號整數
LONG(A)	轉換 A 中所有元素為長整數
ULONG(A)	轉換 A 中所有元素為無號長整數
LONG64(A)	轉換 A 中所有元素為 64 位元長整數
ULONG64(A)	轉換 A 中所有元素為 64 位元無號長整數
FLOAT(A)	轉換 A 中所有元素為浮點數
DOUBLE(A)	轉換 A 中所有元素為雙精度浮點數
COMPLEX(A)	轉換 A 中所有元素為複數
DCOMPLEX(A)	轉換 A 中所有元素為雙精度複數
STRING(A)	轉換 A 中所有元素為字元

範例：

IDL> a = FINDGEN(4, 2)　　　　　　　　建立一個維度為 4 × 2 的浮點數矩陣 a，其內容為
　　　　　　　　　　　　　　　　　　　各個元素的下標。

IDL> b = FIX(a)　　　　　　　　　　　轉換浮點數矩陣 a 至整數矩陣 b，浮點數小數點後
　　　　　　　　　　　　　　　　　　　的位數全部切除。

IDL> HELP, a, b　　　　　　　　　　　顯示變數 a 和 b 的相關資訊至視窗上。變數 b 變成
A　　　　　FLOAT　　= Array[4, 2]　　整數型態的矩陣。
B　　　　　INT　　　= Array[4, 2]

4.2.2 查詢矩陣資訊的函數

　　當矩陣已經建立時，讀者要查詢此矩陣的相關資訊，除了使用 HELP 和 PRINT 程序外，還可以使用表 4.2.2 顯示的函數。N_ELEMENTS 函數回傳矩陣的元素個數。在計算過程中，如果一個矩陣中的特定元素變成無法定義的數或無限大時，讀者可以用 FINITE 函數檢查出來，此函數是逐一檢查每一元素的性質，若有限則回傳 1，否則回傳 0。

表 4.2.2 - 查詢矩陣相關資訊的函數

函數	功能
N_ELEMENTS(A)	求出矩陣 A 中所有元素的個數
FINITE(A)	判斷矩陣 A 中各個元素是否為有限

範例：

IDL> x = FINDGEN(4, 2)　　　　　　　　　　建立一個維度為 4 × 2 的浮點數矩陣 x。其內容為
　　　　　　　　　　　　　　　　　　　　　下標。

IDL> x[2, 1] = !VALUES.F_NAN　　　　　　　將矩陣 x 第三行第二列的元素改變為無法定義的
　　　　　　　　　　　　　　　　　　　　　數。

IDL> PRINT, x　　　　　　　　　　　　　　列印矩陣 x 的內容至視窗上。矩陣的第七個元素
　　0.00000　　1.00000　　2.00000　　3.00000　　已經改變為無法定義的數。
　　4.00000　　5.00000　　　　NaN　　7.00000

IDL> PRINT, N_ELEMENTS(x)　　　　　　　　列印矩陣 x 的元素個數至視窗上。
　　　　　8

IDL> PRINT, FINITE(x)　　　　　　　　　　列印矩陣 x 的有限或無限性質至視窗上。檢查結
　　1　　1　　1　　1　　　　　　　　　　果顯示此矩陣的第七個元素（第一維的下標為
　　1　　1　　0　　1　　　　　　　　　　2，第二維的下標為 1）是無法定義的數。

4.2.3 矩陣下標的操作符號

　　表 4.2.3 顯示四個特定符號，方便讀者操控矩陣內的元素。如果讀者要切割一個矩陣
的部分元素，可以使用 「:」符號宣告下標範圍或宣告從起始下標開始每次增加的下標
值。當沒宣告下標增加量時，其值為 1。

表 4.2.3 - 下標的操作符號

符號	說明
0	代表下標的開始
*	代表全部下標
:	宣告下標範圍或下標增加量
,	區隔矩陣的維度

範例：

IDL> a = INDGEN(4, 2)　　　　　　　　　　建立一個維度為 4 × 2 的整數矩陣 a，其內容為各
　　　　　　　　　　　　　　　　　　　　　個元素的下標。

IDL> PRINT, a[0]　　　　　　　　　　　　列印矩陣 a 的第一個元素至視窗上。注意的是，
　　　　　0　　　　　　　　　　　　　　　a[0] 等於 a[0, 0]。

IDL> PRINT, a[0, *]　　　　　　　　　　　列印矩陣 a 的第一行所有元素至視窗上。
　　　0
　　　4

```
IDL> PRINT, a[*, 0]                          列印矩陣a的第一列所有元素至視窗上。
    0    1    2    3

IDL> b = a[1:3, 0:*]                          切割矩陣a的第一維度的第二行至第四行且第二
                                             維度的第一列至最後一列的所有元素至新矩陣
                                             b,此時二個維度的下標增加量為1。

IDL> PRINT, b                                列印矩陣b的元素內容至視窗上。
    1    2    3
    5    6    7

IDL> PRINT, a[0:3:2, 0:1:1]                   第一個維度的下標增加量為2,第二個維度的下
    0    2                                   標增加量為1,所以新向量第一個維度是2,第二
    4    6                                   個維度也是2。
```

4.2.4 下標的數學運作

　　表4.2.4中的函數可以計算最大值和最小值,也可以由引數Subscript回傳下標,以供後續處理。注意的是,不管是矩陣或向量,回傳的下標是以一維陣列的順序儲存,所以需要再轉回實際矩陣的二維下標,才能直接表示下標對應的位置。

表4.2.4 - 回傳下標的數學函數(A為矩陣)

函數	功能
Result = MAX(A, Subscript)	計算矩陣A的最大值,Result記錄著最大值,Subscript記錄著最大值的下標位置
Result = MIN(A, Subscript)	計算矩陣A的最小值,Result記錄著最小值,Subscript記錄著最小值的下標位置

範例:

```
IDL> n = 3 & m = 2 & x = INDGEN(n, m)        建立一個維度為 n × m 的矩陣,其中 n = 3 和 m =
                                             2。其中符號「&」是併行符號,將三行指令敘述
                                             變成一行。

IDL> PRINT, x                                列印矩陣x的內容至視窗上。
    0    1    2
    3    4    5

IDL> y = MAX(x, s)                           用MAX函數把矩陣x內數值的最大值找出。輸出
                                             引數s記錄著最大值的下標位置,其維度是一
                                             維。
```

IDL> PRINT, y, s	列印矩陣x中元素的最大值y和其下標位置s至視
5 5	窗上。。s = 5代表第六個元素，因矩陣x的維度
	小，讀者容易理解s在矩陣維度上對應的位置，
	如果維度很大時，則需要用以下的計算方式。

| IDL> i = s MOD n | 計算最大值的第一維下標i。 |

| IDL> j = (s − i) / n | 計算最大值的第二維下標j。 |

| IDL> PRINT, i, j, x[i, j] | 列印下標i和j和所對應的最大值至視窗上。 |
| 2   1   5 | |

4.2.5 矩陣和函數的區隔

　　表4.2.5顯示矩陣和函數變數慣用的區隔符號。當矩陣變數的名稱和函數的名稱相同時，IDL的優先順序是先把此名稱當作函數來處理。一般來說，用小括號區隔函數的參數，中括號區隔變數的下標。如果矩陣變數的名稱不是IDL函數或程序的名稱，則大括號或小括號均可使用。

表4.2.5 - 矩陣與函數所使用的區隔符號

符號	說明
(和)	函數用小括號區隔參數
[和]	變數用中括號區隔下標

範例：

IDL> complex = BINDGEN(5, 4)	產生一個內容為下標的短整數矩陣，其矩陣取名
	為complex，但這名稱和COMPLEX函數名稱相
	同。

| IDL> PRINT, COMPLEX[4, 3] | 使用中括號時，COMPLEX被解讀為變數，列印 |
| 19 | COMPLEX變數的第五行第四列元素。 |

| IDL> PRINT, COMPLEX(4, 3) | 使用小括號時，COMPLEX被解讀為製造複數的 |
| (4.00000,   3.00000) | 函數，所以列印（4.00000, 3.00000）。 |

4.3 矩陣的數學操作

　　矩陣與向量一樣可以做數學運算，包括算術、三角函數、指數與對數、複數以及其它慣用的數學運算，除此之外，IDL提供一些指令執行矩陣中元素的排列變換，方便讀者運用。

4.3.1 矩陣元素的排列變換

　　表4.3.1列出一些矩陣變換的函數，可用來重新排列矩陣內的元素，以達到工作的需求。重新排列包括一個矩陣的倒轉和平移，也包括二個矩陣的橫向和縱向併排。不像C和FORTRAN程式語言，矩陣的重新排列需要數個指令運作才能達成，而在IDL中，只需要鍵入一個指令。

表4.3.1 - 矩陣變換的函數

函數	功能
[A, B]	將矩陣A和B橫向併排，亦即擴充行
[[A], [B]]	將矩陣A和B縱向併排，亦即擴充列
REVERSE(A, k)	倒轉矩陣A中元素的順序，k是倒轉的維度
SHIFT(A, c, d)	平移矩陣A中元素的順序，c和d代表兩個維度的各個平移量
REFORM(A, c, d)	重新排列矩陣A中至維度為c×d的矩陣，但元素總數目不變
TRANSPOSE(A)	轉置矩陣A

範例：

```
IDL> a = INDGEN(2, 2) & b = a
```
先產生內容為下標的整數矩陣a，再讓矩陣b的內容與矩陣a相同。

```
IDL> c = [a, b]
IDL> PRINT, c
     0     1     0     1
     2     3     2     3
```
橫向併排矩陣a和b。橫向併排的運作是將矩陣b排列在矩陣a的右側，其結果是在行增加的方向進行合併，然後矩陣c的內容列印至視窗上，總共有8個元素。

```
IDL> PRINT, [[a], [b]]
     0     1
     2     3
     0     1
     2     3
```
列印縱向併排矩陣a和b的結果至視窗上。併排的運作是將矩陣b排列在矩陣a的下側，其結果是在列增加的方向進行合併，是個2×4的矩陣。

```
IDL> PRINT, REVERSE(c, 1)
     1     0     1     0
     3     2     3     2
```
倒轉矩陣c的第一維度內容，然後列印。

```
IDL> PRINT, REVERSE(c, 2)
     2     3     2     3
     0     1     0     1
```
倒轉矩陣c的第二維度內容，然後列印。

```
IDL> PRINT, SHIFT(c, 2, 1)
     2     3     2     3
     0     1     0     1
```
列印矩陣c平移後的內容至視窗上。此矩陣內各個元素往右平移二個位置且往下平移一個位置，下標為最末值時，平移後變成第一個。

```
IDL> PRINT, REFORM(c, 2, 4)          重新排列矩陣c的元素，讓其維度從4×2變成2×
      0    1                          4，最後把結果列印在視窗上。
      0    1
      2    3
      2    3

IDL> PRINT, TRANSPOSE(c)             轉置矩陣c的順序，亦即第一列變成第一行，第
      0    2                          二列變成第二行，以此類推，直到最後一列。此
      1    3                          矩陣會從4×2變成2×4維度。
      0    2
      1    3
```

4.3.2 矩陣的數學運算

　　矩陣的數學運算與純量的數學運算類似，但必須遵循運算規則，表4.3.2列出部分的規則。當維度相同的二個矩陣做數學運算時，相同位置的元素互相數學運算後，儲存在新矩陣的相同位置，最後形成一個新矩陣。當一個矩陣和一個純量做數學運算時，此純量會與此矩陣中的每一個元素做數學運算，儲存至相同的位置，而形成一個新矩陣。關於矩陣的三角函數、指數和對數、取絕對值以及開根號等數學運算與純量的數學運算類似，一個數學函數指令對矩陣的各個元素做純量的數學運算，最後將計算結果儲存成一個新矩陣。

表4.3.2 - 矩陣的數學運算

數學運算	說明
A – B	將矩陣A中的元素減去矩陣B中相同位置的元素
A * B	將矩陣A中的元素乘以矩陣B中相同位置的元素
A + b	將矩陣A中的各個元素加純量b
A / b	將矩陣A中的各個元素除以純量b
A ^ b	將矩陣A中的各個元素取純量b次方
A MOD b	計算矩陣A中各個元素除以純量b後的餘數
SIN(A) 、COS(A)、TAN(A)	將矩陣A中的各個元素取三角函數值
ALOG(A) 、ALOG10(A)	將矩陣A中的各個元素取對數值
ABS(A)	將矩陣A中的各個元素取絕對值
SQRT(A)	將矩陣A中的各個元素開根號

範例：

```
IDL> x = [[0, 1, 2], [3, 4, 5]]      建立一個3×2的矩陣x。

IDL> y = INDGEN(3, 2)                建立矩陣y，其內容與矩陣x相同，都是內容為下
                                     標的矩陣。
```

```
IDL> PRINT, x + y
     0     2     4
     6     8    10
```

列印矩陣x和y的相加結果至視窗上。二個矩陣中相同順序的元素相加。

```
IDL> PRINT, 2 * x
     0     2     4
     6     8    10
```

列印純量2和矩陣x的相乘結果至視窗上。此純量與此矩陣的每個元素相乘。

```
IDL> z = x ^ 2
```

對矩陣x的各個元素取平方，然後將計算結果置於矩陣z。

```
IDL> PRINT, y MOD 2
     0     1     0
     1     0     1
```

對矩陣y中的各個元素取餘數，然後將計算結果列印至視窗上。

```
IDL> PRINT, SIN(x)
     0.00000     0.841471     0.909297
     0.141120    -0.756802    -0.958924
```

對矩陣x中的各個元素進行三角函數SIN運算，然後列印計算結果至視窗上。

第五章 陣列的建立與運算

本章簡介

隨著影像擷取技術的進展，影像資料常常是以三維以上陣列的方式呈現。三維或多維陣列在IDL的陣列運算（array operation）與向量和矩陣的運算類似，只不過在維度引數個數的差異。透過範例的介紹和實施，讓讀者更熟悉三維或多維陣列的處理和下標操作。

本章的學習目標

學習IDL陣列的建立和型態轉換
熟悉IDL陣列的下標操作和數學運算
認識IDL陣列資訊的查詢

5.1 陣列的建立和型態轉換

目前已經介紹一些函數指令，適用於一維陣列（向量）和二維陣列（矩陣）的建立和型態轉換，這些函數也可以適用於三維以上的陣列，只不過輸入的引數個數是三個以上。

5.1.1 陣列的建立

陣列的建立與純量、向量以及矩陣的建立方式相似，使用相同的函數達成目的，但輸入引數的個數會隨陣列的維度而變化，如表5.1.1所顯示。除非特別的需求，一般不會用到四維以上。

表5.1.1 各維度的函數型式和引數輸入個數

函數型式	維度
Function_Name(n)	一維，一個輸入引數
Function_Name(n, m)	二維，二個輸入引數
Function_Name(n, m, o)	三維，三個輸入引數
Function_Name(n, m, o, p)	四維，四個輸入引數

範例：

IDL> x = FLTARR(4, 3, 2)　　　　　　　　建立一個維度為 $4 \times 3 \times 2$ 的浮點數陣列，其內容為 0。

| IDL> y = REPLICATE(0, 4, 3, 2) | 建立一個維度為 4 × 3 × 2的整數陣列，其元素都為0。 |

IDL> y = REPLICATE(0, 4, 3, 2)　　　　　建立一個維度為 4 × 3 × 2的整數陣列，其元素都為0。

IDL> z = RANDOMU(seed, 4, 3, 2)　　　　建立一個維度為 4 × 3 × 2的浮點數陣列，其內容為均勻分布的亂數。

IDL> a = LINDGEN(4, 3, 2)　　　　　　　建立一個維度為 4 × 3 × 2的長整數陣列，其內容為下標。

IDL> HELP, x, y, z, a　　　　　　　　　　列印陣列x、y、z和a的相關資訊至視窗上。
```
X          FLOAT      = Array[4, 3, 2]
Y          INT        = Array[4, 3, 2]
Z          FLOAT      = Array[4, 3, 2]
A          LONG       = Array[4, 3, 2]
```

5.1.2 陣列的資料型態轉換

　　表5.1.2列出IDL中的一些陣列轉換的函數，適用於各種維度的陣列。這些函數根據每個元素（element）在陣列中的排序依次做轉換，如同對純量轉換的方式一樣，最後傳回轉換後的資料型態，其陣列的維度不變。

表5.1.2 - 轉換陣列資料型態的函數（A為陣列）

函數	功能
BYTE(A)	轉換陣列中所有元素為短整數
FIX(A)	轉換陣列中所有元素為整數
UINT(A)	轉換陣列中所有元素為無號整數
LONG(A)	轉換陣列中所有元素為長整數
ULONG(A)	轉換陣列中所有元素為無號長整數
LONG64(A)	轉換陣列中所有元素為64位元長整數
ULONG64(A)	轉換陣列中所有元素為64位元無號長整數
FLOAT(A)	轉換陣列中所有元素為浮點數
DOUBLE(A)	轉換陣列中所有元素為雙精度浮點數
COMPLEX(A)	轉換陣列中所有元素為複數
DCOMPLEX(A)	轉換陣列中所有元素為雙精度複數
STRING(A)	轉換陣列中所有元素為字元

範例：

IDL> a = FINDGEN(4, 3, 2)　　　　　　　建立一個維度為 4 × 3 × 2的浮點數陣列a，其內容為各個元素的下標。

| IDL> b = FIX(a) | 轉換浮點數陣列a至整數陣列b。 |

| IDL> c = STRING(a) | 轉換浮點數陣列a至字串陣列c。 |

IDL> HELP, a, b, c	顯示變數a、b和c的相關資訊至視窗上。轉換
A FLOAT = Array[4, 3, 2]	後,變數b變成整數型態的陣列,變數c變成字串
B INT = Array[4, 3, 2]	型態的陣列,但陣列的維度保持不變。
C STRING = Array[4, 3, 2]	

5.2 陣列的下標操作

下標是記錄陣列位置的重要參數,適當的下標操作可以讓資料的處理和分析更具有靈活性。注意的是,IDL使用不同括號來區隔陣列內的各個元素和函數內的各個參數。

5.2.1 陣列和函數的區隔

表5.2.1顯示陣列和函數變數慣用的區隔符號。當陣列變數的名稱和函數的名稱相同時,IDL的優先順序是先把此名稱當作函數來處理。一般來說,用小括號區隔函數的參數,中括號區隔變數的下標。當名稱是變數時,中括號和小括號均可使用。

表5.2.1 - 陣列與函數所使用的區隔符號

符號	說明
(和)	函數用小括號區隔參數
[和]	變數用中括號區隔下標

範例:

| IDL> bindgen = FINDGEN(2, 3, 4) | 產生一個2 × 3 × 4陣列,其資料型態是浮點數,取名為bindgen,和BINDGEN函數名稱相同。 |

| IDL> PRINT, BINDGEN(1, 2, 1)
    0
    1 | 使用小括號時,BINDGEN被解讀為製造內容為下標的函數,結果是1 × 2 × 1的陣列。 |

| IDL> PRINT, BINDGEN[1, 2, 1]
    11.0000 | 使用中括號時,BINDGEN被解讀為變數,變數內的三個引數宣告其中一個元素的位置,然後把此元素列印在視窗上。 |

5.2.2 陣列下標的操作

表5.2.2顯示四個特定符號,方便讀者操控陣列內的元素。如果讀者要切割一個陣列

的部分元素，則可以使用「:」符號宣告下標範圍或宣告從起始下標開始每次增加的下標值，在沒宣告下標增加量時，其值為1。注意的是，回傳的下標是以一維的順序儲存，所以需要再轉回實際陣列的多維下標。讀者可以使用 ARRAY_INDICES 函數轉換各維度的下標或自行轉換。

表 5.2.2 - 下標的操作符號和處理下標的數學函數（A 為陣列）

符號	說明
0	代表下標的開始
*	代表全部下標
:	宣告下標範圍或下標增加量
,	區隔陣列的維度
Result = MIN(A, Subscript)	計算最小值，Result 記錄著最小值，Subscript 記錄著最小值的下標位置
Result2 = ARRAY_INDICES(A, Subscript)	將一維的下標變成多維的下標 Result2

範例：

| IDL> x = INDGEN(4, 3, 2) | 建立一個維度為 $4 \times 3 \times 2$ 的整數陣列 x，其內容為各個元素的下標。 |

| IDL> PRINT, x | 列印陣列 x 的所有元素至視窗上。第三個維度是高度上的層級，此陣列總共有二層。列印時，自動會有空行隔開不同二層的所有內容。 |

```
   0    1    2    3
   4    5    6    7
   8    9   10   11

  12   13   14   15
  16   17   18   19
  20   21   22   23
```

| IDL> PRINT, x[0:1, 1:*, *] | 列印陣列 x 的第一至第二行且第二至第三列的所有元素至視窗上。陣列 x 內的「1 : *」代表從第二列至最後一列。逗號隔開各個維度的下標範圍。 |

```
   4    5
   8    9

  16   17
  20   21
```

| IDL> y = MAX(x, s) | 用 MAX 函數把陣列 x 內數值的最大值找出。輸出引數 s 記錄著最大值的下標位置，其維度是一維。 |

| IDL> PRINT, y, s | 列印陣列 x 中元素的最大值 y 和其下標位置 s 至視 |
| 23　　　23 | 窗上，s = 23 代表第二十四個元素。 |

| IDL> z = ARRAY_INDICES(x, s) | 使用 ARRAY_INDICES 函數計算變數 s 在陣列各個 |
| | 維度上對應的位置。 |

IDL> PRINT, z	變數 z 以陣列 x 中各維度的下標來表示 s 在 x 中的
3　　　2　　　1	位置，變數 z 是個 3 × 1 的陣列，代表最大值的位
	置在 x[3, 2, 1]，亦即在第四行第三列第二層的位
	置。目前變數 s 是一個元素的向量，如果 s 是 N 個
	元素的向量，變數 z 會變成 3 × N 的陣列。

5.3 陣列的數學操作

陣列的數學運算與向量和矩陣的數學運算相同，包括算術、三角函數、指數與對數、複數以及其它慣用的數學運算。除此之外，IDL 提供一些指令執行陣列中元素的排列變換。

5.3.1 陣列元素排列的變換

表 5.3.1 列出一些陣列變換的函數，可用來重新排列陣列內的元素。重新排列包括一個陣列的倒轉和平移，也包括二個陣列的橫向和縱向併排。不像 C 和 FORTRAN 程式語言，陣列的重新排列需要數個指令才能達成，而在 IDL 中，一個指令即可達到目的。

表 5.3.1 - 陣列變換的函數

函數	功能
[A, B]	將陣列 A 和 B 橫向併排，亦即擴充行
[[A], [B]]	將陣列 A 和 B 縱向併排，亦即擴充列
[[[A]], [[B]]]	將陣列 A 和 B 上下疊排，亦即擴充層
REVERSE(A, k)	倒轉陣列 A 中元素的順序，k 是倒轉的維度
SHIFT(A, c, d, e)	平移三維陣列 A 中元素的順序，c、d 和 e 代表兩個維度的各個平移量
REFORM(A, c, d, e)	重新排列陣列 A 中至維度為 c × d × e 的三維陣列，但元素總數目不變
TRANSPOSE(A)	轉置陣列 A

範例：

| IDL> a = INDGEN(4, 3, 2) & b = a | 先產生內容為下標的整數陣列 a，再讓陣列 b 與陣 |
| | 列 a 相同。其中「&」是併行符號。 |

```
IDL> HELP, a                           列印變數a的變數型態和陣列尺寸。
A            INT      = Array[4, 3, 2]

IDL> PRINT, a                          列印陣列a的所有元素至視窗上。第三個維度是
    0    1    2    3                    高度上的層級，此陣列總共有二層。
    4    5    6    7
    8    9   10   11

   12   13   14   15
   16   17   18   19
   20   21   22   23

IDL> PRINT, REVERSE(a, 3)              列印陣列a倒轉第三維度後的內容至視窗上，亦
   12   13   14   15                    即上下層對調。
   16   17   18   19
   20   21   22   23

    0    1    2    3
    4    5    6    7
    8    9   10   11

IDL> PRINT, SHIFT(a, 1, 1, 1)          列印陣列a平移後的內容至視窗上。此陣列內各
   23   20   21   22                    個元素往右側平移一個位置、往下側平移一個位
   15   12   13   14                    置、往上層平移一個位置，下標為最末值時，平
   19   16   17   18                    移後變成第一個。

   11    8    9   10
    3    0    1    2
    7    4    5    6

IDL> c = [a, b]                        橫向併排陣列a和b，其運作方式是將陣列b排列
                                       在陣列a的右側。

IDL> d = [[a], [b]]                    縱向併排陣列a和b，其運作方式是將陣列b排列
                                       在陣列a的下側。

IDL> e = [[[a]], [[b]]]                上下疊排陣列a和b，其運作方式是將陣列b排列
                                       在陣列a的上層。

IDL> f = REFORM(a, 2, 4, 3)            改變陣列a的維度。

IDL> g = TRANSPOSE(a)                  轉置陣列g的順序。原始的陣列會從 $4 \times 3 \times 2$ 變成
                                       $2 \times 3 \times 4$ 維度。
```

```
IDL> HELP, a, b, c, d, e, f, g
A               INT       = Array[4, 3, 2]
B               INT       = Array[4, 3, 2]
C               INT       = Array[8, 3, 2]
D               INT       = Array[4, 6, 2]
E               INT       = Array[4, 3, 4]
F               INT       = Array[2, 4, 3]
G               INT       = Array[2, 3, 4]
```

顯示變數a至g的相關資訊至視窗上。合併的結果，造成變數c行維度的增加、變數d列維度的增加以及變數e層維度的增加。陣列變換的結果，造成變數f和g維度的改變，但總元素數目不變。

5.3.2 陣列的數學運算

　　陣列的數學運算與純量的數學運算類似，但必須遵循運算規則，表5.3.2列出部分的規則。當維度相同的二陣列做數學運算時，相同位置的元素互相數學運算後，儲存在新陣列的相同位置，最後形成一個新陣列。當一陣列和一純量做數學運算時，此純量會與此陣列中的每一元素做數學運算，儲存至相同的位置，而形成一個新陣列。關於陣列的三角函數、指數和對數、取絕對值以及開根號等數學運算與純量的數學運算類似，一個數學函數指令對陣列的各個元素做純量的數學運算，最後將計算結果儲存成一個新陣列。

表5.3.2 - 陣列的數學運算

數學運算	說明
A – B	將陣列A中的元素減去陣列B中相同位置的元素
A * B	將陣列A中的元素乘以陣列B中相同位置的元素
A + b	將陣列A中的各個元素加純量b
A / b	將陣列A中的各個元素除以純量b
A ^ b	將陣列A中的各個元素取純量b次方
A MOD b	計算陣列A中各個元素除以純量b後的餘數
SIN(A)、COS(A)、TAN(A)	將陣列A中的各個元素取三角函數值
ALOG(A)、ALOG10(A)	將陣列A中的各個元素取對數值
ABS(A)	將陣列A中的各個元素取絕對值
SQRT(A)	將陣列A中的各個元素開根號

範例：

```
IDL> x = INDGEN(4, 3, 2) & y = x
```

先產生內容為下標的整數陣列x，再讓陣列y與陣列x相同。

IDL> PRINT, x				列印陣列 x 的所有元素至視窗上。	

```
IDL> PRINT, x
       0       1       2       3
       4       5       6       7
       8       9      10      11

      12      13      14      15
      16      17      18      19
      20      21      22      23
```
列印陣列 x 的所有元素至視窗上。

```
IDL> PRINT, x + y
       0       2       4       6
       8      10      12      14
      16      18      20      22

      24      26      28      30
      32      34      36      38
      40      42      44      46
```
列印陣列 x 和 y 的相加運算結果至視窗上。二陣列的相加運算是相同位置的元素相加，因二陣列相同，此相加運算的結果等於任一個陣列的 2 倍，亦即 2 * x 或 2 * y。

```
IDL> PRINT, y MOD 2
       0       1       0       1
       0       1       0       1
       0       1       0       1

       0       1       0       1
       0       1       0       1
       0       1       0       1
```
對陣列 y 中的各個元素取餘數，然後列印計算結果至視窗上。

5.4 陣列資訊的查詢

當陣列已經建立，讀者可以查詢此陣列的相關資訊。IDL 提供許多查詢陣列資訊的函數，回傳所有與陣列相關的資訊，有時候不需要所有的資訊，只是需要某個特定資訊，則必須宣告特定的關鍵字。

5.4.1 查詢陣列資訊的函數

表 5.4.1 列出二個查詢陣列資訊的函數。N_ELEMENTS 函數回傳陣列的元素個數。在計算過程中，如果一個陣列中的特定元素變成無法定義的數或無限大時，讀者可以用 FINITE 函數檢查出來，此函數是逐一檢查陣列中每一元素的性質，若有限則回傳 1，否則回傳 0。

表 5.4.1 - 查詢陣列相關資訊的函數

函數	功能
N_ELEMENTS(A)	求出陣列 A 中所有元素的個數
FINITE(A)	判斷陣列 A 中各個元素是否為有限

範例：

```
IDL> a = FINDGEN(3, 2, 3)
IDL> a[2, 1, 0] = !VALUES.F_INFINITY
IDL> PRINT, FINITE(a)
   1   1   1
   1   1   0

   1   1   1
   1   1   1

   1   1   1
   1   1   1
IDL> PRINT, N_ELEMENTS(a)
        18
```

建立內容為下標的浮點數陣列a，然後以宣告下標的方式將第三行第二列第一層的元素改變為無限大，接著列印陣列a的有限判斷結果至視窗上。因陣列的第六個元素已經改變為無限大，所以FINITE函數回傳為0。最後以N_ELEMENTS函數查詢陣列a的元素個數，並列印其值至視窗上。

5.4.2 更多查詢陣列資訊的函數

表5.4.2 提供更多的查詢資訊的函數，除了適用在向量和矩陣上，也可以適用在陣列上，執行的方式大致相同，使用者可以根據需求，來選擇適當的函數。其中的PRODUCT和TOTAL函數的輸出結果是以浮點數表示，若要保持原來的資料型態，則需宣告關鍵字/PRESERVE_TYPE。

表5.4.2 - 查詢陣列中相關資訊的函數（Array為陣列）

函數	功能
MAX(Array)	取出最大值
MIN(Array)	取出最小值
MEDIAN(Array)	取出中值
TOTAL(Array)	求出總和
PRODUCT(Array)	求出乘積

範例：

```
IDL> x = INDGEN(4, 3, 2)
IDL> PRINT, MAX(x), MEDIAN(x)
      23    12.0000
IDL> PRINT, TOTAL(x), PRODUCT(x)
   276.000        0.0000000
```

建立內容為下標的整數陣列x，從0至23，總共有24個元素。建立後列印陣列x中所有元素的最大值和中值。陣列中所有元素的總和與乘積是由TOTAL和PRODUCT函數得到。

5.4.3 查詢函數中關鍵字的使用

IDL使用關鍵字來宣告函數或程序的特定功能，使用關鍵字的好處是函數或程序的名稱相同，而關鍵字的取名一般是採取完整的英文名稱，很容易記憶。IDL關鍵字的使用方

式通常是在關鍵字前加斜線，預設值是 0，關鍵字出現時，其數值會變成 1，告訴系統此函數要執行某一特定功能。表 5.4.3 列出 SIZE 函數的關鍵字，只查詢特定的資訊，不需要全部的資訊。

表 5.4.3 - 查詢陣列相關資訊的函數（Array 為陣列）

關鍵字	說明
SIZE(Array)	回傳陣列的全部資訊。假如第一個元素是維度 n，接續的 n 個元素代表各個維度的大小，然後是資料型態碼，最後一個元素是陣列元素的總數目
SIZE(Array, /DIMENSIONS)	只回傳陣列的各個維度的大小
SIZE(Array, /N_DIMENSIONS)	只回傳陣列的維度
SIZE(Array, /N_ELEMENTS)	只回傳陣列元素的總數目
SIZE(Array, /TNAME)	只回傳陣列的型態名稱
SIZE(Array, /TYPE)	只回傳陣列的型態碼

範例：

IDL> a = FINDGEN(2, 3, 4)　　　　　　　建立一個內容為下標的浮點數陣列。

IDL> b = SIZE(a)　　　　　　　　　　　陣列 a 經過 SIZE 函數運算之後得到向量 b，數字 3
IDL> PRINT, b　　　　　　　　　　　　代表三維。接續的 2、3 和 4 代表三維陣列各維度
　　　3　　2　　3　　4　　4　　24　　的大小。然後數字 4 代表浮點數，總共 24 個。

IDL> PRINT, SIZE(a, /DIMENSIONS)　　　只列印陣列 a 的各個維度的大小。此陣列的維度
　　　2　　　3　　　4　　　　　　　　是三維，所以視窗上列出三個數值。

IDL> PRINT, SIZE(a, /N_DIMENSIONS)　　只列印陣列 a 的維度，結果是 3。
　　　3

IDL> PRINT, SIZE(a, /N_ELEMENTS)　　　只列印陣列 a 元素的總數目，結果是 24 個。
　　　24

IDL> PRINT, SIZE(a, /TNAME)　　　　　只列印陣列 a 的型態名稱，結果是浮點數型態。
FLOAT

IDL> PRINT, SIZE(a, /TYPE)　　　　　　列印陣列 a 的型態碼 4，代表浮點數型態。關於其
　　　4　　　　　　　　　　　　　　　它的型態碼，可參考第 16 章。

第六章 基本繪圖的實施

本章簡介

簡單的二個點連成一個線段，一組線段的連接可構成一個曲面，曲面在一個平面的投影是二維的圖形。IDL提供一些圖形顯示（display）的基本指令，讓讀者可以輕易地進行繪圖。IDL的指令通常附帶一些關鍵字，適當的使用關鍵字可以延伸指令的功能。

本章的學習目標

熟悉IDL繪圖的程序和其關鍵字
學習IDL標示文字的方法
認識IDL系統變數和其設定方式

6.1 連結資料點的程序

IDL連結資料點的程序包括PLOT、OPLOT和PLOTS程序。PLOT程序是IDL繪圖（graphics）的主要指令，其主要功能是連結各個資料點來構成圖形。任何複雜的圖形，幾乎都可用PLOT指令逐步地繪製而成。熟悉PLOT程式的語法和關鍵字後，其它繪圖指令很容易上手。當讀者已經用PLOT程序連結一組資料點後，需要在圖形上加進另外一條線條時，則可以使用OPLOT或PLOTS程序。注意的是，OPLOT和PLOTS程序不會自己建立座標系統（coordinate system），必須使用先前指令建立的座標系統。

6.1.1 PLOT程序的語法

如表6.1.1所顯示，PLOT程序的後面接續二個引數，X和Y二個陣列，X為橫座標，Y為縱座標。由中括號所夾擊的引數X代表此引數可以省略，當省略時，陣列Y的下標所構成的陣列會被自動當成陣列X。PLOT指令執行後，系統在電腦桌面上自動產生一個視窗，視窗上顯示X和Y資料點的連結線和座標軸框，如果沒有特別宣告，系統會依據資料的範圍建立座標系統。注意的是，視窗上的預設背景顏色是黑色，圖形是以預設的白色線條呈現，但在本書的範例中，視窗上的背景顏色是白色，圖形是以黑色線條呈現，其實施的方式是在IDL的提示符號「IDL>」上鍵入「!P.BACKGROUND = 255」和「!P.COLOR = 0」指令，來改變系統的預設值（!P.BACKGROUND = 0 和 !P.COLOR = 255）。背景和圖形顏色會隨不同的繪圖裝置而不同，如果應該畫出的線條沒出現時，則可能是背景和圖形顏色相同，所以看不出區別來，需要調整背景或圖形顏色。另外一種可能的繪圖問題是，如果繪圖時，應該是白色的地方變成紅色，這是因為螢幕是採取「顏色分解」的模式，所有的顏色擠至紅色系列，如果要回到「顏色不分解」的模式，需要鍵入「DEVICE, DECOMPOSED=0」指令。

表6.1.1 - PLOT 程序的語法

語法	說明
PLOT, [X,] Y	連結陣列X和Y構成的資料點

範例：

IDL> WINDOW, XSIZE=216, YSIZE=162　　建立一個216 × 162的視窗。

IDL> y = INDGEN(21) & x = 2 * y　　　建立一個內容為下標順序的向量y，然後建立另
　　　　　　　　　　　　　　　　　　外一個向量x，使其內容是向量y的二倍。

IDL> PLOT, x, y　　　　　　　　　　　連結向量x和y構成的資料點。IDL 根據向量x和y
　　　　　　　　　　　　　　　　　　內資料的最大值和最小值決定各軸的座標範圍，
　　　　　　　　　　　　　　　　　　所以x的座標範圍是 [0, 40]，y的座標範圍是 [0,
　　　　　　　　　　　　　　　　　　20]，如圖 6.1.1 所顯示。除非特別指定，IDL自動
　　　　　　　　　　　　　　　　　　繪製座標軸的框架。

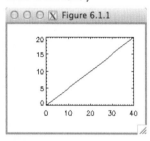

圖 6.1.1

IDL> PLOT, y　　　　　　　　　　　　當向量x省略時，IDL根據向量y中的各個元素的
　　　　　　　　　　　　　　　　　　下標值為橫座標。向量y的個數是21個，其下標
　　　　　　　　　　　　　　　　　　的最小值是0，最大值是20，所以IDL選取X軸
　　　　　　　　　　　　　　　　　　的範圍是 [0, 20]，如圖6.1.2所顯示。

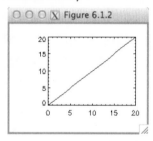

圖 6.1.2

6.1.2 PLOT程序特有的關鍵字

　　一般來說，IDL的指令（包括程序和函數）都配有關鍵字，以顯現指令的特有功能。
PLOT程序提供表6.1.2所顯示的關鍵字，讓繪圖的功能更強大，來達到讀者的工作需求。

表6.1.2 - PLOT程序特有的關鍵字

關鍵字	說明
/ISOTROPIC	設定X和Y軸的刻度為相同間隔
MAX_VALUE=value	設定Y值繪製的最大值
MIN_VALUE=value	設定Y值繪製的最小值
/POLAR	設定極座標系統

/XLOG	設定以10為底的對數X軸（logarithmic axis）
/YLOG	設定以10為底的對數Y軸
/YNOZERO	Y座標軸的最小值不為零

範例：

IDL> y = INDGEN(20) + 1. & x = 0.5 * y

建立一個內容為下標順序的向量y，然後各個內容加1，使第一個元素內容不為0，以免在做對數運算時，得到錯誤訊息。另外再建立一個向量x，使其內容是向量y的一半。

IDL> PLOT, x, y, MAX_VALUE=15, $
IDL>   MIN_VALUE=5

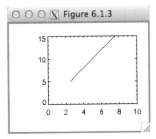

圖6.1.3

雖然向量y的資料範圍是 [1, 20]，讀者可以限制資料繪製的範圍至 [5, 15]，以達到繪製的需求。注意的是，IDL會自動調整座標軸的範圍至 [0, 15]，使圖形看起來更美觀，如果不希望Y軸從0畫起時，可在此程式敘述後再加關鍵字 /YNOZERO，座標軸的範圍會變成 [4, 16]，IDL仍然自動調整範圍，如圖6.1.3所顯示。以後會介紹如何不讓IDL自動調整的方式。

IDL> PLOT, x, y, /ISOTROPIC

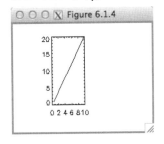

圖6.1.4

因視窗形狀不是正方形，而且座標軸框與視窗框邊緣的距離不相等，畫出來的二個座標軸的刻度間隔不一致，所以用關鍵字 /ISOTROPIC，讓IDL自動調整座標軸框和邊緣的長度，以達到刻度有相同間隔的目的，如圖6.1.4所顯示。

IDL> PLOT, x, y, /XLOG, /YLOG

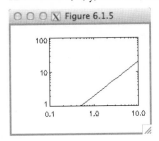

圖6.1.5

當座標軸需要是對數型態時，則使用關鍵字 /XLOG 和 /YLOG，最後的圖形是圖6.1.5。也可只指定X或Y其中一軸是對數座標軸，亦即只使用其中一個關鍵字。

IDL> PLOT, x, y, /POLAR

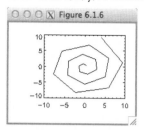

當關鍵字 /POLAR加進PLOT程序時，X和Y軸從原來的直角座標變成極座標，最後的圖形是圖6.1.6，其中向量x的內容代表至原點的距離，向量y的內容是對+X軸的夾角，以徑度表示。

圖6.1.6

6.1.3 與其它繪圖指令共用的關鍵字

在表6.1.3所列出的關鍵字，除了適用在PLOT程序外，也適用在其它的繪圖指令。有些關鍵字之前會加上 [XYZ]，代表座標軸的選項，決定需要套用的座標軸，例如XTITLE是用來改變X軸座標軸標題的關鍵字，YRANGE是決定Y軸的繪製範圍。關鍵字之前沒加 [XYZ]的關鍵字代表適用各個座標軸或與座標軸無關的改變。IDL繪圖系統所使用的座標包括資料（DATA）、正規（NORMAL）以及裝置（DEVICE）座標系統。一般來說，PLOT程序的預設座標系統是資料座標（data coordinate）系統，亦即由輸入的資料決定座標範圍。在正規座標（normal coordinate）系統中，各座標軸的範圍是 [0, 1]。至於裝置座標（device coordinate）系統，則是以視窗內的像素為單位且以視窗尺寸為範圍。宣告座標系統的方式是在指令敘述中宣告關鍵字 /NORMAL或 /DEVICE。注意的是，這二個關鍵字也同時控制關鍵字CLIP和POSITION內元素所使用的座標系統，其中的（x0, y0）是左下角位置，（x1, y1）是右上角位置。在連續使用二個PLOT程序時，第二個PLOT程序需要加上關鍵字 /NOERASE，以免第一個PLOT程序所繪製的圖形被刪除。

表6.1.3 - 與其它繪圖指令共用的關鍵字

關鍵字	說明
BACKGROUND=color_index	設定背景的顏色
CHARSIZE=value	設定字體大小
CHARTHICK=value	設定字體線條的粗細
CLIP=[x0, y0, x1, y1]	設定圖形輸出範圍
COLOR=color_index	設定前景的顏色
/DATA	採用資料座標系統，以資料值大小為範圍
/DEVICE	採用裝置座標系統，以繪圖視窗大小為範圍
FONT=integer	設定字體的型式
LINESTYLE=integer	設定資料點的連線型式（line style）
/NOCLIP	不設定圖形輸出範圍
/NODATA	不畫資料，只畫座標軸
/NOERASE	不刪除視窗上已繪製的圖形
/NORMAL	採用正規座標系統，以0至1為範圍

POSITION=[x0, y0, x1, y1]	設定畫框的位置
PSYM=integer	設定資料點符號的型式
SUBTITLE=string	設定副標題
SYMSIZE=value	設定資料點符號的大小
THICK=value	設定資料線的寬度
TICKLEN=value	設定軸標記的長度
TITLE=string	設定主標題
[XYZ]CHARSIZE=value	設定各個座標軸的字體大小
[XYZ]MARGIN=[left, right]	設定各個畫框軸的邊緣長度（margin length）
[XYZ]MINOR=integer	設定各個座標軸副標記（minor tick）的個數
[XYZ]RANGE=[min, max]	設定各個座標軸的範圍（axis range）
[XYZ]STYLE=integer	設定各個座標軸的型式（axis style）
[XYZ]THICK=value	設定各個座標軸線條的粗細
[XYZ]TICKFORMAT=string	設定各個座標軸主標記（major tick）文字的格式
[XYZ]TICKINTERVAL=value	設定各個座標軸主標記的區間
[XYZ]TICKLEN=value	設定各個座標軸標記的長度
[XYZ]TICKNAME=string	設定各個座標軸主標記文字的內容
[XYZ]TICKS=integer	設定各個座標軸主標記的區間個數
[XYZ]TICKUNITS=string	設定各個座標軸主標記的單位
[XYZ]TICKV=array	設定各個座標軸無規則性主標記的數值
[XYZ]TICK_GET=variable	輸出各個座標軸主標記的內容
[XYZ]TITLE	設定各個座標軸的標題

範例：

```
IDL> x = FINDGEN(25) * 15
IDL> y = SIN(x * !DTOR)
```

建立一個包含25個元素的向量x，其內容是0至360度，公差是15度。向量x需先轉成徑度，才能計算SIN值，然後存入變數y。

```
IDL> PRINT, MAX(x), MIN(x)
      360.000      0.00000
```

取出向量x中內容的最大值和最小值。

```
IDL> PLOT, x, y, TITLE='Demo', $
IDL>    XTITLE='X', YTITLE='Y'
```

連結向量x和y構成的資料點。IDL根據向量x和y內資料的最大值和最小值決定各軸的座標範圍。雖然向量x的最大值是360，為讓x軸的標記看起來美觀，系統自動調整至400。讀者可使用關鍵字TITLE、XTITLE和YTITLE，以標註在座標軸框上方的主標題和在座標軸框旁的X和Y軸標題，如圖6.1.7所顯示。

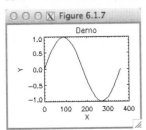

圖 6.1.7

IDL> PLOT, x, y, BACKGROUND=0, $
IDL>　　COLOR=255, CHARSIZE=1.2

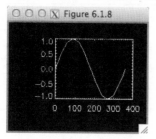

圖 6.1.8

讀者可以改變視窗背景和前景線條的顏色，在黑白顏色表單中，數字 0 代表黑色，數字 255 代表白色，數字在 0 和 255 之間代表不同層次的灰階顏色。此指令敘述設定視窗背景為黑色，前景線條為白色。同時，關鍵字 CHARSIZE 設定字體大小為預設值的 1.2 倍。隨著字體大小改變，座標框與視窗之間的邊緣也會隨著改變，如圖 6.1.8 所顯示。

IDL> PLOT, x, y, CHARTHICK=2, $
IDL>　　XCHARSIZE=1.5, PSYM=1

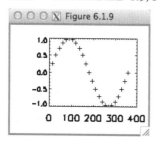

圖 6.1.9

關鍵字 CHARTHICK 設定字體線條是 2 倍粗，關鍵字 XCHARSIZE 設定 X 軸的標記字體大小是預設值的 1.5 倍。預設的字體是 Hershey 字體，而 Hardware 或 TrueType 字體是其它的選項，其選項代碼列在表 6.1.4 中，以關鍵字 FONT 宣告。關鍵字 PSYM 設定加號來表示各個資料點，不再使用線段連結，如圖 6.1.9 所顯示。IDL 也有提供其它符號，可參照表 6.1.5。關鍵字 SYMSIZE 設定符號大小。

IDL> PLOT, x, y, XRANGE=[0, 360], $
IDL>　　LINESTYLE=2, THICK=2

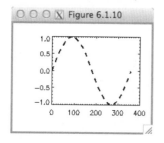

圖 6.1.10

設立 X 軸的資料範圍至 [0, 360]，但 IDL 會自動調整各軸的資料範圍，所以實際的 X 軸範圍仍是 [0, 400]，沒有改變，如圖 6.1.10 所顯示。這次畫線的線條是粗細為 2 倍的點虛線。關於關鍵字 LINESTYLE 的各個選項，可參照表 6.1.6。

IDL> PLOT, x, y, XRANGE=[0, 360], $
IDL>　　XSTYLE=1, YTHICK=2

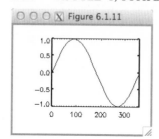

圖 6.1.11

設立 X 軸的資料範圍至 [0, 360]，且設定關鍵字 XSTYLE 等於 1，強迫固定 X 軸的資料範圍至 XRANGE 所宣告的範圍，不再自動改變，如圖 6.1.11 所顯示。[XYZ]STYLE 也有其它讓繪圖更靈活的選項，讀者可以參照表 6.1.7。關鍵字 YTHICK=2 讓二邊的 Y 軸線的粗細變成 2 倍。

```
IDL> PLOT, x, y, /NODATA, $
IDL>    POSITION=[0.2, 0.5, 0.7, 0.9]
```

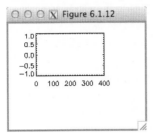

圖 6.1.12

設定座標軸框為關鍵字POSITION所框架的長方形，前二個元素是定義框架的左下角位置（0.2, 0.5），後二個元素是定義框架的右上角位置（0.7, 0.9），所定義的位置是在正規座標系統，亦即視窗X和Y位置的最小值是0，最大值是1。/NODATA定義不要畫資料點的連結線。另外也可用 [XYZ]MARGIN來設定座標軸框至視窗的邊緣大小，以取代POSITION的設定，最後的圖形是圖6.1.12。

```
IDL> WINDOW, XSIZE=216, YSIZE=162
IDL> PLOT, x, y, /DEVICE, $
IDL>    CLIP=[0, 0, 100, 140]
```

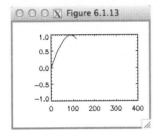

圖 6.1.13

建立一個216 × 162的視窗。PLOT程序的預設值是將資料線限制在關鍵字CLIP所宣告的畫框內。關鍵字CLIP的前二元素記錄著畫框的左下角位置，後二個元素記錄著畫框的右上角位置。這次使用以視窗像素為座標的裝置座標，因為關鍵字CLIP的宣告，只顯示左半邊的資料線，如圖6.1.13所示。另外也可設定關鍵字 /NOCLIP，讓資料線的繪製可以超出座標軸框外。

```
IDL> PLOT, x, y, XTICKS=2, $
IDL>    XMINOR=5, XTICKLEN=0.05
```

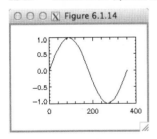

圖 6.1.14

關鍵字XTICKS=2告訴系統將X軸的畫框長度分成二等分，亦即三個主標記，然後關鍵字XMINOR=5宣告在相鄰二個主標記之間分成五個小標記。當要改變標記的長度時，則使用關鍵字XTICKLEN，設定數值越大，X軸標記的長度越長，最後的圖形是圖6.1.14。主標記一般是按照有規則性的數值來做標記，當需要設定無規則性的主標記時，則使用關鍵字XTICKV來宣告無規則性的數值。

```
IDL> PLOT, x, y, XTICKINTERVAL=200, $
IDL>    XTICKNAME=['a', 'b', 'c']
```

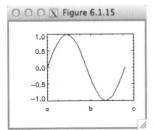

圖 6.1.15

關鍵字XTICKNAME允許讀者自己寫X軸的標記，XTICKINTERVAL=200告訴系統每200個單位寫一個標記，其內容是a、b和c，如圖6.1.15所顯示。

```
IDL> PLOT, x, y, XSTYLE=8, $
IDL>    SUBTITLE='Subtitle', $
IDL>    YSTYLE=8, XTICK_GET=f
```

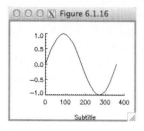

圖 6.1.16

如圖 6.1.16 所顯示，當只畫一邊的座標軸框時，需要設定關鍵字 XSTYLE 和 YSTYLE 各等於 8。如果也要同時要強迫固定座標軸範圍，則設定 XSTYLE 和 YSTYLE 各等於 9，亦即 8 + 1，在這裡，強迫固定座標軸範圍是設定 XSTYLE 和 YSTYLE 各等於 1。關鍵字 SUBTITLE 設定副標題，副標題 Subtitle 寫在視窗區域的底部位置。關鍵 XTICK_GET 讓 X 軸的所有標記值輸出至變數 f。

```
IDL> PLOT, x, y, $
IDL>    YTICKUNITS='Numeric', $
IDL>    YTICKFORMAT='(F5.2)'
```

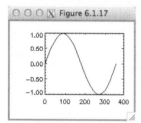

圖 6.1.17

使用關鍵字 YTICKFORMAT 改變 Y 軸標記的格式，標出小數點後二位，原來的標記是小數點後一位。關鍵字 YTICKUNITS 註明 Y 軸的單位，預設值 'Numeric'，以數字表示，最後顯示的圖形是圖 6.1.17。此關鍵字在畫時間軸時需要設定為 'Time'，而關鍵字 YTICKFORMAT 需要設定為 LABEL_DATE，代表時間格式是由 'LABEL_DATE' 函數訂定，其範例在第 23 章示範。

表 6.1.4 - PLOT 程序中關鍵字 FONT 的選項代碼

選項代碼	說明
−1	Hershey 字體
0	Hardware 字體
1	TrueType 字體

表 6.1.5 - PLOT 程序中關鍵字 PSYM 的選項代碼

選項代碼	說明
1	加號
2	星號
3	點號
4	菱形符號
5	三角符號
6	正方形符號
7	打叉符號
8	使用者自己定義的符號
9	沒定義
10	直方圖模式

表 6.1.6 - PLOT 程序中關鍵字 LINESTYLE 的選項代碼

選項代碼	說明
0	實線
1	點線
2	虛線
3	虛點線
4	虛點點線
5	長虛線

表 6.1.7 - PLOT 程序中 [XYZ]STYLE 關鍵字的選項代碼

選項代碼	說明
1	強迫固定原先設定的座標範圍
2	可以延伸原先設定的座標範圍
4	不畫座標軸
8	座標軸只畫一邊
16	不設定 Y 值的軸座標範圍為零

6.1.4 OPLOT 程序的語法和關鍵字

如表 6.1.8 顯示，OPLOT 程序的語法和 PLOT 語法相同，但其功能有些差異。使用 PLOT 程序時，系統會從資料點範圍建立視窗座標系統，但 OPLOT 程序使用先前已經定義的座標系統。

表 6.1.8 - OPLOT 程序的語法

語法	說明
OPLOT, [X,] Y	在已建立的座標系統上繪製向量 X 和 Y 資料

範例：

IDL> x = FINDGEN(361) * !DTOR
IDL> y = SIN(x) & z = COS(x)

建立一個內容為下標順序的向量 x，代表角度。乘以 !DTOR 後變成徑度。計算向量 x 的 SIN 和 COS 值，然後分別存成向量 y 和 z。

IDL> PLOT, x, y, XSTYLE=1
IDL> OPLOT, x, z

連結 x 和 y 所構成的線條，XSTYLE=1 告訴系統不要自動調整範圍。PLOT 程序執行後，一個資料座標系統就自動被建立起來，接續的 OPLOT 程序則沿用原來的座標系統來繪製另外一組資料點，所以有二條曲線在座標軸框內，如圖 6.1.18 所顯示。

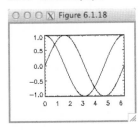

圖 6.1.18

表6.1.9列出OPLOT程序的關鍵字，可改變Y值繪製的最大值和最小值。關鍵字 /POLAR的宣告讓連結資料的座標系統變為極座標。另外OPLOT與PLOT程序共用部分的繪圖關鍵字。

表6.1.9 - OPLOT程序的關鍵字

關鍵字	說明
MAX_VALUE=value	設定Y值繪製的最大值
MIN_VALUE=value	設定Y值繪製的最小值
/POLAR	設定極座標系統
THICK=value	設定繪圖線的粗細
其它繪圖關鍵字	與PLOT程序共用表6.1.3的部分繪圖關鍵字

範例：

```
IDL> PLOT, x, y, XSTYLE=1
IDL> OPLOT, x, z, MAX_VALUE=0.5, $
IDL>    MIN_VALUE=-0.5, THICK=2
```

延續上例，連結x和y所構成的線條，STYLE=1告訴系統不要自動調整範圍。PLOT程序建立一個資料座標系統，接續的OPLOT程序沿用原來的座標系統來繪製另外一條2倍粗的曲線，但繪製的範圍被限制至 [-0.5, 0.5]，所以曲線的上下側被截斷，變成二條粗線段，如圖6.1.19所顯示。

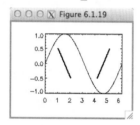

圖6.1.19

6.1.5 PLOTS程序的語法和關鍵字

表6.1.10顯示PLOTS程序的語法，與OPLOT程序相似，都是在已繪製的圖形上疊加資料線，且沿用先前的座標系統。不同的地方是可以只用一個引數X來表示二維或三維的資料點，但引數X必須是矩陣X[2, *] 或X[3, *]，數字2或3代表二維或三維的資料點，符號「*」代表資料的所有下標。當同時使用引數X、Y和Z時，這些引數的長度必須相同。

表6.1.10 - PLOTS程序的語法

語法	說明
PLOTS, X[, Y[, Z]]	在已繪製的圖形上繪製向量X、Y和Z資料

範例：

```
IDL> x = [0.2, 0.8, 0.8, 0.2, 0.2]
IDL> y = [0.2, 0.2, 0.6, 0.6, 0.2]
IDL> z = FLTARR(2, 5)
IDL> z[0, *] = x
IDL> z[1, *] = y
```

定義資料點的向量x和y，然後重新定義一個2 × 5的矩陣z，讓向量x的內容放置在矩陣z的第一行，也讓向量y的內容放置在矩陣z的第二行。

IDL> PLOTS, z

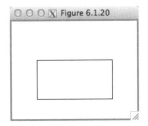

圖 6.1.20

使用PLOTS程序對矩陣z繪圖，但也可使用「PLOTS, x, y」指令，二個指令的執行得到相同的圖形，如圖6.1.20所顯示。

表6.1.11列出的關鍵字/CONTINUE允許系統以連續輸入單點的方式來連結資料點，當讀者輸入一個資料點時，這個資料點會與前一個資料點連結成一直線。這項功能在互動式的程式寫作上非常方便，讀者可以用滑鼠把需要連結的位置點選出來，然後接續地連結這些位置點。

表6.1.11 - PLOTS程序的關鍵字

關鍵字	說明
/CONTINUE	連結上次呼叫PLOTS函數的資料點

範例：

IDL> PLOTS, [0.2, 0.2], /CONTINUE
IDL> PLOTS, [0.8, 0.2], /CONTINUE
IDL> PLOTS, [0.8, 0.6], /CONTINUE
IDL> PLOTS, [0.2, 0.6], /CONTINUE

關鍵字/CONTINUE允許單點輸入資料點，第一點沒有作用，第二點會與第一點連結，第三點會與第二點連結，第四點會與第三點連結，最後的圖形是圖6.1.21。

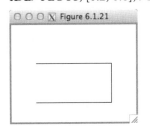

圖 6.1.21

6.2 繪製等值線的程序

矩陣內的數位資料包含一些資訊，CONTOUR程序可以繪製矩陣中所有元素的等值線，亦即把相同數值的位置連成線條，方便讀者從等值線的分布狀況了解矩陣內數值的變化。

6.2.1 CONTOUR程序的語法

如表6.2.1顯示，CONTOUR程序的語法和PLOT程序類似，引數Z必須是二維陣列，引數X和Y記錄矩陣Z各元素的位置，此二引數可以省略，但系統會用引數Z的下標順序

取代。X和Y可以是矩陣,也可以是向量,如果是向量時,X的長度必須與Z的第一維度的長度相同,Y的長度必須與Z的第二維度的長度相同。

表6.2.1 - CONTOUR程序的語法

語法	功能
CONTOUR, Z [, X, Y]	繪製Z的等值線,X和Y是Z值的對應座標

範例:

IDL> z = DIST(256, 168)
IDL> CONTOUR, z

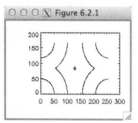

建立一個內容與距離有關的矩陣,離中心越遠,其數值越小。繪製矩陣z的等值線。因系統會自動調整座標軸的範圍,等值線和座標軸框沒有連接得很好,如圖6.2.1所顯示。為解決這個問題,則需要設定關鍵字XSTYLE和YSTYLE各等於1。

圖6.2.1

IDL> x = FINDGEN(256) * 0.5
IDL> y = FINDGEN(168) * 0.2
IDL> CONTOUR, z, x, y

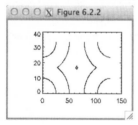

建立矩陣z的位置向量x和y。繪製z的等值線,雖然x和y是一維的向量,系統會自動轉成二維的矩陣,形成一個二維的網格系統,來對應矩陣z各個元素的位置。現在的座標軸標記已不再是以下標順序為主,而是以實際位置為主,最後的圖形是圖6.2.2。

圖6.2.2

6.2.2 CONTOUR程序的關鍵字

表6.2.2列出CONTOUR程序的關鍵字,這程序與PLOT程序共用部分的繪圖關鍵字。在範例中,只示範CONTOUR特有的關鍵字,其中關鍵字ZVALUE適用於三維圖形的繪製,將等值線所在的XY平面,繪製在某個Z位置上。注意的是,此Z座標是正規座標系統,範圍是 [0, 1],同時需要宣告關鍵字 /T3D。關鍵字MAX_VALUE和MIN_VALUE設定Z值繪製的最大值和最小值。關鍵字 /ISOTROPIC讓X和Y軸的刻度為相同間隔。

表6.2.2 - CONTOUR程序的關鍵字

關鍵字	說明
C_ANNOTATION=vector_of_strings	設定等值線上的標記文字
C_CHARSIZE=value	設定等值線上標記文字的大小

C_CHARTHICK=integer	設定等值線上標記文字線條的粗細
C_COLORS=vector	設定等值線上標記文字的顏色
C_LABELS=vector{each element 0 or 1}	設定等值線上是否標記文字
C_LINESTYLE=vector	設定等值線的線條型態
/CELL_FILL	等值線間填上顏色
/FILL	等值線間填上顏色
C_ORIENTATION=degrees	等值線間填上斜線的指向（orientation）
C_SPACING=value	等值線間二條填上斜線的間距
C_THICK=vector	設定等值線條的粗細
/DOWNHILL	在等值線標示等值減少的方向
/IRREGULAR	資料點是不規則的
/ISOTROPIC	設定X和Y軸的刻度為相同間隔
LEVELS=vector	設定等值線的數值
NLEVELS=integer{1 to 60}	設定等值線的數目
MAX_VALUE=value	設定Z值繪製的最大值
MIN_VALUE=value	設定Z值繪製的最小值
/OVERPLOT	覆蓋視窗上已繪製的圖形
/PATH_DATA_COORDS	使用資料座標系統記錄等值線
PATH_INFO=variable	記錄等值線的資訊
PATH_XY=variable	記錄等值線的X和Y座標
/PATH_DOUBLE	以雙精度計算等值線資訊
ZVALUE=value	設置等值線的Z座標，其值在0和1之間
/T3D	宣告三維的座標系統
其它繪圖關鍵字	與PLOT程序共用表6.1.3的部分繪圖關鍵字

範例：

```
IDL> z = DIST(200, 200)
IDL> CONTOUR, z, NLEVELS=5, $
IDL>    C_LABELS=REPLICATE(1, 5), $
IDL>    C_CHARSIZE=0.7, $
IDL>    C_LINESTYLE=INDGEN(5), $
IDL>    C_COLORS=[0, 100]
```

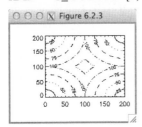

圖6.2.3

建立一個內容與距離有關的矩陣。關鍵字 NLEVELS=5 設定五條等值線，也可用關鍵字 LEVELS 直接指定各條等值線的數值。關鍵字 C_LABELS 設定都是 1，亦即在每條等值線上標註數值。關鍵字 C_CHARSIZE 設定等值線上標記字體的大小為預設值的 0.7 倍。關鍵字 C_LINESTYLE 設定五種不同線條。關鍵字 C_COLORS 設定等值線的顏色，只設二種顏色，系統則會輪迴使用這二種顏色，最後的圖形是圖 6.2.3。注意的是，等值線顏色與背景顏色太接近時，等值線可能會看不到。另外可用關鍵字 C_ANNOTATION 來改變等值線上的標示文字，也可用 C_CHARTHICK 來改變等值線上文字的粗細。

IDL> CONTOUR, z, NLEVEL=5, /FILL

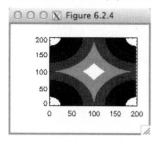

圖 6.2.4

關鍵字 /FILL 讓等值線間填上顏色，最後的圖形是 6.2.4。也可以用關鍵字 /CELL_FILL 達到一樣的效果，區別在演算法不同。這種畫法的結果是不畫等值線，如果要同時顯示等值線，則再用 CONTOUR 程序一次，但使用關鍵字 /OVERPLOT 取代 /FILL。

IDL> CONTOUR, z, NLEVELS=5, $
IDL>   /FILL, C_SPACING=0.1, $
IDL>   C_ORIENTATION=INDGEN(5)*72

關鍵字 FILL 加上 C_ORIENTATION 和 C_SPACING 會讓等值線間填上斜線。C_SPACING 控制斜線間的距離，而 C_ORIENTATION 控制斜線的指向角度。

IDL> CONTOUR, z, NLEVELS=5, $
IDL>   /OVERPLOT

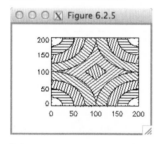

圖 6.2.5

填上斜線的畫法會讓等值線不畫，如果要同時顯示等值線，則再用 CONTOUR 程序一次，但需要以關鍵字 /OVERPLOT 取代，最後的圖形是圖 6.2.5。

IDL> CONTOUR, z, NLEVELS=5, $
IDL>   PATH_XY=xy, PATH_INFO=info, $
IDL>   /PATH_DATA_COORDS, $
IDL>   /PATH_DOUBLE

將五條等值線的座標存入變數 xy。變數 info 記錄著各條等值線的資訊，以結構的資料型態儲存，結構內標記的查詢可由指令「HELP, info, /STRUCTURE」實施，關於結構資料型態和其標記的介紹，讀者可參考第 9 章。關鍵字 /PATH_DATA_COORDS 界定資料點使用資料座標系統，如未宣告，則使用正規座標系統。當與 PATH 有關的關鍵字出現時，視窗上則不出現等值線。關鍵字 /PATH_DOUBLE 是用來設定輸出資料點的資料型態為雙精度浮點數。

IDL> HELP, xy
XY   DOUBLE   = Array[2, 2114]

查詢變數 xy 的相關資訊，它是個 2 × 2114 的二維陣列，二行代表五條等值線的 X 和 Y 位置，總共有 2114 個資料點。

IDL> PLOTS, xy

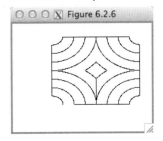

圖 6.2.6

IDL> x = RANDOMU(seed, 2000)
IDL> y = RANDOMU(seed, 2000)
IDL> v = EXP(x^2 + y^2)

IDL> CONTOUR, v, x, y, /IRREGULAR, $
IDL>   /DOWNHILL, C_THICK=2

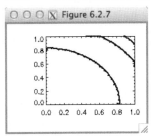

圖 6.2.7

最後連結等值線的二維資料點，如圖 6.2.6
所顯示。

另外建立內容為均勻亂數的向量 x 和 y，其
數值在 0 和 1 之間，然後計算 x 和 y 平方和
的自然指數值，其結果存入向量 v。

CONTOUR 程序的引數 v 是規則的二維陣
列。當 v 的資料點是不規則時，可在
CONTOUR 程序後加關鍵字
/IRREGULAR，系統就會先內插不規則的
資料點成規則的資料點，然後再繪製等值
線。注意的是，引數 x 和 y 不能省略，它們
的長度必須與引數 v 的長度一樣。關鍵字
/DOWNHILL 設定後，等值線上會出現垂
直等值線的小線段，指示等值線數值減少
的方向。關鍵字 C_THICK=2 設定等值線線
條為 2 倍粗，最後的圖形是圖 6.2.7。

6.3 其它與繪圖相關的程序

IDL 提供其它與繪圖相關的 USERSYM、XYOUTS 和 AXIS 程序。當 IDL 系統提供的符
號不能滿足工作的需求時，讀者可以用 USERSYM 程序自行創立一個新符號，然後設定
PLOT 程序的關鍵字 PSYM 為 8，宣告使用的是新符號。當需要多個新符號時，則使用多次
USERSYM 程序，以覆蓋先前符號的定義。當讀者需要標示文字時，可以用 XYOUTS 程序
達到目的，標示位置的預設座標系統是資料座標系統，加上關鍵字 /NORMAL 或
/DEVICE 後，即可使用其它座標系統來標示文字。IDL 的預設座標軸框是長方形的形狀，
資料線侷限在框內，但在有些工作需求是需要畫十字框，則可使用 AXIS 程序自行繪製座
標軸。

6.3.1 USERSYM 程序的語法和關鍵字

如表 6.3.1 所顯示，USERSYM 程序的引數用法與 PLOTS 程序的用法相同，可以只用一
個引數 X 來表示二維的資料點，但引數 X 必須是矩陣 X[2, *]，符號「*」代表構成符號的所
有頂點數目。當同時使用引數 X 和 Y 時，這些引數的長度必須相同。

表6.3.1 - USERSYM 程序的語法

程序	功能
USERSYM, X [, Y]	自行定義特別符號

範例：

IDL> WINDOW, XSIZE=216, YSIZE=162　　建立一個216 × 162的視窗。

IDL> x = [0, 2, 2, 0, 0] & y = [0, 0, 1, 1, 0]　　定義中空的長方形的頂點位置x和y。

IDL> USERSYM, x, y　　設定一個中空的長方形。

IDL> PLOT, FINDGEN(10), PSYM=8　　關鍵字設定 PSYM=8 是專門給新符號使用，設定後顯示的符號會是新定義的中空長方形，如圖6.3.1所顯示。

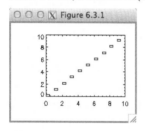

圖6.3.2

　　表6.3.2列出 USERSYM 程序的關鍵字，可以藉由這些關鍵字來改變新符號的線條粗細和顏色種類。也可以設定新符號的填充物是中空或實心，讓新符號的形狀更具有區別性。

表6.3.2 - USERSYM 程序的關鍵字

關鍵字	說明
COLOR=value	設定符號本身或多邊形內部的顏色
/FILL	填滿多邊形
THICK=value	設定符號線條的寬度

範例：

IDL> USERSYM, x, y, /FILL
IDL> PLOT, FINDGEN(10), PSYM=8

延續上例，使用關鍵字 /FILL 設定一個實心的長方形。關鍵字設定 PSYM=8 是專門給新符號使用，設定後顯示的符號會是實心的長方形，如圖6.3.2所顯示。如欲改變顏色，可加上關鍵字 COLOR。關鍵字 THICK 用來改變符號線條的寬度。

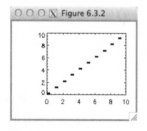

圖6.3.2

6.3.2 XYOUTS 程序的語法和關鍵字

如表6.3.3所顯示，XYOUTS程序主要有三個引數，引數String是要標示的文字，而引數X和Y設定文字標示（text annotation）的位置。XYOUTS程序常常用來標示圖形的說明。

表6.3.3 - XYOUTS 程序的語法

語法	說明
XYOUTS, [X, Y,] String	標示字串

範例：

```
IDL> x = [1, 2, 3, 4] & y = [2, 4, 3, 5]
IDL> PLOT, x, y, $
IDL>    XRANGE=[0, 6], YRANGE=[0, 8]
IDL> OPLOT, x, REVERSE(y), LINESTYLE=2
IDL> XYOUTS, 4.2, 5.5, 'Solid'
IDL> XYOUTS, 4.2, 2.5, 'Dash'
```

建立向量x和y，然後連結x和y構成的資料點，但限制座標軸的範圍。先倒轉向量y的順序，然後與向量x構成另外一條線段，以虛線表示。在（4.2，5.5）的位置標示文字Solid。在（4.2，2.5）的位置標示文字Dash。執行上列的指令敘述後，視窗上會顯示圖6.3.3。

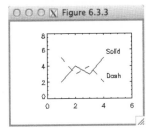

圖6.3.3

表6.3.4列出XYOUTS程序的關鍵字，可以改變字串的對齊位置、字串中字體大小和線條粗細，這些關鍵字會讓文字標示在適當的位置，透過文字傳遞適當的圖形資訊。

表6.3.4 - XYOUTS 程序的關鍵字

關鍵字	說明
ALIGNMENT=value{0.0 to 1.0}	設定所標示字串的對齊位置
CHARSIZE=value	設定所標示字串的大小
CHARTHICK=value	設定所標示字串線條的粗細
其它繪圖關鍵字	與PLOT程序共用表6.1.3的部分繪圖關鍵字

範例：

```
IDL> a = REPLICATE('', 6)
```
建立一個內容為空字串的向量a。

```
IDL> PLOT, [0,1], XTICKNAME=a, $
IDL>    YTICKNAME=a, /NODATA
```
繪製一個座標軸框，但不包含資料點和X和Y軸標記。

IDL> XYOUTS, 0.5, 0.5, 'pos 0.0', /NORMAL	在正規座標系統標示 pos 0.0，關鍵字 ALIGNMENT的預設值是0.0，亦即標示文字的左下角對應在（0.5, 0.5）位置上。
IDL> XYOUTS, 0.5, 0.6, 'pos 1.0', /NORMAL, \$ IDL>　　ALIGNMENT=1.0, CHARSIZE=1.5	在視窗上標示 pos 1.0，關鍵字 ALIGNMENT為1.0，代表標示文字的右下角對應在（0.5, 0.6）位置上，字體大小變成1.5倍。
IDL> XYOUTS, 0.5, 0.4, 'pos 0.5', /NORMAL, \$ IDL>　　ALIGNMENT=0.5, CHARTHICK=2.0	在（0.5, 0.4）位置上標示 pos 0.5，關鍵字 ALIGNMENT為0.5，代表標示文字的中下位置安排在宣告的位置上，字體大小不變，但文字線條粗細變成2倍。執行上列的指令敘述後，視窗上會顯示圖6.3.4。

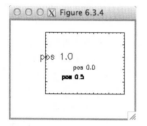

圖 6.3.4

6.3.3 AXIS 程序的語法和關鍵字

　　IDL提供AXIS程序，讓讀者自行繪製座標軸，表6.3.5列出AXIS程序的語法，引數 X、Y和Z宣告通過座標軸的位置，二維繪圖時，只使用X和Y表示在平面上位置，第三個引數Z宣告第三維的座標，適用於三維繪圖。

表6.3.5 - AXIS程序的語法

語法	說明
AXIS [, X [, Y [, Z]]]	繪製座標軸

範例：

IDL> r = FINDGEN(100) * 0.1 IDL> theta = FINDGEN(100) * 0.2 IDL> PLOT, r, theta, /POLAR, \$ IDL>　　XSTYLE=4, YSTYLE=4 IDL> AXIS, 0, 0	建立極座標的向量r和theta。使用關鍵字 /POLAR定義極座標，然後繪製向量r和 theta構成的資料點。關鍵字 XSTYLE和 YSTYLE各設為4，代表不畫二邊座標軸。最後使用AXIS程序繪製X軸，設定此X軸通過（0, 0）位置。不設定任何關鍵字時，則繪製 X 軸。執行後視窗上會顯示圖 6.3.5。

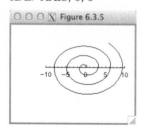

圖 6.3.5

表6.3.6列出AXIS程序的關鍵字，這些關鍵字不僅可以延伸AXIS程序的功能，也讓此程序更具有彈性。注意的是，此程序與其它繪圖指令共用關鍵字，當使用關鍵字XRANGE或YRANGE時，記住要使用關鍵字 /SAVE 儲存新定義的座標軸範圍，以免沿用舊座標軸範圍，造成座標軸和資料點無法配合的問題。

表6.3.6 - AXIS程序的關鍵字

關鍵字	說明
/SAVE	儲存AXIS程序定義的座標系統
XAXIS={0 | 1}	繪製X座標軸
YAXIS={0 | 1}	繪製Y座標軸
其它繪圖關鍵字	與PLOT程序共用表6.1.3的部分繪圖關鍵字

範例：

IDL> AXIS, 0, 0, YAXIS=0

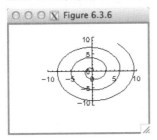

圖6.3.6

接續上例，使用AXIS程序的關鍵字YAXIS加進Y軸，YAXIS=0宣告軸標記畫在Y軸的左邊，如圖6.3.6所顯示。如果要畫標記在Y軸的右邊，則使用YAXIS=1。

IDL> x = FINDGEN(361)
IDL> y = SIN(x * !DTOR)
IDL> z = 2 * COS(x * !DTOR)

建立向量x、y和z，其中向量z的最大值和最小值是向量y的2倍。

IDL> PLOT, x, y, XMARGIN=[9, 9], $
IDL>   XSTYLE=1, YSTYLE=8, $
IDL>   XTITLE='X', YTITLE='Y'
IDL> AXIS, 360, 0, YAXIS=1, /SAVE, $
IDL>   YRANGE=[-2, 2], YTITLE='Z'
IDL> OPLOT, x, z, LINESTYLE=1

連結x和y構成的資料點。YSTYLE=8設定Y軸只畫左邊，預留右邊給向量z畫新的座標軸和標記。XMARGIN=[9, 9]設定X軸的最右邊離視窗框的邊緣大一些，所以有足夠的空間註明標記。繪製通過（360, 0）位置的Y座標軸，重新定義Y軸的座標範圍至 [-2, 2]，是原來的2倍，關鍵字YAXIS=1宣告標記和Y標題寫在Y軸的右邊，關鍵字 /SAVE讓新定義的座標範圍取代舊座標範圍，最後以點線連結x和z的資料點。執行上列的指令敘述後，視窗上會顯示圖6.3.7。

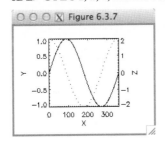

圖6.3.7

6.4 控制繪圖的系統變數

系統變數（system variable）記錄著IDL的系統資訊和設置，與一般變數不同的地方，IDL在系統變數名稱前加上符號「!」。有些系統變數可以改變，有些卻只能讀取，有些系統變數是與繪圖有關，有些卻是控制電腦系統的軟硬體狀態，靈活運用這些系統變數會讓繪圖工作更加順暢。

6.4.1 繪圖用的系統變數

表6.4.1列出繪圖用的系統變數，可以全域性地改變所有繪圖指令的設定，也稱作全域變數（global variable）。不像PLOT或CONTOUR等繪圖程序內的關鍵字只能改變區域繪圖的設定，亦即只能改變目前指令的繪圖狀態，但不能改變下個指令的繪圖狀態，這些關鍵字所對應的變數稱作區域變數（local variable）。系統變數的資料型態一般是結構，結構是一種特別的資料型態，可以混合不同的基本資料型態至同一個變數名稱，以減少變數的數目。結構變數下有很多欄位變數，可以是任何的資料型態，甚至包括另一個結構變數。一張圖形是由資料線和座標軸所構成，資料線的設定由 !P 控制，而座標軸的設定由 !X 和 !Y 控制。

表6.4.1 - 繪圖用的系統變數

系統變數	說明
!P	控制圖形繪製的特性
!X	控制X軸的特性
!Y	控制Y軸的特性

6.4.2 常用的系統變數和欄位

表6.4.2列出二維繪圖的常用系統變數和欄位。!P控制繪圖的線條、字體以及顏色等特性。!X和 !Y控制畫框的大小和各畫框之間的距離。讀者可以依據繪圖需求，來改變繪圖用的系統變數內的數值，例如設定 !P.FONT = 0 來改變全區域的字體為 Hardware 字體，亦即接續的指令都以 Hardware 字體來標示文字。另外也可在單一繪圖指令內使用關鍵字，例如在PLOT程序中設定關鍵字 FONT 為 0，執行後只改變此程序所標示的文字為 Hardware 字體。

表6.4.2 - 常用的系統變數和欄位

欄位	說明
!P.MULTI	自動設定在同一頁畫多重圖形（multiple plots）的變數
!P.THICK	全域性設定繪圖線的寬度
!P.FONT	全域性設定字體的種類
!P.BACKGROUND	設定視窗背景顏色
!P.COLOR	設定繪圖線條顏色
!X.MARGIN	全域性設定X畫框軸的邊緣長度
!Y.MARGIN	全域性設定Y畫框軸的邊緣長度

範例：

IDL> WINDOW, XSIZE=216, YSIZE=162　　　　建立一個 216 × 162 的視窗。

IDL> PRINT, !P.MULTI　　　　　　　　　　系統變數 !P.MULTI 是個長整數向量，包含
　　　0　　0　　0　　0　　0　　　　　　　5 個元素，都預設為 0，只繪製一張圖。

IDL> !P.MULTI[1] = 2 & !P.MULTI[2] = 1　　如果想要在視窗上分割二個相等的繪圖區
　　　　　　　　　　　　　　　　　　　　　域，則需要改變系統變數 !P.MULTI 的第二
　　　　　　　　　　　　　　　　　　　　　和三個元素，第二個元素記錄著 X 方向分
　　　　　　　　　　　　　　　　　　　　　割的數目，指定為 2，第三個元素記錄著 Y
　　　　　　　　　　　　　　　　　　　　　方向分割的數目，指定為 1，所以總共是二
　　　　　　　　　　　　　　　　　　　　　張。

IDL> PLOT, [0, 1], XTICKS=2　　　　　　　第一個 PLOT 程序畫第一張圖。

IDL> PLOT, [1, 0], XTICKS=2　　　　　　　第二個 PLOT 程序畫第二張圖，如圖 6.4.1
　　　　　　　　　　　　　　　　　　　　　所顯示。注意的是，這二張圖的 X 軸標記

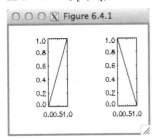

　　　　　　　　　　　　　　　　　　　　　重疊在一起，主要是因為邊緣佔太多空
　　　　　　　　　　　　　　　　　　　　　間，所以需要調整畫框至各個視窗邊界的
　　　　　　　　　　　　　　　　　　　　　距離。調整的方式有二種，一種是區域性
　　　　　　　　　　　　　　　　　　　　　的調整，只調整當時指令產生的圖形，另
　　　　　　　　　　　　　　　　　　　　　一種是全面性的調整，影響全部的圖形。

圖 6.4.1

IDL> PLOT, [0, 1], XTICKS=2, XMARGIN=[4, 2]　區域性的調整方式是改變 PLOT 程序的關
IDL> PLOT, [1, 0], XTICKS=2　　　　　　　鍵字 XMARGIN，只改變此 PLOT 程序的邊
　　　　　　　　　　　　　　　　　　　　　緣距離，XMARGIN 的第一個元素是設定
　　　　　　　　　　　　　　　　　　　　　左畫框至左區域邊界的邊緣距離，從預設

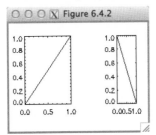

　　　　　　　　　　　　　　　　　　　　　的 10 倍改為 4 倍，倍數是以字體大小為基
　　　　　　　　　　　　　　　　　　　　　準。第二個元素是設定右畫框至右區域邊
　　　　　　　　　　　　　　　　　　　　　界的邊緣距離，從預設的 3 倍改為 2 倍。第
　　　　　　　　　　　　　　　　　　　　　二個 PLOT 指令仍使用預設的邊緣距離，X
　　　　　　　　　　　　　　　　　　　　　軸標記重疊的問題仍然存在，如圖 6.4.2 所
　　　　　　　　　　　　　　　　　　　　　顯示。

圖 6.4.2

IDL> PRINT, !X.MARGIN, !Y.MARGIN　　　列印系統變數 !X.MARGIN 和 !Y.MARGIN
　　　10.0000　　3.00000　　　　　　　　的預設值。
　　　4.00000　　2.00000

IDL> !X.MARGIN = [4, 2]　　　　　　　　邊緣的全面性調整方式是改變 !X.MARGIN
　　　　　　　　　　　　　　　　　　　　的設定，讓左右畫框的邊緣距離縮小。

IDL> PLOT, [0, 1], XTICKS=2
IDL> PLOT, [1, 0], XTICKS=2

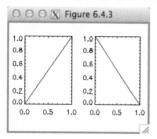

圖 6.4.3

在這個範例中不需要在二個PLOT程序中宣告關鍵字XMARGIN，因為!X.MARGIN已經設定過，使得標記重疊的問題消失，如圖6.4.3所顯示。注意的是，當圖形很多時，全面性的設定可以節省時間。當每個圖形需要不同的邊緣距離時，則需要個別設定關鍵字XMARGIN。

IDL> !P.BACKGROUND=0
IDL> !P.COLOR=255
IDL> PLOT, [0, 1], XTICKS=2
IDL> PLOT, [1, 0], XTICKS=2

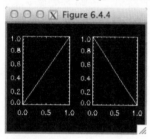

圖 6.4.4

設定視窗背景顏色為黑色，繪圖線條顏色為白色，然後再呼叫二個PLOT程序把圖畫出，如圖6.4.4所顯示。

第七章 二維影像的繪圖

本章簡介

影像（image）是用二維陣列來表示，其種類主要分成色階（indexed）影像和全彩（true color）影像，色階影像是屬於假色影像，而全彩影像接近實際色彩。影像儲存的格式是隨著用途的不同而相異。IDL提供一些讀取、寫入以及顯示影像資料的指令，方便影像的存取和顯像，IDL也另外提供一些內建的顏色表單（color table）供使用者任意選擇。

本章的學習目標

認識IDL支援的影像格式
熟悉IDL存取影像的方式
學習IDL繪製影像的指令

7.1 影像的種類和格式

一張影像是由很多像素（pixel）所組成，切割的像素越多，影像的解析度越高。每個像素是個數值，其資料型態是短整數，從0至255，共有256個，不同數值代表不同顏色。顏色是由紅（red）、綠（green）和藍（blue）組成，各種顏色可分成256個等分，因此可以組成1千6百萬個顏色。根據像素的排列組合，構成不同種類的影像。當解析度越高或資料量越多時，儲存影像的方式變成越重要，因此演變成很多影像格式，來符合不同的工作需求。

7.1.1 影像的種類

表7.1.1列出影像的種類（image type），最簡單的影像是二元影像，二個像素值代表二種顏色。灰階影像是由256個不同灰階顏色所組成，可以把這256個灰階顏色改成其它任意的顏色，而構成色階影像。全彩影像最接近實際色彩，其顏色是由三原色（紅、綠、藍）組成，其檔案格式（file format）是個三維的短整數陣列，其中一個維度記錄著各個紅、綠和藍的數值，另外二個維度代表影像的尺寸，繪圖系統會根據影像上每個像素的三原色來顯示顏色。

表7.1.1 - 影像的種類

種類	說明
二元影像（Binary Images）	可允許2個像素值，其值為0或1
灰階影像（Gray Scale Images）	可允許256個像素值，其值為0至255，代表不同的灰階顏色
色階影像（Indexed Images）	可允許256個像素值，其值為0至255，代表不同的顏色

RGB Images	全彩影像，R為紅色，G為綠色，B為藍色，每個原色可允許256個像素值，總共可允許1千6百萬個顏色

7.1.2 全彩影像的顏色交織

顏色交織（color interleave）是三原色的混合，混合後就構成全彩。如上節所述，全彩影像的檔案格式是個三維的陣列，其顏色交織的維度可以是任何一個維度。如表7.1.2所述，交織的維度在第一維時，稱作點交織，以點為單位做顏色混合。在第二維時，稱作線交織，以線為單位做顏色混合。在第三維時，稱作面交織，以面為單位做顏色混合。

表7.1.2 - 全彩影像的種類

格式	影像變數維度
Pixel Interleave	(3, m, n)，交織維度3在第一維
Line or Row Interleave	(m, 3, n)，交織維度3在第二維
Band Interleave	(m, n, 3)，交織維度3在第三維

7.1.3 IDL支援的影像格式

IDL支援的主要影像格式列在表7.1.3上，IDL也提供指令來讀取或儲存這些特別的影像格式，例如衛星影像上常用的HDF（Hierarchical Data Format）影像格式和醫學影像上常用的DICOM（Digital Imaging and Communications in Medicine）影像格式。GIF影像格式的檔案小，影像品質尚可被接受，所以常被應用在網頁上。照片儲存的JPEG影像格式是全彩影像的一種，影像清晰且檔案大小適中。TIFF影像格式的品質最好，但檔案大，適用於高品質的設計與繪圖，是市面上繪圖軟體常用的影像格式。

表7.1.3 - IDL支援的影像格式

影像格式	全名
BMP	BitMap
GIF	Graphics Interchange Format
JPEG 或 JPG	Joint Photographic Experts Group
PNG	Portable Network Graphics
PPM	Portable PixMap
SRF	Sun RasterFile
TIFF 或 TIF	Tagged Image File Format

7.2 影像存取的相關函數

當存取影像檔案時，最先要知道檔案的名稱和存放位置，亦即先要宣告路徑。IDL提供一些處理跨平台檔案路徑的函數，方便讀者呼叫。IDL也另外提供存取不同影像格式的函數，可以自動判別影像格式，然後讀到一個變數中。

7.2.1 選擇影像檔案

　　在IDL系統檔案中有一些示範影像，儲存在IDL系統檔案的預設目錄下的 examples 目錄下的 data 目錄裡，這些影像可以使用表7.2.1上列出的 FILEPATH 函數來幫忙製造完整的路徑 Result，方便讀者存取影像。

表7.2.1 - FILEPATH 函數的語法

函數	說明
Result = FILEPATH(Filename)	回傳 IDL 系統檔案的路徑，其中 Filename 是系統檔案的名稱

範例：

IDL> path = FILEPATH('rose.jpg')	回傳 rose.jpg 的檔案路徑至變數 path。
IDL> PRINT, path /usr/local/itt/idl64/rose.jpg	列印變數 path 的內容至視窗上，不同電腦會得到不同的路徑。如果 IDL 系統是設在 Unix 電腦平台的 /usr/local/itt/idl64，則以符號「/」區隔目錄結構，但在 Windwos 電腦平台則以符號「\」區隔目錄。

　　表7.2.2列出 FILEPATH 函數的關鍵字，可以宣告 IDL 系統檔案的子目錄。因不同電腦平台的目錄區隔符號不同，會造成程式無法跨電腦平台使用，FILEPATH 函數可用來解決區隔符號的問題。如果忘記系統檔案的目錄時，讀者可以鍵入「PRINT, !DIR」指令來查詢。

表7.2.2 - FILEPATH 函數的關鍵字

關鍵字	說明
SUBDIRECTORY	設定預設系統檔案目錄的子目錄

範例：

IDL> subdir = ['examples', 'data'] IDL> path = FILEPATH('rose.jpg', $ IDL>　　SUBDIRECTORY=subdir)	回傳 rose.jpg 的檔案路徑至變數 path。
IDL> PRINT, path /usr/local/itt/idl64/examples/data/rose.jpg	列印變數 path 的內容至視窗上。其中 /examples/data 是 IDL 系統置放檔案 rose.jpg 的子目錄，接續在 IDL 系統目錄之後。

7.2.2 READ_IMAGE 函數的語法

　　表7.2.3列出的 READ_IMAGE 函數可以讀取不同的影像格式至變數 Result 中，此函數

會根據檔案內容自動判斷影像格式。如果影像檔附上顏色表單，則可加上三原色的引數R（代表紅色）、G（代表綠色）、B（代表藍色），此函數就會把顏色表單放進變數中。顏色表單一般是由256個顏色所組成，可以用三個長度為256的向量變數來表示，記錄著256種顏色中各個原色的強度（0至255），每種顏色由三個引數中同樣順序的元素混合而成，例如 R[0]、G[0] 和 B[0] 混合成第一個顏色，如果R[0]=255、G[0]=0和B[0]=0，則構成紅色；R[1]、G[1] 和 B[1] 混合成第二個顏色，如果R[1]=255、G[1]=255和B[1]=0，則構成黃色；以此類推至第256個顏色。

表7.2.3 - READ_IMAGE函數的語法

語法	說明
Result = READ_IMAGE(Filename [, R, G, B])	輸入檔名 Filename，RGB是三原色

範例：

IDL> subdir = ['examples', 'data'] IDL> path = FILEPATH('rose.jpg', $ IDL>　　SUBDIRECTORY=subdir) IDL> image = READ_IMAGE(path)	回傳 rose.jpg 的完整檔案路徑至變數 path，然後使用 READ_IMAGE 函數從檔案中讀取影像至變數 image。
IDL> HELP, image IMAGE　　BYTE　　= Array[3, 227, 149]	資訊顯示此影像是個全彩影像，其中的3在第一維，亦即顏色的交織維度在第一維。
IDL> path2 = FILEPATH('examples.tif', $ IDL>　　SUBDIRECTORY=subdir) IDL> image2 = READ_IMAGE(path2, r, g, b)	此指令回傳 examples.tif 的完整檔案路徑至變數 path2。然後再使用 READ_IMAGE 函數從檔案中讀取影像變數 image2 和顏色表單變數 r、g 和 b。
IDL> HELP, image2, r, g, b IMAGE2　　BYTE　　= Array[375, 150] R　　　　BYTE　　= Array[256] G　　　　BYTE　　= Array[256] B　　　　BYTE　　= Array[256]	資訊顯示此影像是個色階影像，顏色由變數 r、g 和 b 定義。

7.2.3 WRITE_IMAGE函數的語法

　　表7.2.4列出的WRITE_IMAGE程序可以讓讀者在影像處理後，儲存回原來影像格式的影像檔或轉變成其它影像格式的影像檔，同時也可以寫入影像的顏色表單，以維持影像顏色的完整度。

表7.2.4 - WRITE_IMAGE程序的語法

語法	說明
WRITE_IMAGE, Filename, Format, Data [, R, G, B]	輸入檔名 Filename，影像格式 Format，IDL變數 Data，RGB是三原色

範例：

IDL> file = 'new.jpg' IDL> WRITE_IMAGE, file, 'JPEG', image	將影像變數image寫入檔案new.jpg而變成一個 JPEG的影像檔。
IDL> WRITE_IMAGE, 'new.tif', 'TIFF', $ IDL>　　image2, r, g, b	將影像變數image2寫入檔案new.tif而變成一個格 式為TIFF的影像檔，同時也把顏色表單r、g和b 寫入。

7.2.4 QUERY_IMAGE函數的語法

如果不知道影像檔案的相關訊息時，則可使用表7.2.5所列出的查詢影像檔資訊的函數，引數Filename是檔案名稱，輸出變數Result記錄著影像檔案的存在狀態，如果在檔案系統中沒有這個檔案，回傳0，否則回傳1。

表7.2.5 - QUERY_IMAGE函數的語法

語法	說明
Result = QUERY_IMAGE(Filename)	輸入檔名Filename，查詢影像檔的資訊

範例：

IDL> info = QUERY_IMAGE('rose.jpg')	查詢影像rose.jpg是否存在於目前的工作目錄中？ 將其答案儲存至變數info中。
IDL> PRINT, info 　　　0	因rose.jpg影像檔不在目前的工作目錄中，變數 info回傳為0。
IDL> subdir = ['examples', 'data'] IDL> path = FILEPATH('rose.jpg', $ IDL>　　SUBDIRECTORY=subdir)	以FILEPATH函數來建立在IDL系統檔案的預設 目錄下的examples目錄下的data目錄中rose.jpg影 像的檔案路徑名稱。
IDL> info = QUERY_IMAGE(path)	查詢影像rose.jpg是否存在於系統目錄中？將其答 案儲存至變數info中。
IDL> PRINT, info 　　　1	因影像檔案存在於IDL的系統目錄中，變數info 回傳為1。

7.2.5 QUERY_IMAGE函數的關鍵字

讀者可以利用表7.2.6列出的關鍵字在還沒實際顯現影像之前查詢影像的詳細資訊，例如影像的頻道數、維度、尺寸大小以及格式等資訊，這些資訊的提供可以減少影像讀取時的錯誤，並增加處理效率。

表7.2.6 - QUERY_IMAGE函數的關鍵字

關鍵字	說明
CHANNELS=variable	回傳影像的頻道數
DIMENSIONS=variable	回傳影像的維度
NUM_IMAGES=variable	回傳影像的張數
PIXEL_TYPE=varable	回傳像素的資料型態
TYPE=string	回傳影像的格式

範例：

```
IDL> info = QUERY_IMAGE(path, $
IDL>    CHANNELS=channels, $
IDL>    DIMENSIONS=dims, TYPE=type, $
IDL>    PIXEL_TYPE=ptype, $
IDL>    NUM_IMAGES=num)
```

沿用上例的路徑變數path，做為QUERY_IMAGE函數的輸入變數，執行後回傳影像檔的相關資訊至變數 channels、dims、type、ptype和num。

```
IDL> PRINT, channels, type
         3         JPEG
```

列印相關資訊至視窗上。此全彩影像的頻道數是3。

```
IDL> PRINT, dims
    227      149
```

影像格式是JPEG，影像大小是227 × 149。

```
IDL> PRINT, ptype, num
    1      1
```

變數ptype的內容是1，代表短整數資料型態，關於各種資料型態的代表數字，可以參閱第16章。變數num的內容為1，代表影像檔內只有一張影像。

7.3 影像繪製的程序和函數

　　IDL影像顯示的程序有TV和TVSCL程序，使用的時機有分別，當影像像素值的範圍是 [0, 255] 時，則使用TV程序。當像素值不在此範圍時，則使用TVSCL程序，此程序會自動把像素值轉變至[0, 255]後再顯像。

7.3.1 TV程序的語法

　　表7.3.1列出的TV程序是IDL系統中顯現二維影像的指令，其引數Image必須是個二維陣列（矩陣），其它引數是用來控制影像在視窗上的位置，IDL根據繪圖視窗和影像尺寸劃分區域，且給予區域編號，編號順序是從左到右，由上到下，輸入引數Position編號後，影像就會顯現在特定區域。另外也可以直接輸入像素座標X和Y，代表影像的左下角位置，此像素座標是以繪圖視窗的左下角為原點。

表7.3.1 - TV程序的語法

語法	說明
TV, Image [, Position]	宣告影像區域號碼Position
TV, Image [, X, Y]	宣告影像左下角位置（X, Y）

範例：

IDL> WINDOW, XSIZE=216, YSIZE=162　　開啟一個尺寸為216 × 162的視窗。

IDL> subdir = ['examples', 'data']　　從系統檔案讀取 rose.jpg，影像 image 是個全彩影
IDL> path = FILEPATH('rose.jpg', $　　像，此種影像是以交織維度在第一維的三維陣列
IDL>　　SUBDIRECTORY=subdir)　　來表示顏色的混合。為示範起見，這裡只擷取此
IDL> image = READ_IMAGE(path)　　影像中下標為0的紅色頻道，擷取後影像變數的
IDL> temp = REFORM(image[0, *, *])　　第一維度為1，並沒有太大意義，所以可使用
IDL> z = CONGRID(temp, 108, 81)　　REFORM 函數來去除，最後得到的影像變數是二
　　維的矩陣。然後再使用CONGRID 函數改變影像
　　的尺寸。關於CONGRID 函數的用法，讀者可參
　　考第27章。

IDL> TV, z　　使用 TV 程序在視窗上顯現矩陣 z。當不輸入其它
　　引數時，影像的顯現從視窗的原點位置（0, 0）開
　　始，亦即由影像的左下角處對齊視窗的左下角。
　　影像的大小（108 × 81）小於視窗的大小（216 ×
　　162），影像只能填滿視窗的四分之一，如圖
　　7.3.1所顯示。

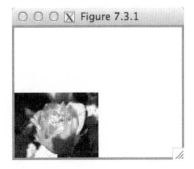

圖7.3.1

IDL> TV, z, 0　　使用 TV 程序二次。如果宣告位置號碼時，IDL系
IDL> TV, z, 3　　統會根據視窗和影像尺寸分割視窗至不同區域，
　　每個區域有不同號碼，號碼順序從0開始，由左
　　至右，由上至下。在此範例中，整個視窗被分成
　　四等分，號碼順序是從0至3，0是左上區域，1
　　是右上區域，2是左下區域，3是右下區域。因對
　　應二張影像的號碼是0和3，圖形分別繪製在左上
　　和右下區域，如圖7.3.2所顯示。

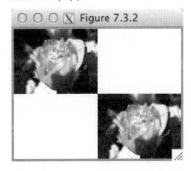

圖7.3.2

IDL> TV, z, 54, 40

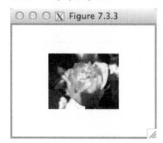

圖 7.3.3

將影像的左下角對齊視窗的（54, 40）位置，亦即把影像從視窗的左下角原點平移至（54, 40）位置，平移後，影像剛好置放在視窗區域的中間，如圖 7.3.3 所顯示。

7.3.2 TV 程序的關鍵字

　　表 7.3.2 列出 TV 程序的關鍵字，其中的關鍵字 XSIZE 和 YSIZE 分別宣告影像的 X 和 Y 方向的尺寸，而關鍵字 /CENTIMETERS 和 /INCHES 宣告尺寸的單位，只適用於 Postscript 的繪圖裝置。關鍵字 /ORDER 和 TRUE 適用於任何繪圖裝置。

表 7.3.2 - TV 程序的關鍵字

關鍵字	說明
/ORDER	改變影像的顯示順序（display order），由上往下
TRUE={1 | 2 | 3}	宣告影像的顏色交織維度，1：在第一維，2：在第二維，3：在第三維
XSIZE=value	宣告影像的寬度
YSIZE=value	宣告影像的高度
/CENTIMETERS	宣告長度的單位為公分
/INCHES	宣告長度的單位為公寸

範例：

```
IDL> HELP, image
IMAGE      BYTE    = Array[3, 227, 149]
IDL> WINDOW, XSIZE=227, YSIZE=149
```

沿用上例，影像 image 是張 m × n 的全彩影像，顏色交織的維度在第一維，格式是 [3, m, n]，接著開啟一個 227 × 149 的視窗。

```
IDL> TV, image, TRUE=1
```

圖 7.3.4（原圖為彩色）

影像 image 是全彩影像，其顏色交織的維度在第一維，所以需要宣告 TRUE=1，最後的圖形如圖 7.3.4 所顯示。

IDL> TV, image, TRUE=1, /ORDER

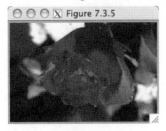

圖 7.3.5（原圖為彩色）

沒宣告關鍵字 /ORDER時，顯現影像矩陣的方式是由下而上，亦即下標順序越前面的列像素顯示在越下面的視窗區域，下標順序越後面的列像素顯示在越上面的視窗區域。當宣告關鍵字 /ORDER時，其順序是上下顛倒，但左右順序不變，如圖7.3.5所顯示，剛好是圖7.3.4的顛倒影像。

7.3.3 BYTSCL函數

　　當一個影像變數內的數值不在0至255之間時，TV程序一樣會顯現影像，不會有錯誤訊息產生，但顯現的影像顏色不對。IDL會解讀超過的數值為0至255 數值的輪迴，例如256會變成0；257會變成1；−1會變成255；−2會變成254，以此類推。所以需要表7.3.3所顯示的BYTSCL函數，來轉換像素數值至0至255之間。最後轉換結果儲存至變數Result中。

表7.3.3 - BYTSCL函數的語法

語法	功能
Result = BYTSCL(Array)	轉換資料數值至 [0, 255]，引數 Array 是輸入影像

範例：

```
IDL> WINDOW, XSIZE=240, YSIZE=150
IDL> subdir = ['examples', 'data']
IDL> path2 = FILEPATH('examples.tif', $
IDL>     SUBDIRECTORY=subdir)
IDL> image2 = READ_IMAGE(path2, r, g, b)
IDL> temp = image2[125:364, 0:149]
IDL> z = REVERSE(temp, 2)
IDL> PRINT, MAX(z), MIN(z)
   31   0
```

開啟一個尺寸為240 × 150的視窗。讀取尺寸為375 × 150的色階影像examples.tif至變數image2，這尺寸對已開啟的視窗來說稍微大一些，因此需要使用下標範圍來剪裁。所讀取的影像是上下顛倒，所以必須使用REVERSE函數來做修正，接著再把矩陣z的最大值和最小值列印在視窗上。

```
IDL> TV, z
```

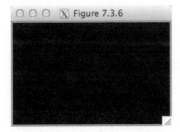

圖 7.3.6

矩陣z的最大值是31，而最小值是0，整體來說，像素值過小，顯像時會偏向於顏色表單的下層顏色，目前使用的顏色表單是黑白系列，所以會偏向於黑色。矩陣z仍然可以用TV程序顯像，結果是對比不夠，圖形看起來像是全黑，如圖7.3.6所顯示。

IDL> z2 = BYTSCL(z)
IDL> PRINT, MAX(z2), MIN(z2)
    255   0

使用 BYTSCL 函數將矩陣 z 重新調整數值至 [0, 255]，然後存入矩陣變數 z2，此矩陣的最大值是 255，最小值是 0，涵蓋整個顏色表單的範圍。

IDL> TV, z2

經過 BYTSCL 函數的轉換，則顯示明顯的顏色層次，如圖 7.3.7 所顯示。

圖 7.3.7

7.3.4 BYTSCL 函數的關鍵字

表 7.3.4 列出 BYTSCL 函數的關鍵字，可以改變新資料的最大值，亦即新資料的範圍不一定要在 [0, 255]，也可以定義在其它範圍，但最小值一定是 0，最大值需要小於或等於 255，由關鍵字 TOP 來界定。另外如果需要在舊資料的特定範圍做轉換，可以用關鍵字 MAX 和 MIN 來界定特定範圍，亦即大於 MAX 的數值變成 TOP 值，小於 MIN 的數值變成 0，介於 MAX 和 MIN 之間的數值則等量分配至 0 和 TOP 值之間。關鍵字 /NAN 宣告影像中無法定義的數不做處理。

表 7.3.4 - BYTSCL 函數的關鍵字

關鍵字	說明
MAX=integer	定義舊資料轉換的最大值
MIN=integer	定義舊資料轉換的最小值
/NAN	忽略資料中無法定義的數
TOP=integer	定義新資料尺度的最大值

範例：

IDL> WINDOW, XSIZE=240, YSIZE=150

開啟一個尺寸為 240 × 150 的視窗。

IDL> z3 = BYTSCL(z, TOP=150, $
IDL>   MAX=30, MIN=10)

沿用上節的變數 z，使用 BYTSCL 函數將矩陣 z 重新調整數值至 [0, 150]，但大於 30 的數值變成 150，小於 10 的數值變成 0，重新調整的結果儲存至矩陣變數 z3。

IDL> PRINT, MAX(z3), MIN(z3)
    150   0

矩陣 z3 的最大值是 150，最小值是 0。

IDL> TV, z3

圖7.3.8

顯像新矩陣z3。在10和30之間的數值被轉變為0和150之間，亦即此特定範圍的像素顏色的對比增強了，但因變數z3的最大值是150，偏向於下層顏色，在黑白顏色表單來說是偏向於黑色，如圖7.3.8所顯示。

7.3.5 TVSCL 程序

　　TVSCL程序是TV程序和BYTSCL函數的合成，程序執行時會先用BYTSCL函數轉換像素值範圍至 [0, 255]，然後再用TV程序顯像，如表7.3.5所顯示，實施的語法和TV程序相同。

表7.3.5 - TVSCL程序的語法

語法	說明
TVSCL, Image [, Position]	宣告影像區域號碼Position，引數image是輸入影像
TVSCL, Image [, X, Y]	宣告影像左下角位置（X, Y）

範例：

IDL> WINDOW, XSIZE=240, YSIZE=150
IDL> TVSCL, z

圖7.3.9

開啟一個尺寸為240 × 150的視窗。延續使用第7.3.3節所建立的變數z，接著直接使用TVSCL程序，可以不必使用BYTSCL函數做數值轉換的步驟，最後的圖形如圖7.3.9所顯示 。

7.3.6 TVSCL 程序的關鍵字

　　如表7.3.6顯示，TVSCL程序也有類似TV程序的關鍵字，不同的地方是增加一個TOP關鍵字，用來宣告新資料的最大值，亦即顏色下標的最大值，如果省略此關鍵字，最大值為255。關鍵字 /ORDER可改變影像顯示的順序，預設值是由下往上，當宣告此關鍵字時，是由上往下。關鍵字TRUE是宣告全彩影像的交織維度。關鍵字XSIZE、YSIZE、/CENTIMETERS和 /INCHES是在寫入Postscript檔案時宣告影像的長寬和單位。

表7.3.6 - TVSCL程序的關鍵字

關鍵字	說明
/ORDER	改變影像顯示的順序，由上往下
TRUE={1 | 2 | 3}	宣告影像的顏色交織維度，1：在第一維，2：在第二維，3：在第三維
XSIZE=value	定義影像的寬度
YSIZE=value	定義影像的高度
/CENTIMETERS	定義長度的單位為公分
/INCHES	定義長度的單位為公吋
TOP=integer	定義新資料尺度的最大值

範例：

IDL> TVSCL, z, TOP=150, /ORDER

圖7.3.10

延續上例，使用相同的矩陣z，但宣告像素值的最大值是150，因宣告關鍵字 /ORDER，顯像的順序是上下顛倒，所得到的影像也是上下顛倒，如圖7.3.10所顯示。

例7.3.1
```
subdir = ['examples', 'data']
path2 = FILEPATH('examples.tif', $
    SUBDIRECTORY=subdir)
image2 = READ_IMAGE(path2, r, g, b)
temp = image2[125:364, 0:149]
z = REVERSE(temp, 2)
SET_PLOT, 'PS'
TVSCL, z, XSIZE=6, YSIZE=4, /INCHES
DEVICE, /CLOSE_FILE
END
```

讀入影像後，做上下顛倒的操作，然後先使用 SET_PLOT 程序設定繪圖裝置為 PS，再使用 TVSCL 程序宣告影像的長寬尺寸，其單位是公吋。設定後，繪製的影像不會直接顯示在視窗上，而是繪製到idl.ps檔案中，最後關閉檔案。關於 SET_PLOT 程序的語法和 postscript 檔案格式的介紹，讀者可以參閱第11章。

執行例7.3.1後，得到idl.ps檔案。

第八章 三維空間的繪圖

本章簡介

　　自然界是三維空間（space），三維的物體可以用二維的方式來呈現。二維的方式雖然是比較簡單而明確，但其缺點是常常無法看到物體本身的全部面貌。IDL提供一些三維的指令，讓讀者能夠簡單地從資料中建構三維的物體，可從不同視角來檢視物體的幾何形狀。

本章的學習目標

　　認識IDL曲面繪製的程序
　　熟悉IDL三維的座標系統
　　學習IDL三維的繪圖方式

8.1 立體曲面的繪製

　　矩陣內數值的變化通常可以使用 CONTOUR程序繪製的等值線表示，當等值線難以理解時，常用的辦法就是使用SURFACE或SHADE_SURF程序繪製立體曲面（surface），立體曲面的高低更能顯示矩陣內數值的變化。

8.1.1 SURFACE程序

　　表8.1.1列出SURFACE程序的語法，與CONTOUR程序的語法類似，可以不輸入引數Z所對應的X和Y位置，系統就會自動設定為引數Z的下標值。此程序產生的曲面是網格狀（mesh）的型態。

表 8.1.1 - SURFACE程序的語法

語法	說明
SURFACE, Z [, X, Y]	繪製立體的網格曲面

範例：

```
IDL> z = DIST(26, 26)
IDL> CONTOUR, z
```

建立一個矩陣z，其內容與中心距離有關，離中心距離越遠，數值越小。使用CONTOUR程序繪製等值線，如圖8.1.1所顯示。因為沒有標示等值線的數值，很難判定最大值或最小值的位置。

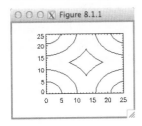

圖8.1.1

IDL> SURFACE, z

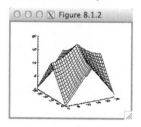

圖 8.1.2

使用 SURFACE 程序繪製曲面。讀者可以輕易從曲面高低判斷數值大小，中間區域的值最大，四個角落最小，如圖 8.1.2 所顯示。

8.1.2 SURFACE 程序的關鍵字

表 8.1.2 列出 SURFACE 常用的關鍵字，其代表的功能包括座標軸的旋轉、座標轉換矩陣（transformation matrix）!P.T 的儲存以及曲面型態的設定等，適當地運用關鍵字可以改變畫法，讓圖形更美觀或更符合工作需求。

表 8.1.2 - SURFACE 程序的關鍵字

關鍵字	說明
AX=degrees	設定 X 軸旋轉的角度
AZ=degrees	設定 Z 軸旋轉的角度
BOTTOM=index	設定曲面底部的顏色
/HORIZONTAL	設定繪製曲面的線條為平行線
MAX_VALUE=value	設定 Z 值繪製的最大值
MIN_VALUE=value	設定 Z 值繪製的最小值
/SAVE	儲存座標轉換的矩陣
SHADES=array	設定每個網格的顏色
SKIRT=value	在曲面周邊繪製裙擺
其它繪圖關鍵字	與 PLOT 程序共用部分繪圖關鍵字

範例：

IDL> SURFACE, z, AX=60, AZ=60, /SAVE
IDL> CONTOUR, z, ZVALUE=1, /T3D, $
IDL>   /NOERASE

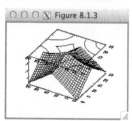

圖 8.1.3

延續上節的範例。關鍵字 AX 和 AZ 的預設值是 30 度，如果改為 60 度時，視角變得更高且更斜，如圖 8.1.3 所顯示。關鍵字 /SAVE 告訴系統儲存座標轉換的矩陣至系統變數 !P.T。接著在曲面上方繪製等位線分布，實施方式是宣告關鍵字 ZVALUE=1 和 /T3D，但需要加上關鍵字 /NOERASE，以免曲面被擦掉。

IDL> SURFACE, z, /HORIZONTAL

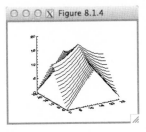

圖 8.1.4

增加關鍵字 /HORIZONTAL 時，表示曲面的
網格線會變成平行線，如圖 8.1.4 所顯示。

IDL> SURFACE, z, /SKIRT

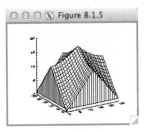

圖 8.1.5

關鍵字 /SKIRT 告訴系統，在繪製曲面時，周
邊需要加裙擺，如圖 8.1.5 所顯示。宣告關鍵
字 /SKIRT 相當於設置 SKIRT=1。

IDL> grid = DIST(26, 26) * 10
IDL> SURFACE, z, SHADES=grid

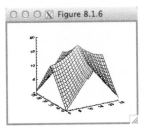

圖 8.1.6

變數 z 是 26 × 26 的矩陣，所以設定網格點顏色
也必須是 26 × 26 的矩陣，取名為 grid。矩陣
grid 內，越中間的值越高，顏色因此而越淡，
如圖 8.1.6 所顯示。

IDL> SURFACE, z, BOTTOM=200

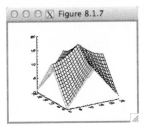

圖 8.1.7

關鍵字 BOTTOM 設定曲面底部的顏色，數值
200 在黑白系列的顏色表單代表接近純白的灰
色，如圖 8.1.7 所顯示。

```
IDL> SURFACE, z, $
IDL>    MIN_VALUE=6, MAX_VALUE=14
```

設定繪製矩陣z的範圍 [6, 14]，超過這個範圍的z值不畫，如圖8.1.8所顯示。

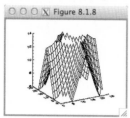

圖 8.1.8

8.1.3 SHADE_SURF 程序的語法和關鍵字

如表8.1.3所顯示，SHADE_SURF程序與SURFACE程序的語法相同，有些關鍵字共用，不同之處在於SHADE_SURF程式所顯示的是平滑曲面，而SURFACE程序所顯示的是網格曲面。

表8.1.3 - SHADE_SURF程序的語法

語法	說明
SHADE_SURF, Z [, X, Y]	繪製立體的平滑曲面，引數X和Y是引數Z對應的座標

範例：

```
IDL> z = DIST(26, 26)
IDL> SHADE_SURF, z
```

建立一個矩陣z，其內容與中心距離有關，離中心距離越遠，數值越小。接著使用SHADE_SURF程序繪製曲面，如圖8.1.9所顯示。SHADE_SURF程序是繪製平滑的曲面，與圖8.1.2不同的地方是在曲面的表現方式，SURFACE程序是繪製網格狀的曲面。

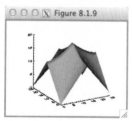

圖 8.1.9

```
IDL> SHADE_SURF, z, $
IDL>    MIN_VALUE=6, MAX_VALUE=14
```

設定繪製矩陣z的範圍 [6, 14]，超過這個範圍的z值不畫，如圖8.1.10所顯示，得到的曲面是光滑曲面。

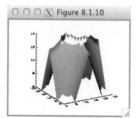

圖 8.1.10

8.2 三維座標系統的建立

SCALE3和T3D都可以用來建立三維的座標系統，來呈現三維的圖形。設置三維的座標系統非常重要，不適當的設置會導致圖形投影在視窗外的區域，而在視窗上看不到圖形。

8.2.1 SCALE3 程序

表8.2.1列出SCALE3程序的語法，此程序是用來建立三維繪圖（three dimensional plotting）的座標系統和投影角度，沒有引數，只有關鍵字。SCALE3程序控制圖形的投影和各軸的數值範圍，執行後會影響到座標轉換矩陣 !P.T 和尺度變換向量 !X.S、!Y.S 和!Z.S，因而控制圖形在視窗上的投影。IDL系統在每次繪圖時會自動讀入尺度變換向量 !X.S、!Y.S、!Z.S 和轉換矩陣!P.T，以建立三維繪圖的座標系統。讀者可以不需要了解這些參數的運作，只要宣告資料範圍和旋轉角度即可。

表8.2.1 - SCALE3程序的語法

語法	說明
SCALE3	建立三維繪圖的座標系統

表8.2.2列出SCALE3程序的關鍵字來控制各個座標軸的資料範圍和旋轉（rotate）角度。視窗的預設資料範圍是 [0, 1]，但實際的資料範圍可能會超過預設值，因此需要調整回 [0, 1]，圖形才不會偏離視窗。尺度變換向量 !X.S、!Y.S 和!Z.S的第一個元素是用來調整平移（translate）量，第二個元素是用來改變縮放（scale）的比例，一般的設定方式如下：

!X.S = [−Xmin, 1] / [Xmax − Xmin]

!Y.S = [−Ymin, 1] / [Ymax − Ymin]

!Z.S = [−Zmin, 1] / [Zmax − Zmin]

表8.2.2 - SCALE3程序的關鍵字

關鍵字	說明
XRANGE=[Xmin, Xmax]	設定X軸的資料範圍
YRANGE=[Ymin, Ymax]	設定Y軸的資料範圍
ZRANGE=[Zmin, Zmax]	設定Z軸的資料範圍
AX=degrees	設定X軸旋轉的角度
AZ=degrees	設定Z軸旋轉的角度

範例：

```
IDL> theta = FINDGEN(360) * 10
IDL> x = 1.5 * COS(theta * !DTOR)
IDL> y = 1.5 * SIN(theta * !DTOR)
IDL> z = theta * 0.001
```
建立連結一條螺旋線的x、y和z位置點。

```
IDL> SCALE3, XRANGE=[-2, 2], $
IDL>    YRANGE=[-2, 2], ZRANGE=[0, 4]
```

設定三維系統的X、Y和Z軸範圍，並把轉換矩陣儲存於系統變數 !P.T 內。

```
IDL> WINDOW, XIZE=216, YSIZE=216
IDL> PLOTS, x, y, z, /T3D
```

建立一個 216 × 216 的視窗，然後使用 PLOTS 程序連結螺旋線的各個位置點，得到的圖形是圖 8.2.1。注意的是，三維繪圖的實施需要加上關鍵字 /T3D。

圖 8.2.1

```
IDL> SCALE3, XRANGE=[-2, 2], $
IDL>    YRANGE=[-2, 2], ZRANGE=[0, 4], $
IDL>    AX=60, AZ=60
IDL> PLOTS, x, y, z, /T3D
```

關鍵字 AX 和 AZ 的預設角度都是 30 度。當 AX 和 AZ 的角度改變至 60 度時，螺旋線的投影形狀也會隨著變化，如圖 8.2.2 所顯示。PLOTS 的指令敘述也要加上關鍵字 /T3D。

圖 8.2.2

例 8.2.1
```
theta = FINDGEN(360) * 10
x = 1.5 * COS(theta * !DTOR)
y = 1.5 * SIN(theta * !DTOR)
z = theta * 0.001
SCALE3, XRANGE=[-2, 2], YRANGE=[-2, 2], $
    ZRANGE=[0, 4], AX=60, AZ=60
tm = !P.T
xs = !X.S & ys = !Y.S & zs = !Z.S
SAVE, tm, xs, ys, zs, x, y, z
END
```

函數 SCALE3 執行後，儲存轉換矩陣 !P.T 至 tm 變數，且儲存尺度變數 !X.S、!Y.S、!Z.S 至 xs、ys、zs 變數，然後使用 SAVE 程序儲存這些變數和 x、y 和 z 位置點至一個檔案，預設檔名是 idlsave.dat。轉換矩陣和尺度變數存檔之後，可以使用 RESTORE 程序再讀回。關於 SAVE 和 RESTORE 程序的用法，讀者可以參考第 16 章。

執行例 8.2.1 後，得到 idlsave.dat 檔。

8.2.2 T3D 程序

表8.2.3列出T3D程序的語法,沒有引數,可以在SCALE3程序宣告各軸範圍後使用,T3D程序控制投影區域的性質,例如旋轉、平移以及縮放比例,因而影響到座標轉換矩陣 !P.T。

表8.2.3 - T3D 程序的語法

語法	說明
T3D	建立三維繪圖的座標系統

繼SCALE3程序宣告各軸範圍之後,可以使用T3D程序進行旋轉、平移以及改變圖形大小等特定工作,表8.2.4列出一些關鍵字來執行這些特定工作,以達到三維繪圖的座標轉換效果。關鍵字 /RESET 的宣告可重置轉換矩陣。

表8.2.4 - T3D 程序的關鍵字

關鍵字	說明
ROTATE=[x, y, z]	執行旋轉
SCALE=[x, y, z]	執行放大或縮小
TRANSLATE=[x, y, z]	執行平移
/RESET	重置轉換矩陣
MATRIX=variable	輸出轉換矩陣

範例:

```
IDL> WINDOW, XIZE=216, YSIZE=216
```
建立一個216 × 216的視窗。

```
IDL> RESTORE
IDL> HELP
TM        DOUBLE    = Array[4, 4]
X         FLOAT     = Array[360]
XS        DOUBLE    = Array[2]
Y         FLOAT     = Array[360]
YS        DOUBLE    = Array[2]
Z         FLOAT     = Array[360]
ZS        DOUBLE    = Array[2]
```
由前例產生的idlsave.dat恢復儲存在此檔案內的變數,且使用 HELP 程序查看工作區變數資訊。tm 是轉換矩陣;x、y和z是座標位置;xs、ys和zs是座標大小的尺度變數。

```
IDL> !P.T = tm
IDL> !X.S = xs & !Y.S = ys & !Z.S = zs
IDL> T3D, SCALE=[0.5, 0.5, 0.5]
IDL> T3D, ROTATE=[0, 30, 0]
IDL> T3D, TRANSLATE=[0.2, 0, 0]
```
將轉換矩陣和尺度變數放回原來的系統變數,亦即使用原來的轉換矩陣和尺度變數來建立座標系統。將投影區域縮小一半,投影區域對Y軸旋轉30度,觀測點沿著X方向平移0.2單位。

IDL> PLOTS, x, y, z, /T3D

圖 8.2.3

使用 PLOTS 程序連結螺旋線的各個位置點，得到的結果是圖 8.2.3。

IDL> T3D, /RESET
IDL> PLOTS, x, y, z, /T3D

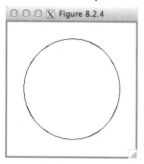

圖 8.2.4

重置座標系統為預設值。重置後的視窗所在平面是 XY 平面，垂直平面的方向是 Z 軸，因此螺旋線從正上面看下來的形狀是圓形，如圖 8.2.4 所顯示。

　　程序 SCALE3 和 T3D 的執行會改變座標轉換矩陣 !P.T。如果想要把轉換矩陣置放於變數內，在 T3D 程序中可加關鍵字 MATRIX=tran，例如鍵入「T3D, ROTATE=[0, 0, 90], MATRIX=tran」指令，來對 Z 軸旋轉 90 度，其中 tran 是儲存轉換矩陣的變數，可以在需要的時候存回 !P.T。另外 SURFACE 和 SHADE_SURF 程序也可以用來改變 !P.T，但需要在這二個程序中加進 /SAVE 關鍵字才能具體改變轉換矩陣，例如鍵入「SURFACE, DIST(256), /SAVE」指令。

8.3 三維繪圖的實施

　　一個物體可以看成一個表面，是由無數的多邊形（polygon）所組成，而許多頂點（vertex）的連結變成多邊形，所以只要知道各個頂點和連接頂點的資訊即可構成一個多面體。

8.3.1 POLYSHADE 函數

　　POLYSHADE 程序的功用是將無數的多邊形組成一個遮蔭表面（shaded surface），其語法如表 8.3.1 所顯示，輸入的變數包含構成遮蔭表面的各個頂點位置 Vertex 和構成每個多邊形的各個頂點資訊 Polygon。頂點位置 Vertex 是以二維矩陣儲存，但可以分解為三個 X、Y 和 Z 的一維向量。

表 8.3.1 - POLYSHADE 函數的語法

語法	說明
Result = POLYSHADE(Vertex, Polygon) 或 Result = POLYSHADE(X, Y, Z, Polygon)	將輸入的頂點和多邊形建構成立體形狀，然後將算圖結果儲存至變數 Result 中

範例：

```
IDL> x = [0.2, 0.8, 0.8, 0.5, 0.2]
IDL> y = [0.2, 0.2, 0.6, 0.8, 0.6]
IDL> z = [0.0, 0.0, 0.0, 0.0, 0.0]
IDL> v = FLTARR(3, 5)
```

建立一維的 x、y 和 z 位置變數或 3 × n 的 v 位置變數，其中 n 是頂點的個數，總共有五個頂點，其下標則標示在圖 8.3.1 上。

```
IDL> WINDOW, XIZE=216, YSIZE=216
```

建立一個 216 × 216 的視窗。

```
IDL> v[0, *] = x
IDL> v[1, *] = y
IDL> v[2, *] = z
IDL> p = [4, 0, 1, 2, 4, 3, 2, 3, 4]
```

將一維的 x、y 和 z 位置變數轉變為 3 × n 的 v 位置變數。變數 p 是連接頂點的資訊，其中的元素按照順序分組，每一組位置連線的結果是個多邊形。在變數 p 中，第一個元素是 4，代表有四個頂點，它們的下標為 0、1、2 和 4。另外一組元素的第一個元素是 3，代表這個多邊形有三個頂點，其頂點的下標是 2、3 和 4。

```
IDL> d = [p[1: 4], p[1]]
IDL> PLOTS, x[d], y[d], /T3D
IDL> d = [p[6:8], p[6]]
IDL> PLOTS, x[d], y[d], /T3D
IDL> i = INDGEN(5)
IDL> str = STRING(i, '(I1)')
IDL> XYOUTS, x, y, str, SIZE=2
```

先把第一個四邊形的所有頂點下標和第一個頂點下標整理至變數 d，然後使用 PLOTS 指令連結這些下標所對應的 x、y 和 z 位置，而構成一個四邊形。同樣的過程應用在另一個三角形。另外同時使用 XYOUTS 程序為每個頂點標示編號，最後的圖形是圖 8.3.1。

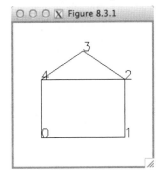

圖 8.3.1

```
IDL> image = POLYSHADE(v, p)
IDL> TV, image
```

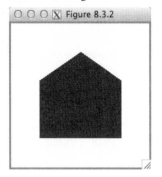

顯示頂點 v 和連接頂點資訊變數 p 所構成的遮蔽多邊形，最後算圖的結果儲存至影像 image 中，然後使用 TV 程序顯像，如圖 8.3.2 所顯示。如果頂點以三個 x、y 和 z 座標向量表示，則使用 POLYSHADE(x, y, z, p) 算圖，得到相同的圖形。

圖 8.3.2

8.3.2 POLYSHADE 函數的關鍵字

表 8.3.2 列出的關鍵字可宣告三維座標系統和實施頂點著色（rendering）。著色後的影像與視窗尺寸相同，但可用關鍵字 XSIZE 和 YSIZE 改變。

表 8.3.2 - POLYSHADE 函數的關鍵字

關鍵字	說明
/T3D	採用三維的座標系統
XSIZE=columns	定義二維影像的行長度
YSIZE=rows	定義二維影像的列長度
POLY_SHADES=array	定義每個多邊形的顏色
SHADES=array	定義每個頂點的顏色

範例：

```
IDL> WINDOW, XIZE=216, YSIZE=216
IDL> color = BINDGEN(5) * 60
IDL> image = POLYSHADE(v, p, SHADES=color)
IDL> TV, image
```

建立一個 216 × 216 的視窗。延續上例，這個多邊形有五個頂點，所以需要設定五種顏色，每個顏色下標值相差 60。關鍵字 SHADES 設定每個頂點的顏色，系統會根據頂點的顏色下標來內插多邊形內的顏色，如圖 8.3.3 所顯示，顏色變得有層次。

圖 8.3.3

```
IDL> image = POLYSHADE(v, p, $
IDL>     POLY_SHADES=[100, 200])
IDL> TV, image
```

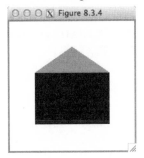

圖 8.3.4

圖8.3.4的五邊形是由一個長方形和一個三角形所組成，關鍵字POLY_SHADES設定這二個多邊形的顏色下標，長方形為100，三角形為200。

```
IDL> T3D, ROTATE=[60, 0, 0]
IDL> image = POLYSHADE(v, p, /T3D)
IDL> TV, image
```

圖 8.3.5

將五邊形對X軸（水平軸）旋轉60度，然後用POLYSHADE函數投影五邊形至image變數。POLYSHADE函數所預設的座標系統是二維的座標系統，若不設 /T3D關鍵字，五邊形的旋轉不會顯現出來。因預設光源是在 +Z 的方向，亦即視窗平面的正上方。五邊形上方比較接近光源，所以光度較亮，如圖8.3.5所顯示。

8.3.3 MESH_OBJ 程序的語法和關鍵字

MESH_OBJ是用來建立基本圖形物件的程序，基本圖形物件包括三角表面、長方表面、極表面、圓柱表面、球表面、突出表面以及旋轉表面等。透過 MESH_OBJ 程序製造出構成基本圖形物件所需的頂點和連結頂點的資訊（connectivity），其語法和關鍵字如表8.3.3所顯示。本書因篇幅緣故，不逐一介紹每種表面的使用方法和關鍵字，關於詳細的細節，讀者可以參閱線上查詢系統。

表8.3.3 - MESH_OBJ程序的語法和關鍵字

語法	說明
MESH_OBJ, Type, Vertex, Polygon, Array1 [, Array2] [, P1, P2, P3, P4, P5]	建立一個構成表面的多邊形網格組 Type：表面型態 Vertex：頂點位置 Polygon：連接頂點的資訊 Array1 和Array2：各種表面有不同的輸入陣列 P1, P2, P3, P4, P5：依照各表面需求而定

範例：

IDL> WINDOW, XIZE=216, YSIZE=216　　建立一個216×216的視窗。

IDL> SCALE3, XRANGE=[–2, 2], $　　　先設立投影的座標系統，再建立半徑為2的
IDL>　　YRANGE=[–2, 2], ZRANGE=[–2, 2]　360 × 360的網格系統，接著呼叫MESH_OBJ
IDL> array1 = REPLICATE(2.0, 360, 360)　函數來輸出頂點v和多邊形連結資訊p，其引
IDL> MESH_OBJ, 4, v, p, array1　　　　數Type為4，代表建置一個球體。當呼叫
IDL> image = POLYSHADE(v, p, /T3D)　　POLYSHADE函數著色時，輸入變數v和p。

IDL> TV, image　　　　　　　　　　在視窗上繪製著色後的影像image，如圖8.3.6
　　　　　　　　　　　　　　　　　所顯示。

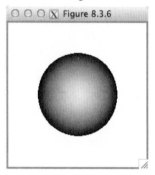

圖 8.3.6

IDL> array1 = REPLICATE(2.0, 360, 360)　MESH_OBJ程序的引數Type設為3，代表建置
IDL> MESH_OBJ, 3, v, p, array1, P4=3　一個圓柱，圓柱半徑為2，總共360 × 360的網
IDL> subdir = ['examples', 'data']　　格點。關鍵字P4宣告圓柱的長度。同時讀取
IDL> path = FILEPATH('worldelv.dat', $　系統目錄的worldelv.dat二元檔案，然後貼圖在
IDL>　　SUBDIRECTORY=subdir)　　　圓柱上。建置後的頂點v和多邊形連結資訊p
IDL> file = READ_BINARY(path, $　　　與貼圖影像file傳送至POLYSHADE函數進行
IDL>　　DATA_DIMS=[360, 360])　　　貼圖建模，且儲存投影的結果至變數image。
IDL> image = POLYSHADE(v, p, $　　　關於READ_BINARY函數的語法，讀者可以參
IDL>　　SHADES=file, /T3D)　　　　　考第16章。

IDL> TV, image　　　　　　　　　　在視窗上繪製貼圖後的影像image，如圖8.3.7
　　　　　　　　　　　　　　　　　所顯示。

圖 8.3.7

```
IDL> array1 = [[2, 2], [0, 0], [0, 3]]
IDL> array1 = TRANSPOSE(array1)
IDL> MESH_OBJ, 6, v, p, array1, $
IDL>    P1=180, P4=[0, 0, 1]
IDL> image = POLYSHADE(v, p, /T3D)
```

建立一個 2 × 3 的矩陣，代表三維空間的二點，但為配合 MESH_OBJ 函數的輸入格式，需將變數 array1 轉置。引數 Type=6 代表旋轉表面的建置，由平行 Z 軸的二點所連接的直線來建置旋轉的立體表面，P4=[0, 0, 1] 代表對 Z 軸旋轉，而構成一個圓柱，P1=180 宣告用 180 個小平面去構成這個圓柱。

```
IDL> TV, image
```

把影像 image 顯示在視窗上，如圖 8.3.8 所顯示。最後的圖形與圖 8.3.7 類似，只是在圓柱上沒有世界地圖的貼圖。

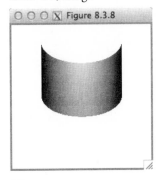

圖 8.3.8

8.3.4 SHADE_VOLUME 程序

SHADE_VOLUME 程序是 IDL 提供的從三維體資料（volume data）中擷取一個等值面的指令，表 8.3.4 列出其語法和關鍵字。讀者需要宣告等值面數值，此程序則回傳構成這個等值面的頂點和連接資訊。

表 8.3.4 - SHADE_VOLUME 程序的語法和關鍵字

語法	說明
SHADE_VOLUME, Volume, Value, Vertex, Polygon	求出構成等值面的頂點和多邊形 Volume：體資料 Value：等值面的數值 Vertex：頂點的位置 Polygon：頂點連接的資訊

範例：

```
IDL> WINDOW, XIZE=216, YSIZE=216
```

建立一個 216 × 216 的視窗。

```
IDL> x = RANDOMU(seed, 100)
IDL> y = RANDOMU(seed, 100)
IDL> z = RANDOMU(seed, 100)
IDL> f = SQRT(x^2 + y^2 + z^2)
```

由均勻的亂數函數來製造變數 x、y 和 z，其對應的函數值 f 是從變數 x、y 和 z 計算出來。

```
IDL> vol = GRID3(x, y, z, f)
IDL> s = SIZE(vol)
IDL> SCALE3, XRANGE=[0, s[1]], $
IDL>    YRANGE=[0, s[2]], AX=90, $
IDL>    ZRANGE=[0, s[3]] , AZ=0
IDL> SHADE_VOLUME, 0.8, v, p
IDL> image = POLYSHADE(v, p, /T3D)
IDL> TV, image
```

呼叫GRID3函數將不規則的網格點變成規則的網格點。輸出變數vol的數值是與位置有關,離原點越遠,數值越大。vol的維度可以從SIZE函數查詢,來輸入SCALE3程序中,以訂定視野範圍,同時對X軸旋轉90度。再呼叫SHADE_VOLUME程序擷取數值為0.8的等值面的頂v和連接頂點資訊 p,即可呼叫POLYSHADE函數把等值面的投影儲存至image變數。把影像image顯示在視窗上,如圖8.3.9所顯示。圖形是一個1/8的球面,其凸面正對著觀察者。關於GRID3函數的語法,讀者可以參考第22章。

圖 8.3.9

8.3.5 SHADE_VOLUME關鍵字

等值面分成外側和內側部分,如果要解析出等值面的內側部分,則需要使用表8.3.5所顯示的 /LOW關鍵字。注意的是,有時候沒辦法分辨等值面的外側或內側,只能採取嘗試「加」或「不加」關鍵字的方式。

表8.3.5 - SHADE_VOLUME程序的關鍵字

關鍵字	說明
/LOW	宣告演算等值面的內側部分

範例:

```
IDL> WINDOW, XIZE=216, YSIZE=216
```
建立一個216 × 216的視窗。

```
IDL> s = SIZE(vol)
IDL> SCALE3, XRANGE=[0, s[1]], $
IDL>    YRANGE=[0, s[2]], AX=-90, $
IDL>    ZRANGE=[0, s[3]] , AZ=0
```
延續使用上例的體資料變數vol,不同的地方是對X軸旋轉 –90度,變成觀察者看到的是球面內側。

```
IDL> SHADE_VOLUME, 0.8, v, p, /LOW
IDL> image = POLYSHADE(v, p, /T3D)
```
以SHAE_VOLUME程序顯示體資料,如果在執行SHADE_VOLUME程序時不加進關鍵字 /LOW,則無法顯像內側的部分。

IDL> TV, image

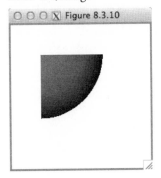

以TV程序顯示影像image，1/8球面的內側，即可顯現在視窗上，如圖8.3.10所顯示。

圖 8.3.10

8.3.6 SET_SHADING 程序

表8.3.6列出 SET_SHADING 程序的語法，此程序可以改變物體的著色方式和效果，因而影響SHADE_SURF程序和POLYSHADE函數的輸出結果。此程序沒有引數，需要透過關鍵字來改變物體的屬性。

表8.3.6 - SET_SHADING 程序的語法

語法	說明
SET_SHADING	改變著色方式和效果

　　表8.3.7列出 SET_SHADING 的關鍵字，可改變圖形著色的效果。Gouraud是效果較好的著色法，採用時需要宣告關鍵字 /GOURAUD。LIGHT 關鍵字的功用是改變光線的方向，而VALUES關鍵字的功用是改變光線的強度。

表8.3.7 - SET_SHADING 程序的關鍵字

關鍵字	說明
/GOURAUD	使用 Gouraud 著色法
LIGHT=[x, y, z]	定義光線的方向
VALUES=[darkest, brightest]	定義光線的明暗

範例：

IDL> WINDOW, XIZE=216, YSIZE=216　　　　建立一個216 × 216的視窗。

IDL> SET_SHADING, LIGHT=[1, 0, 0]　　　　沿用例8.3.6所產生的圓球體，相異之處是
IDL> image = POLYSHADE(v, p, /T3D)　　　　光線射入的方向。預設的方向是 [0, 0, 1]，
　　　　　　　　　　　　　　　　　　　　亦即與Z軸平行的方向，這裡是宣告 [1, 0,
　　　　　　　　　　　　　　　　　　　　0]，亦即與X軸平行的方向。

IDL> TV, image

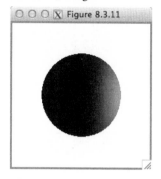

圖 8.3.11

把影像image顯示在視窗上，如圖8.3.11所
顯示。因為球體的右邊有光源的照射，顯
得特別明亮。

IDL> SET_SHADING, LIGHT=[1, 0, 0], $
IDL>　　VALUES=[150, 250]
IDL> image = POLYSHADE(v, p, /T3D)

與上例不同的地方是改變光線的強度。最
亮的顏色索引值是250，最暗的顏色索引值
是150，所以亮度趨向於較亮的顏色區域。

IDL> TV, image

把影像顯示在視窗上，最後著色的圖形變
得較明亮，如圖8.3.12所顯示。

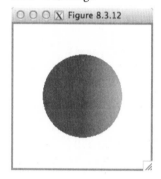

圖 8.3.12

第二篇　進階語法

第九章 特殊資料型態的介紹

本章簡介

結構（structure）和指標（pointer）是二種特殊的資料型態，IDL 具有實施結構和指標的功能，適當的運用結構和指標既可增加資料結構的靈活度和記憶體（memory）的使用效率，也可增加程式寫作的簡潔性和程式執行的流暢性，因此結構與指標是專業程式寫作必須使用到的二種資料型態。本章除了介紹結構和指標之外，也將介紹系統變數的客製化和系統變數資訊的查詢。

本章的學習目標

熟悉 IDL 設置和清除特殊資料型態的方式
學習 IDL 查詢特殊資料型態的程序和關鍵字
認識 IDL 系統變數的客製化和資訊

9.1 特殊的資料型態

基本的資料型態包括短整數、整數、浮點數、複數以及字串等資料型態。與基本的資料型態相比，特殊的資料型態在資料結構的建立和記憶體的管理方面有著特別的功能，特別適用在物件和界面程式寫作上。

9.1.1 特殊資料型態的種類

如表 9.1.1 所顯示，特殊的資料型態有二種，一種是結構，允許不同的資料型態混合在一起，另一種是指標，其內容記錄著資料在記憶體中的位址。結構和指標的運用均可增加程式寫作的靈活性和程式執行的效率。

表 9.1.1 - IDL 特殊資料型態的種類

種類	說明
結構	可以包含不同的基本資料型態
指標	記錄變數在記憶體中的位置

9.1.2 特殊資料型態的功能

表 9.1.2 列出結構和指標的個別功能。結構可以混合不同的資料型態，當處理多重型態的資料時，需要多個變數來儲存不同型態的資料，但有了結構變數時，互相關連的變數則可結合起來，變成一個變數，最後達到變數簡化和資料結構整合的目的。

記憶體的每個資料空間都有一個位址，指標是用來記錄資料在記憶體中所儲存的位址，透過指標就能簡單地找到記憶體中的資料，因此適當地使用指標可以增加程式的執行效率。當拷貝一個變數至另外一個變數時，一般需要二倍大的記憶體空間才能完成運作，如果拷貝的資料是超大尺寸的變數，可能會造成記憶體不足的問題，但如果善用指標，只要拷貝指向變數的指標，原來的指標變數和新的指標變數都指向資料儲存的位置，可以節省一半的空間。除此之外，指標在程式之間的資訊傳遞非常有效率，傳遞指標比傳遞資料本身更快速。

表 9.1.2 - IDL 特殊資料型態的功能

資料型態	功能
結構	讓資料結構變得更靈活且更有組織
指標	增加記憶體的使用效率

9.2 結構的實施

IDL結構的實施包括結構建立、操作以及結構資訊查詢，讀者先要依照IDL的方式定義結構變數和設定結構變數中的各個標籤（tag）和內容，然後才能對結構進行操作。系統變數一般是屬於結構的資料型態，其中包含著不同資料型態的標籤，有些標籤的內容是可以直接改變的。

9.2.1 結構的建立

表9.2.1顯示IDL二種建立結構變數Result的方式，讀者可以選擇任意的方式，結構中包含結構名稱、標籤以及標籤內容，如果結構名稱省略，則稱為匿名結構。讀者可以設定任意數目的標籤，標籤內容可以是任何資料型態，甚至包括結構本身，其形式為純量或陣列均可。

表 9.2.1 - IDL 建立結構變數所使用的方式

方式	說明
Result = {String, Tag1: Value1, ..., TagN: ValueN}	用 { 和 } 符號包含標記名稱和內容
Result = CREATE_STRUCT(Tag1, Value1, ..., TagN, ValueN[, NAME='String'])	建立名稱為 String 的結構，Tag1, ..., TagN 為標籤名稱，必須為字元，value1, ..., valueN 為各標籤內容，可以為純量或陣列

範例：

IDL> a = {grade, id: '1', score: 1}　　　設定結構變數a，其結構名稱是grade。結構a中包括二個標籤，一個是學號id，被定義為字串，另一個是分數score，被定義為整數。

IDL> b = REPLICATE(a, 2)　　　使用 REPLICATE 函數把結構變數 a 複製二個，變數 b 變成二個元素的結構向量，各個元素都包含標籤 id 和 score。

IDL> c = CREATE_STRUCT('id', '1', $ IDL> 'score', 1, NAME='grade')	以CREATE_STRUCT函數建立結構,所建立的結構變數c和結構變數a具有相同的內容。

9.2.2 結構的操作

結構的使用除了可讓資料管理更流暢外,也可讓資料結構更精簡,不同的資料型態可以透過結構串連在一起成為一個變數。如表9.2.2所顯示,呼叫標籤內容的方式以struct.tag的形式進行,結構內容的輸出和輸入均可簡單執行。

表9.2.2 - IDL結構內容的呼叫

表示式	說明
struct.tag	其中struct是結構變數,tag是標籤名稱,中間用句點連結成一個完整的變數名稱

範例:

IDL> a.id = '001' & a.score = 95	延續上例。改變結構a中標籤id和score的內容,其中的結構和標籤名稱之間以句點分隔。
IDL> b[0].id = '002' & b[0].score = 96	改變結構向量b中第一個元素標籤id和score的內容。IDL系統的下標從0開始,下標為0代表第一個元素。
IDL> b[1].id = '003' & b[1].score = 97	改變結構向量b中第二個元素(下標為1)標籤id和score的內容。
IDL> d = a.id	輸出結構a中標籤id的內容至一般變數d。

9.2.3 結構資訊的查詢

表9.2.3列出一些查詢結構Struct中資訊的指令,結構資訊包括標籤名稱、內容以及資料型態。HELP程序除了顯示一般變數的資訊外,也可顯示結構變數的資訊,但不顯示結構內的標籤資訊。為查詢結構變數中的標籤資訊,在HELP程序中需要加上關鍵字/STRUCTURES,若只需要查詢特定的結構變數,則再加上結構變數的名稱為HELP程序的引數。

表9.2.3 - IDL查詢結構資訊所需的指令和關鍵字

指令和關鍵字	功能
Number = N_TAGS(Struct)	傳遞結構內的標籤數目至變數Number
Name = TAG_NAMES(Struct)	傳遞結構內的標籤名稱至變數Name
HELP, /STRUCTURES	顯示所有結構的標籤名稱和資料型態,包括系統變數結構
HELP, Struct, /STRUCTURES	顯示特定結構變數Struct內的標籤名稱
PRINT, Struct	列印特定結構變數Struct的內容

範例：

IDL> PRINT, N_TAGS(a)   沿用上例的變數a。列印結構a中標籤的數目，此
     2   結構a中有id和score二個標籤。

IDL> PRINT, TAG_NAMES(a)   列印結構a中標籤的名稱。
ID SCORE

IDL> HELP   顯示所有變數的資訊，變數a和b都是結構的資料
A STRUCT = -> GRADE Array[1] 型態，變數b是二個元素的向量，結構名稱是
B STRUCT = -> GRADE Array[2] grade，大小寫不分。

IDL> HELP, a, /STRUCTURES   顯示結構a的標籤名稱、資料型態以及內容。
ID   STRING   '001'
SCORE   INT   95

IDL> PRINT, b   列印結構向量b，其中有二對大括號，每對大括
{ 002 96}{ 003 97}   號包括每個元素內標籤id和score的內容。

9.3 指標的實施

  指標的實施包括指標的建立、操作、資訊查詢以及刪除。讀者先要建立指標變數，然後才能進行操作和資訊查詢，最後需要刪除指標，免得浪費記憶體空間，因而影響到程式的正常運作。

9.3.1 指標的建立

  表9.3.1顯示建立指標變數所需的函數，引數的省略代表此指標變數是空指標，不分配任何的記憶體空間。當宣告函數的引數為變數InitExpr時，系統會將此變數在記憶體的儲存位置輸出至指標變數Result中。

表9.3.1 - IDL建立指標變數所需的函數

函數	說明
Result = PTR_NEW([InitExpr])	建立指標變數
Result = PTRARR(D1, ..., D8)	建立指標變數陣列，維度可以到達八維D1, ..., D8

範例：

IDL> a = PTR_NEW()   建立指標變數a，因沒有宣告引數，此指標變數為
               空指標。

IDL> b = INDGEN(3, 2)   建立一個內容為下標的 3 × 2 整數矩陣b。

| IDL> c = PTR_NEW(b) | 建立一個指向變數 b 的指標變數 c。 |
| IDL> d = PTRARR(2) | 建立一個指標變數向量 d，其內容包含二個空指標，不分配記憶體的空間。 |

表 9.3.2 列出 PTR_NEW 函數的關鍵字，讓指標的建立更具有靈活性，其功能可以先指定記憶體的空間或沿用舊有的記憶體位置。堆疊（heap）變數記錄著記憶體的動態配置之大小和個數。

表 9.3.2 - PTR_NEW 函數的關鍵字

關鍵字	說明
/ALLOCATE_HEAP	指定（allocate）一個未定義的堆疊變數，先保留記憶體的空間
/NO_COPY	沿用舊有的記憶體位置，不另外拷貝

範例：

| IDL> e = PTR_NEW(/ALLOCATE_HEAP) | 建立指標變數 e，關鍵字 /ALLOCATE_HEAP 宣告實質的指標。 |
| IDL> f = PTR_NEW(e, /NO_COPY) | 當使用關鍵字 /NO_COPY 時，指標 f 的建立就不會佔用額外的記憶體，原來的指標 e 所佔用的記憶體空間在拷貝完後馬上被刪除。 |

9.3.2 指標資訊的查詢

HELP 程序除顯示一般變數的資訊外，也可顯示指標變數的資訊。如表 9.3.3 所顯示，在 HELP 程序中需要加上關鍵字 /HEAP_VARIABLES 來查詢指標變數的指向資訊，若只需要查詢特定的指標變數，則宣告引數為特定指標變數的名稱。函數 PTR_VALID 判斷引數 Args 是否為指標變數，如果是指標變數，變數 Result 是 1，否則是 0。

表 9.3.3 - IDL 查詢指標資訊所需的指令和關鍵字

程序和關鍵字	功能
Result = PTR_VALID(Args)	判斷引數 Args 是否為指標變數
HELP, /HEAP_VARIABLES	顯示所有的指標變數的指向資訊
PRINT, Ptr	列印特定指標變數 Ptr 內的指向資訊

範例：

| IDL> PRINT, PTR_VALID(a)
0 | 變數 a 是個空指標，PTR_VALID 函數的呼叫結果是 0，代表變數 a 不是指標變數。 |
| IDL> PRINT, PTR_VALID(c)
1 | 變數 c 是個實質指標，所以 PTR_VALID 函數的呼叫結果是 1。 |

IDL> PRINT, d <NullPointer><NullPointer>	列印指標d的內容至視窗上，此指標是二個元素的向量，內容為空指標。

```
IDL> HELP
A        POINTER    = <NullPointer>
B        INT        = Array[3, 2]
C        POINTER    = <PtrHeapVar1>
D        POINTER    = Array[2]
E        UNDEFINED = <Undefined>
F        POINTER    = <PtrHeapVar3>
```

顯示所有變數的資訊，包括指標變數。當使用關鍵字/NO_COPY建立指標f指向指標e時，則會造成指標e被指標f取代，變成沒定義的變數。指標是以 <PtrHeapVar1> <PtrHeapVar3> 代號表示記憶體中所儲存的位置，空指標的代號是 <NullPointer>。

```
IDL> HELP, /HEAP_VARIABLES
Heap Variables:
    # Pointer: 3
    # Object : 0
<PtrHeapVar1>  refcount=1
        INT        = Array[3, 2]
<PtrHeapVar2>  refcount=1
        UNDEFINED = !NULL
<PtrHeapVar3>  refcount=1
        POINTER    = <PtrHeapVar3>
```

顯示所有指標的詳細資訊。注意的是，其中指標的數目為3，此數不包含空指標。「HELP, /HEAP_VARIABLE」指令可用來確認程式結束後是否有指標殘留。指標是以 <PtrHeapVar1>、<PtrHeapVar2>、...、<PtrHeapVarN>等按照數字順序取名。

9.3.3 指標的操作

指標記錄著記憶體的位址，指向資料在記憶體的儲存位置，資料可以透過指標在程式間傳遞，以節省傳遞的時間，尤其是在處理大量資料的情況下。表9.3.4列出顯示指標內容的方式，「*」符號加在指標變數正前方，即可顯示此指標變數所指向的資料內容。

表9.3.4 - 顯示指標內容的符號

符號	說明
*ptr	顯示指標變數ptr指向的內容

範例：

IDL> PRINT, c <PtrHeapVar1>	列印指標c在記憶體中的位址。

IDL> PRINT, *c
   0   1   2
   3   4   5
	列印指標c所指向的資料，亦即整數變數b的內容。

IDL> g = *c	將指標c所指向的資料內容儲存至變數g。另外將
IDL> h = f	指標f的位址拷貝至指標h，所以指標h和f的位址
	都是 <PtrHeapVar3>。

9.3.4 指標的刪除

　　指標如果不刪除，則殘留在記憶體中，會造成可用記憶體的減少，因而影響程式執行的效率。IDL提供刪除指標的函數，其語法列在表9.3.5上。雖然離開IDL系統後所有在工作區域的變數都會從記憶體中刪除，還是應該保持良好的刪除習慣，以避免遭遇記憶體不足的問題。如要確認指標是否完全刪除，可輸入「HELP, /HEAP_VARIABLES」指令。

表9.3.5 - PTR_FREE函數的語法

語法	說明
PTR_FREE, P1, P2, ..., PN	從記憶體中移除指標P1, P2, ..., PN

範例：

| IDL> PTR_FREE, c, f | 刪除指標c、f和h，因指標f和h對應相同的位址，只要刪除其中一個即可刪除另一個。 |
| IDL> PTR_FREE, d | 指標d是空指標，可以不需要刪除，但刪除的動作不會影響指標在記憶體中的數目。 |

9.4 系統變數的客製化和查詢

　　系統變數是IDL系統控制所需的變數，系統變數的名稱之前都會加上符號「!」，以顯示與一般變數的區別。為讓每個程式都能使用某一個變數，可以把它定義成新的系統變數，因此需要一個定義客製化系統變數的指令，定義後可以使用HELP或PRINT程序查詢資訊。

9.4.1 系統變數的客製化

　　表9.4.1列出客製化系統變數所需的程序DEFSYSV，此程序包括二個引數，引數Sys_name是系統變數的名稱，變數名稱前須加上符號「!」，引數Value是客製化系統變數的數值，可以是純量或結構。客製化後，每次進入IDL都要鍵入一次，方便的做法是把客製化的指令放在啟動檔案idl_startup.pro中，然後定義電腦的系統變數IDL_STARTUP為idl_startup.pro。

表9.4.1 - 客製化系統變數所需的程序

程序	說明
DEFSYSV, Sys_name, Value	建立客製化的系統變數

範例：

IDL> DEFSYSV, '!RE', 6378	地球半徑6378公里是經常會用到的一個常數，因此可以把它定義為系統變數。
IDL> DEFSYSV, '!PROMPT', 'idl>' idl>	IDL的提示符號是「IDL>」，DEFSYSV程序可以讓讀者改變至「idl>」。
IDL> DEFSYSV, '!PI', 3.14 % Attempt to write to a readonly variable: !PI	有些系統變數是唯讀的變數，當改變到唯讀的系統變數 !PI 時，就會產生錯誤訊息。
IDL> ver = {!VER, name:'idl', id:6.4} IDL> DEFSYSV, '!VER', ver	結構變數 ver 的名稱是 !VER，標籤是 name 和 id，然後把變數 ver 定義為系統變數 !VER。

9.4.2 系統變數的查詢

表9.4.2列出查詢系統變數所需的程序，HELP 和 PRINT 都可用來查詢系統變數的資訊，其中的引數 Sys_name 是特定系統變數的名稱。如果要顯示所有系統變數的名稱和資料型態，包括客製化的系統變數，需要鍵入「HELP, /SYSTEM_VARIABLES」指令。若鍵入的名稱如果不在系統變數名單之內，則會產生錯誤訊息。

表9.4.2 - 查詢系統變數所需的程序

程序	功能
HELP, Sys_name	列印特定系統變數的標籤名稱和內容
PRINT, Sys_name	列印特定系統變數的內容

範例：

IDL> HELP, !RE <Expression>　　　INT　　=　　6378 IDL> PRINT, !RE 　　6378	延續上例，查詢客製化系統變數 !RE 的內容和資料型態，並列印客製化系統變數 !RE 的內容至視窗上。
IDL> HELP, !VER 　NAME　　　STRING　　'idl' 　ID　　　　FLOAT　　　6.40000 IDL> PRINT, !VER { idl　　6.40000}	查詢客製化系統變數 !VER 的內容和資料型態，並列印客製化系統變數 !VER 的內容。結構 !VER 的內容是由一對大括號界定。
IDL> PRINT, !NONE % Not a legal system variable: !NONE	因為系統變數名單下沒有 !NONE，所以得到錯誤訊息。

第十章 字串的處理

本章簡介

　　字串（string）是由一串列的字元所組成，檔案的命名、圖形的標記和註解以及文字訊息的傳遞都需要字串的協助。IDL 提供一些指令，讓讀者可以進行字串的比較、分開或合併等操作。當需要從 IDL 中讀電腦系統的檔案或執行電腦系統的指令時，IDL 系統也有處理檔案路徑的指令，可以在不同電腦平台上使用。

本章的學習目標

　　　認識 IDL 字串操作運算的目的和種類
　　　熟悉 IDL 各個字串操作運算的實施
　　　學習 IDL 處理檔案路徑的方式

10.1 字串操作的目的和種類

　　程式的寫作通常需要做一些字串的連結或分解，才能讓程式更具靈活性，以適合多變的狀況。只要做些字串的操作，相同程式即可讀取或儲存不同檔案，也可以讓程式在圖形上做不同的註解，來增加圖形的資訊。

10.1.1 字串操作的目的

　　如表 10.1.1 所顯示，字串操作的目的有三種，包括檔案的命名、圖形的標記和註解以及文字訊息的傳遞。當處理大量資料時，規律的檔案命名和適當的文字訊息，可以讓程式的執行更為流暢，也讓執行者掌握執行的進度，而圖形上的適當標記和註解，可以增加圖形的可讀性。

表 10.1.1 - 字串操作的目的

目的	說明
檔案的命名	以區別不同檔案
圖形的標記和註解	讓圖形的意義更清楚
文字訊息的傳遞	讓程式的執行更順暢

10.1.2 字串操作的種類

　　表 10.1.2 列出字串操作的種類，其中最常用的種類是字串的連結、轉變、分開以及截取，其執行所需的指令亦列在表中。IDL 也提供字串的比較、大小寫的改變、字串中空白的處理以及字串長度的計算等指令，以滿足讀者的字串操作需求。

表10.1.2 - 字串操作的種類和相關指令

種類	相關指令
連結兩個字串	使用符號 +
轉變非字串的資料型態至字串	STRING、READS
改變字串的大小寫	STRLOWCASE、STRUPCASE
處理字串中的空白	STRCOMPRESS、STRTRIM
計算字串的長度	STRLEN
取代字串中的文字	STRPUT
搜尋副字串	STRPOS、STREGEX
擷取副字串	STRMID
分開或合併字串	STRSPLIT、STRJOIN
比較兩個字串	STRCMP、STRMATCH

10.2 字串操作的實施

上節列出字串操作的種類，IDL都有對應的指令讓讀者方便執行，本節將逐一詳細地介紹這些指令的具體實施方式，讓讀者透過範例學習，以應用在實際的程式寫作上。

10.2.1 字串的連結

字串連結最簡單的方式是用「 + 」符號串聯，二個字串用一個加號，三個字串用二個加號，以此類推。

範例：

IDL> a = 'ID' & b = 'L'　　　　　　　　設定字串變數a和b的內容。

IDL> c = a + b　　　　　　　　合併a和b的字串，然後儲存至變數c，其內容為'IDL'。

10.2.2 字串的轉變

一般來說，數字和字串可以互相轉換型態，數字一定可以轉變成字串，但字串中如果包含字母，則不能轉換為數字，IDL提供STRING函數，讓讀者做字串的轉換，轉換後的字串儲存至Result中，其函數語法如表10.2.1所顯示。

表10.2.1 - STRING函數的語法

語法	說明
Result = STRING(Expr1, ..., ExprN)	將引數Expr1, ..., ExprN轉換為字串

範例：

```
IDL> a = 5 & b = 0.5
IDL> c = STRING(a) & d = STRING(b)
```
設定數字變數a和b的內容。將a和b的數字變數轉變為字串變數c和d。

```
IDL> HELP
A        INT       =       5
B        FLOAT     =       0.500000
C        STRING    = '      5'
D        STRING    = '      0.500000'
```
顯示工作區域的變數名稱和內容，變數a是整數，變數b是浮點數，變數c和d是字串。

　　使用STRING函數將數字轉換字串時，各種資料型態都有自己的預設長度，上例顯示，整數轉換成字串的預設長度是8位，而浮點數轉換成字串的預設長度是13位。如表10.2.2所顯示，此函數配有FORMAT關鍵字，可用來改變預設長度。

表10.2.2 - STRING函數的關鍵字

關鍵字	說明
FORMAT	所寫出字串的格式

範例：

```
IDL> e = STRING(a, FORMAT='(I2.2)')
IDL> f = STRING(b, FORMAT='(F3.1)')
```
將數字變數a以特定的格式I2.2轉變為字串變數e。將數字變數b以特定的格式F3.1轉變為字串變數f。格式在第16章有詳細介紹。

```
IDL> HELP, e, f
E        STRING    = ' 05'
F        STRING    = '0.5'
```
顯示工作區域中變數e和f的資訊，變數e的內容是 '05'，變數f內容是 '0.5'。

10.2.3 字串大小寫的改變

　　字串內的字母有時是大小寫混合，當需要做大小寫轉換時，IDL函數也可以做到，表10.2.3所顯示STRLOWCASE函數可以讓字串內所有的字元同時變成小寫，儲存至變數Result中。

表10.2.3 - STRLOWCASE函數的語法

語法	說明
Result = STRLOWCASE(String)	改變引數為小寫字串，引數String為輸入字串

範例：

```
IDL> a = 'IDL'
IDL> b = STRLOWCASE(a)
```
設定變數a的內容為 'IDL'。將變數a的內容改為小寫 'idl' 後儲存至變數b，而變數a的內容不變。

表10.2.4所列出的STRUPCASE函數讓字串內所有的字元同時變成大寫，方便讀者實行大小寫的轉換，轉換後的字串儲存至變數Result中。

表10.2.4 - STRUPCASE函數的語法

語法	說明
Result = STRUPCASE(String)	改變引數為大寫字串，引數String為輸入字串

範例：

```
IDL> c = STRUPCASE(b)
```
將變數b的內容改成大寫 'IDL' 後儲存至變數c，而變數b的內容不變。

10.2.4 字串中空白的處理

字串中多餘的空白常常會造成困擾，表10.2.5列出消除多餘空白的STRCOMPRESS函數和呼叫此函數的語法，消除空白後的字串儲存至變數Result中。

表10.2.5 - STRCOMPRESS函數的語法

語法	說明
Result = STRCOMPRESS(String)	去除引數中多餘的空白位置，引數String為輸入字串

範例：

```
IDL> a = ' IDL  is  powerful. '
IDL> b = STRCOMPRESS(a)
IDL> HELP
A       STRING    = ' IDL is powerful. '
B       STRING    = ' IDL is powerful. '
```
設定變數a的內容，但中間的空白是由二個空白字元所組成。去除變數a內多餘的空白，亦即二個以上的空白只剩一個。顯示工作區域中所有變數的名稱和內容，變數a的二個空白變成變數b的一個空白。

表10.2.6列出 /REMOVE_ALL關鍵字，可以消除所有的空白，不宣告的時候，代表只留下一個空白，讀者可以依照工作需求做選擇。

表10.2.6 - STRCOMPRESS函數的關鍵字

關鍵字	說明
/REMOVE_ALL	去除所有的空白位置

範例：

```
IDL> c = STRCOMPRESS(a, /REMOVE_ALL)
IDL> HELP, a, c
A       STRING    = ' IDL is powerful. '
C       STRING    = 'IDLispowerful.'
```
去除變數a內所有的空白。顯示工作區域中變數a和c的名稱和內容，變數c內的空白都被去除了，包括字串二側的空白。

表10.2.7列出STRTRIM函數的語法，可以刪除字串中起頭或末尾的空白位置。引數 String 是欲處理的字串，引數Flag宣告欲刪除空白的位置。刪除空白後的字串輸出至變數 Result中。

表10.2.7 - STRTRIM函數的語法

語法	說明
Result = STRTRIM(String [, Flag])	刪除引數String中起頭或末尾的空白位置

範例：

IDL> d = STRTRIM(a) IDL> e = STRTRIM(a, 1) IDL> f = STRTRIM(a, 2)	去除變數a末尾的空白，沒宣告引數Flag代表其值為0。去除變數a起頭的空白，引數Flag設置為1。引數Flag=2代表去除變數a起頭和末尾兩側的空白。
IDL> HELP, a, d, e, f A STRING = ' IDL is powerful. ' D STRING = ' IDL is powerful.' E STRING = 'IDL is powerful. ' F STRING = 'IDL is powerful.'	顯示工作區域中變數a、d、e和f的名稱和內容，四個變數的內容有點不同，差別在起頭和末尾空白的存在與否。

10.2.5 字串長度的計算

在程式撰寫的過程中，有時候需要知道字串變數中字串的長度，才能判斷字串處理的正確性，然後程式才能做適當的反應。IDL提供STRLEN函數，幫助讀者計算字串的長度 Result，其語法列在表10.2.8中。

表10.2.8 - STRLEN函數的語法

語法	說明
Result = STRLEN(Expr)	計算字串引數的字元數目，引數Expr為輸入字串

範例：

IDL> a = 'IDL'	設置變數a的內容。
IDL> PRINT, STRLEN(a) 3	呼叫STRLEN函數計算字串的長度，然後將結果列印在視窗上。

10.2.6 字串中文字的取代

當需要取代某一個字串中的文字，IDL提供STRPUT程序將來源（Source）字串置於目標（Destination）字串中，其語法列在表10.2.9中。如果沒使用Position引數，此引數的預設值為0，代表來源字串的取代從位置0開始。

表10.2.9 - STRPUT程序的語法

語法	說明
STRPUT, Destination, Source [, Position]	將來源字串置於目標字串中

範例：

IDL> a = 'SUN is fun.'   設置變數a的內容。

IDL> STRPUT, a, 'IDL'   用 'IDL' 取代從位置0開始的字串，變數a的內容
                                                              變成 'IDL is fun.'。

IDL> STRPUT, a, 'IDL', 7   用 'IDL' 取代從位置7開始的字元，變數a的內容
                                                              變成 'IDL is IDL.'。

10.2.7 副字串的搜尋

　　當要從字串擷取（extract）副字串時，需知道此副字串的位置。IDL提供STRPOS函數，可將副字串位置Result取出，其語法列在表10.2.10中，引數Expr代表目標字串，引數Search代表副字串內容，引數Pos宣告開始搜尋的位置。

表10.2.10 - STRPOS函數的語法

語法	說明
Result = STRPOS(Expr, Search [, Pos])	在目標字串中尋找符合副字串的位置

範例：

IDL> a = 'IDL IS FUN.'   設置變數a的內容。從變數a中尋找字母I，預設
IDL> b = STRPOS(a, 'I')   搜尋方向是由左到右，變數a內有二個字母I，
                                                              所以搜尋到的是左邊的第一個I，其位置為0，
                                                              故變數b的內容為0。

IDL> c = STRPOS(a, 'I', 1)   從變數a中尋找字母I，因開始搜尋的位置是1，
                                                              所以搜尋到的是從左邊開始的第二個I，其位置
                                                              為4，故變數c的內容為4。

　　STRPOS函數中副字串的預設搜尋方向是從起頭至末尾，表10.2.11列出此函數的關鍵字 /REVERSE_OFFSET和 /REVERSE_SEARCH，來改變副字串的搜尋方向。

表10.2.11 - STRPOS函數的關鍵字

關鍵字	說明
/REVERSE_OFFSET	設定從末尾往起頭尋找的開始位置
/REVERSE_SEARCH	從末尾尋找至起頭

範例：

IDL> d = STRPOS(a, 'I', 3, /REVERSE_OFFSET)　　從變數a中尋找字母I，開始搜尋的位置是
　　　　　　　　　　　　　　　　　　　　　　　從右邊算起第四個，指向字母F，但搜尋的
　　　　　　　　　　　　　　　　　　　　　　　方向不變，維持由左到右，故找不到字母
　　　　　　　　　　　　　　　　　　　　　　　I，因此變數d的內容為 –1。

IDL> e = STRPOS(a, 'I', 2, /REVERSE_SEARCH)　　從變數a中尋找字母I，開始搜尋的位置是
　　　　　　　　　　　　　　　　　　　　　　　2，從左邊算起第三個，指向字母L，但搜
　　　　　　　　　　　　　　　　　　　　　　　尋的方向改成由右到左，找到的是左邊開
　　　　　　　　　　　　　　　　　　　　　　　始的第一個字母I，因此變數e的內容為0。

　　表10.2.12中列出的STREGEX函數也是副字串的搜尋函數，但比STRPOS函數具有更多功能，使用時需要宣告目標引數StringExpr和欲搜尋的引數SearchExpr。回傳位置為變數Result。

表10.2.12 - STREGEX函數的語法

語法	說明
Result = STREGEX(StringExpr, SearchExpr)	在目標字串中搜尋副字串

範例：

IDL> a = 'Hotdog'　　　　　　　　　　　　　　設定變數a的內容。設定搜尋字串為 'tdog'，如果
IDL> b = STREGEX(a, 'tdog')　　　　　　　　　目標字串a包含此字串，則回傳此字串在目標字
　　　　　　　　　　　　　　　　　　　　　　串的起始位置，結果將傳至變數b。

　　表10.2.13列出STREGEX函數中常用的關鍵字，可以延伸此函數的功能，包括字串資訊的回傳和字母大小寫的忽略等功能。

表10.2.13 - STREGEX函數的關鍵字

關鍵字	說明
/BOOLEAN	搜尋字串存在時，回傳1，不存在時，回傳0
/EXTRACT	回傳相符的字串陣列
LENGTH=variable	回傳相符字串陣列的長度
/FOLD_CASE	忽略大小寫的區別

範例：

IDL> b = STREGEX(a, 'tdog', LENGTH=c)　　　　設定關鍵字LENGTH=c，變數c記錄著符合
　　　　　　　　　　　　　　　　　　　　　　搜尋字串的長度。

IDL> d = STREGEX(a, 'tdog', /EXTRACT)　　　　設定關鍵字 /EXTRACT，讓變數d的內容是
　　　　　　　　　　　　　　　　　　　　　　符合搜尋的字串，而不是起始位置。

IDL> e = STREGEX(a, 'tdog', /BOOLEAN)	設定關鍵字 /BOOLEAN，執行後變數e的內容是1，代表目標字串中包含著搜尋字串。
IDL> f = STREGEX(a, 'hotdog', /FOLD_CASE)	設定關鍵字 /FOLD_CASE來忽略搜尋和目標字串的大小寫，只要是相同字母即可。變數f是搜尋字串在目標字串的起始位置，內容為0。如果不宣告此關鍵字，則因大小寫的不同而搜尋不到字串，所以變數f的內容為 −1。

10.2.8 副字串的截取

STRMID 函數的作用是從字串中擷取副字串，其語法列在表 10.2.14 中，引數 Expr 代表目標字串，引數 First_Char 代表副字串在目標字串的起始位置，引數 Length 宣告副字串的長度，若不宣告此引數，則從起始位置讀到最後一個字元為止。

表 10.2.14 - STRMID 函數的語法

語法	說明
Result = STRMID(Expr, First_Char [, Length])	從引數 Expr 字串中擷取副字串

範例：

IDL> a = 'IDL IS FUN' IDL> f = STRMID(a, 0, 3)	設定變數a的內容。從變數a中擷取從左開始，位置為0，長度為3的副字串，故變數f的內容為 'IDL'。

表 10.2.15 列出 STRMID 函數的關鍵字 /REVERSE_OFFSET，以宣告反方向尋找的位置，但擷取的方向沒有倒反。

表 10.2.15 - STRMID 函數的關鍵字

關鍵字	說明
/REVERSE_OFFSET	設定開始尋找的位置

範例：

IDL> g = STRMID(a, 10, 3, /REVERSE_OFFSET)	從變數a中擷取從右算起第十個長度為3的副字串。雖然位置是從右算起，擷取的方向還是由左到右，故變數g的內容仍然為 'IDL'。

10.2.9 字串的分開和合併

字串的分開和合併是常用的字串操作，不管是在檔案的命名或圖形的標示都需要用到，程式會變得更具靈活性，適用不同的資料檔案。表 10.2.16 列出 STRSPLIT 函數的語

法，其中引數 String 是目標字串，引數 Pattern 定義區隔的字元，預設的區隔字元是空白，此函數回傳各分開副字串的起始位置 Result。

表 10.2.16 - STRSPLIT 函數的語法

語法	說明
Result = STRSPLIT(String [, Pattern])	分開字串

範例：

IDL> a = 'IDL is useful.' IDL> b = STRSPLIT(a)	定義變數 a 的內容。呼叫 STRSPLIT 函數後，將結果儲存至變數 b。
IDL> HELP, b B LONG = Array[3]	變數 b 為三個元素的長整數向量，其內容為各分開副字串的起始位置 [0, 4, 7]。

表 10.2.17 列出 STRSPLIT 函數的常用關鍵字，關鍵字 /FOLD_CASE 代表忽略大小寫的區別，而關鍵字 LENGTH 回傳各個被分開字串的長度。

表 10.2.17 - STRSPLIT 函數的關鍵字

關鍵字	說明
COUNT=variable	回傳被分開字串的個數
/FOLD_CASE	忽略大小寫的區別
/EXTRACT	回傳字串陣列
LENGTH=variable	回傳各個被分開字串的長度

範例：

IDL> c = STRSPLIT(a, /EXTRACT) IDL> HELP, c C STRING = Array[3]	呼叫 STRSPLIT 函數時，加上關鍵字 /EXTRACT，將結果傳至變數 c。不同於變數 b，變數 c 是三個元素的字串向量，其內容為各分開副字串的內容 ['IDL', 'is', 'userful.']。
IDL> b = STRSPLIT(a, COUNT=d)	加上關鍵字 COUNT，將副字串的個數傳至變數 d，在這裡 d=3，變數 b 的內容仍然是各分開副字串的起始位置。

STRJOIN 函數實施字串的合併，其語法列在表 10.2.18 中，引數 String 為欲合併的字串，如果合併後的字串 Result 間需要有空白或特別符號，可由引數 Delimiter 定義，預設符號是空字串。

表 10.2.18 - STRJOIN 函數的語法

語法	說明
Result = STRJOIN(String [, Delimiter])	合併字串

範例：

IDL> e = STRJOIN(c) IDL> PRINT, e IDLisuseful.	呼叫 S T R J O I N 函數來合併上節使用 STRSPLIT 函數所產生的變數 c，其結果將傳至變數 e。所合併字串間的預設符號是空字串，所以變數 e 的內容為 'IDLisuseful.'。
IDL> f = STRJOIN(c, ' ') IDL> PRINT, f IDL is useful.	宣告引數 Delimiter 為空白符號，即宣告字串之間以空白隔開。呼叫 STRJOIN 函數後所得到的結果傳至變數 f，內容是 'IDL is useful.'。

10.2.10 字串的比較

字串的比較是有時需要使用的程式寫作技巧，可以確認所讀取到的字串是否正確。IDL 提供 STRCMP 和 STRMATCH 函數，可幫忙做字串的比較。表 10.2.19 列出 STRCMP 函數的語法，引數 String1 和 String2 是二個需要互相比較的字串，如果相同，變數 Result 是 1。引數 N 代表二個字串前 N 個字母的比較。

表 10.2.19 - STRCMP 函數的語法

語法	說明
Result = STRCMP(String1, String2 [, N])	比較二個字串

範例：

IDL> a1 = 'IDL' & a2 = 'IDl' IDL> b = STRCMP(a1, a2, 2)	設定字串 a1 和 a2 的內容，這二個字串的第三個字母的大小寫不同。當宣告引數 N 時，只比較前二個字母，結果是相同，變數 b 的內容為 1。
IDL> b = STRCMP(a1, a2)	因字母的大小寫不同，比較 a1 和 a2 的結果是不相同，回傳至變數 b 的結果是 0。
IDL> b = STRCMP(a1, a2, /FOLD_CASE)	如果宣告關鍵字 /FOLD_CASE，則比較 a1 和 a2 的結果是相同，回傳至變數 b 的結果是 1。

表 10.2.20 列出 STRMATCH 函數的語法，引數 String 是目標字串，引數 SearchString 是搜尋字串，與 STRCMP 函數不同的地方是允許通配字符（wild card）的使用。此二個函數都可使用關鍵字 /FOLD_CASE，在比較時會忽略字母的大小寫。如果字串符合，變數 Result 則回傳 1。

表 10.2.20 - STRMATCH 函數的語法

語法	說明
Result = STRMATCH(String, SearchString)	比較二個字串，可以在尋找字串中使用通配字符

範例：

IDL> a = ['hot', 'hub', 'Hat']	設定變數a的內容為三個類似的英文字串。
IDL> b = STRMATCH(a, 'h*t')	其中符號 * 是通配字符，任何字母都可滿足，但起頭字母必須是h，末尾字母必須是t，結果只有第一個字串滿足搜尋條件，變數b的內容是 [1, 0, 0]。
IDL> b = STRMATCH(a, 'h*t', /FOLD_CASE)	關鍵字 /FOLD_CASE的宣告讓第三個字串也滿足搜尋條件，所以變數b的內容是 [1, 0, 1]。

10.3 檔案路徑的處理

因PC windows 與 Unix、Linux 以及 Mac OS X平台所使用區隔目錄的符號不同，造成檔案路徑處理的困難，為解決問題，IDL 提供一些處理檔案路徑的函數，獨立於平台的選擇。

10.3.1 處理檔案路徑的函數

在 PC windows 平台上使用符號 「\」區隔路徑中目錄的不同層次，但在 Unix、Linux 以及 Mac OS X平台上使用「/」符號。程式中通常會宣告路徑來讀取或儲存檔案，當在一個程式中使用「\」符號來區隔路徑中不同目錄時，只能適用於windows 電腦平台，而不能適用於 Unix、Linux 以及 Mac OS X電腦平台。為解決檔案目錄的區隔符號問題，需要表10.3.1所列出的函數。

表10.3.1 - IDL處理檔案路徑的函數

函數	說明
FILEPATH(Filename , [ROOT_DIR=String] [, SUBDIRECTORY=String])	回傳特定檔案的路徑，Filename是特定檔案，關鍵字 SUBDIRECTORY設定子目錄的字串，關鍵字ROOT_DIR設定根目錄的字串
FILE_SEARCH(Path)	搜尋特定的檔案
FILE_TEST(Path)	查詢檔案是否存在
FILE_BASENAME(Path)	擷取路徑名稱的檔案名稱
FILE_DIRNAME(Path)	擷取路徑名稱的目錄名稱
PATH_SEP( )	查詢路徑中名稱間的區隔符號
DIALOG_PICKFILE()	啓動選檔對話框（pick file dialog）

範例：

IDL> filename = 'rose.jpg' IDL> subd = ['examples', 'data']	設定變數filename的內容。rose.jpg是在IDL系統的預設目錄下的examples的data目錄中的一個JPEG影像檔。

IDL> path = FILEPATH(filename, $ IDL>　　SUBDIRECTORY=subd) IDL> print, path /usr/local/itt/idl64/examples/data/rose.jpg	回傳 rose.jpg 的檔案路徑至變數 path。Unix、Linux 以及 Mac OS X 電腦平台中，各目錄之間的區隔是用「/」符號。而在 windows 平台中，區隔符號變成「\」符號。因 FILEPATH 函數的存在，程式可適用於不同的平台。
IDL> rootd = '/home/user' IDL> path = FILEPATH(filename, $ IDL>　　ROOT_DIR=rootd, $ IDL>　　SUBDIRECTORY=subd) IDL> print, path /home/user/examples/data/rose.jpg	當關鍵字 ROOT_DIR 是一個 '/home/user' 字串時，'/home/user/examples/data/rose.jpg' 是變數 path 的內容。
IDL> path = '/examples/data/rose.jpg' IDL> result = FILE_SEARCH(path)	路徑 path 的內容是 '/examples/data/rose.jpg'，如果有這個路徑時，變數 result 將會是完整的路徑名稱，否則是空字串。
IDL> result = FILE_TEST(path) IDL> PRINT, result 　　0	測試檔案完整路徑 path 是否存在？因 rose.jpg 不在目錄 /examples/data 中，FILE_TEST 函數回傳的結果為 0。
IDL> PRINT, FILE_BASENAME(path) rose.jpg	列印路徑 path 的檔案名稱，亦即路徑名稱的右邊部分。
IDL> PRINT, FILE_DIRNAME(path) /examples/data	列印路徑 path 的目錄名稱，亦即路徑名稱的左邊部分。
IDL> result = PATH_SEP( )	輸出路徑中名稱間的區隔符號至變數 result，在 Unix、Linux 以及 Mac OS X 平台上使用「/」符號，而在 Windows 平台是「\」符號。

在處理影像檔案時，需要檔案名稱和所在目錄，IDL 提供的 DIALOG_PICKFILE 函數可以幫忙選擇適當的檔案名稱和所在目錄，當執行此指令時，系統就會自動產生一個對話視窗，讀者即可在特定的欄位輸入或選擇適當的檔案名稱和所在目錄。最後按 OK 按鈕完成，系統則回傳完整的路徑至指定的變數。

範例：

IDL> path = !DIR	將系統檔案目錄的名稱置於變數 path 中，每台電腦的系統檔案的目錄可能不同，系統變數 !DIR 記錄著系統檔案目錄的名稱。

IDL> f = DIALOG_PICKFILE(PATH=path)

啟動檔案系統的對話視窗，如圖10.3.1所顯示，讀者可以點選任意檔案，變數f是所點選檔案的完整路徑。

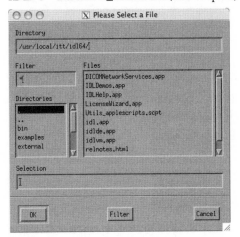

圖 10.3.1

10.3.2 通配字符

當處理檔案名稱時，如果要處理的檔案名稱不確定，則可以使用表10.3.2所列出的通配字符，例如符號「*」是代表所有可能的字串，而符號「?」是代表所有的字元，通配字符可以幫助尋找檔案名稱。

表 10.3.2 - 通配字符

符號	說明
*	符合所有可能的字串，包括空字串
?	符合所有的字元
{String1, String2, ...}	符合特定的字串，用大括號區隔
[Character1, Character2, ...]	符合特定的字元，用中括號區隔

範例：

IDL> CD, path

改變工作目錄至變數path所宣告的目錄。

IDL> result = FILE_SEARCH('*.pro')

如果沒宣告搜尋目錄名稱時，則搜尋現在工作目錄。當目前工作目錄有三個檔案a.pro、b.txt和ab.pro時，變數result得到的是一個內容為 'a.pro' 和 'ab.pro' 的字串向量。

IDL> result = FILE_SEARCH('?.pro')

因為通配字符變成「?」，變數result變成內容為單一元素的字串向量，其內容是 'a.pro'。

IDL> result = FILE_SEARCH('?.{pro, txt}')	因為通配字符內副檔名 txt 也在搜尋範圍內，變數 result 是一個內容為單一元素的字串向量，其內容是 'a.pro'。注意的是，如果字串 txt 之前沒有空格時，輸出結果是 'a.pro' 和 'b.txt'。
IDL> result = FILE_SEARCH('[a, b].*')	因為通配字符「*」包含所有的副檔名，變數 result 是一個內容為二個元素的字串向量，其內容是 'a.pro' 和 'b.txt'。注意的是，不像上例的字串 txt，字元 b 之前空格的存在與否並不會影響輸出結果。

10.3.3 IDL 與電腦系統連接的指令

　　表 10.3.3 列出一個能與電腦系統連接的 SPAWN 程序，可以暫時產生一個子過程來執行操作系統的指令，執行完畢後再回到 IDL 系統，其引數 Command 為電腦系統的指令，以字串輸入，執行的輸出結果會儲存到引數 Result 中。注意的是，本節的範例只適用於 Unix、Linux 以及 Mac OS X 電腦平台。

表 10.3.3 - 執行操作系統的指令

函數	功能
SPAWN [, Command [, Result]]	產生一個子過程來執行電腦系統的指令

範例：

IDL> SPAWN	不使用任何引數時，則暫時跳出 IDL 的提示符號「IDL>」，而回至系統的提示符號「$」，等所有的指令輸入完畢後，輸入離開操作系統的「EXIT」指令，即可回到 IDL 系統，繼續輸入 IDL 的指令。
IDL> SPAWN, 'ls' a.pro　b.pro	在提示符號「IDL>」上執行電腦系統的指令「ls」。如果目前的工作目錄下有二個檔案 a.pro 和 b.pro，則列印 'a.pro' 和 'b.pro' 字串至視窗上，亦即先暫時離開 IDL，指令執行後再回到 IDL 系統。
IDL> SPAWN, 'ls', list	在提示符號「IDL>」上執行電腦系統的指令「ls」，並將執行結果放置變數 list 中。如果目前的工作目錄下有二個檔案 a.pro 和 b.pro，則變數 list 是二個元素的字串向量，內容是 'a.pro' 和 'b.pro'。

第十一章 裝置環境的設定

本章簡介

　　裝置（device）是結果輸出的地方，指令從不同作業平台的視窗系統輸入，其執行結果除了可以從視窗輸出外，還可輸出至特定的檔案中或直接送至印表機列印。因此IDL提供裝置環境的設定指令，讀者可以依據工作需求來設定裝置環境，讓整個工作流程更平順且更流暢。

本章的學習目標

　　認識IDL的裝置環境
　　學習IDL繪圖視窗的操作指令
　　熟悉IDL設置繪圖裝置的方式

11.1 裝置環境的種類

　　表11.1.1列出IDL的裝置環境，包括繪圖視窗和檔案。IDL指令產生的圖形或文字可以直接傳至螢幕上的繪圖視窗中顯示或儲存至特定格式的檔案中，然後使用繪圖軟體讀取。當圖形儲存在檔案時，很容易執行後續的分發和傳送等工作。

表11.1.1 - IDL裝置環境的種類

種類	說明
繪圖視窗	顯示圖形的視窗
檔案	儲存圖形的檔案

11.2 繪圖視窗的操作

　　IDL具有資料處理和視覺化的功能，其處理過後的資訊和圖形，可以直接顯示在視窗上或輸出至特定檔案。在本節主要介紹繪圖視窗的設定，讓繪圖視窗的尺寸、位置以及顯示更符合工作的需求。

11.2.1 繪圖視窗的操作指令

　　表11.2.1列出控制繪圖視窗的指令，可以產生多重視窗、安排視窗位置、設定當前繪圖視窗、清除當前繪圖視窗上的圖形以及刪除無用的視窗。繪圖時，IDL系統會自動產生一個繪圖視窗，其編號為0，置放在視窗的右上角，相當於鍵入「WINDOW, 0」指令，不

輸入編號時的預設值為0。當要比較二張圖形時，可以使用WINDOW程序同時開啓二個繪圖視窗，分別繪製二張圖形，可方便地歸納二張圖形的異同，或者要顯示多重資訊時，不同視窗可顯示不同訊息，幫助管理者和任務操作者做決策。

表11.2.1 - IDL繪圖視窗的操作指令

指令	功能
WINDOW, num	開啟一個編號為num的繪圖視窗
WSET, num	當繪圖視窗有很多個時，設定當前繪圖視窗
WSHOW, num	當多個繪圖視窗重疊時，把編號為num的繪圖視窗顯示在最上層
WDELETE, num	刪除編號為num的繪圖視窗
ERASE	清除當前繪圖視窗上的圖形

範例：

IDL> WINDOW, 0 　　　　　　　開啟編號為0的繪圖視窗，此視窗出現在視窗的右上角。

IDL> WINDOW, 2 　　　　　　　開啟編號為2的繪圖視窗，此視窗出現在視窗的左上角，然後此視窗變成當前視窗，接續的繪圖指令所輸出的圖形會顯示到此視窗。

IDL> WINDOW, 1 　　　　　　　開啟編號為1的繪圖視窗，此視窗出現在視窗的右下角，然後此視窗變成當前視窗，接續的繪圖指令所輸出的圖形會顯示到此視窗。

IDL> WSET, 2 　　　　　　　　改變圖形的輸出至編號為2的繪圖視窗，亦即當前繪圖視窗。

IDL> WSHOW, 0 　　　　　　　當編號為0的繪圖視窗被其它繪圖視窗蓋住時，WSHOW程序可將此繪圖視窗提高至各個視窗的最上面。

IDL> WDELETE, 2 　　　　　　刪除編號為2的繪圖視窗，當前繪圖視窗會改變到編號為1的繪圖視窗。

IDL> PLOT, [0, 1] 　　　　　　繪製圖形至當前繪圖視窗，亦即編號為1的繪圖視窗，如圖11.2.1所顯示。

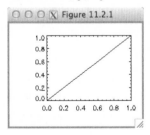

圖 11.2.1

IDL> ERASE

清除當前繪圖視窗上的圖形，留下空白的繪圖視窗，如圖11.2.2所顯示。

圖 11.2.2

11.2.2 WINDOW程序的關鍵字

表11.2.2列出WINDOW程序的關鍵字，讓讀者可以調整繪圖視窗的尺寸和位置。視窗的標題也可以透過關鍵字改變，以表示繪製視窗的屬性。當視窗上的內容被其它視窗覆蓋時，則可以透過關鍵字RETAIN改變。繪圖視窗的編號可以自己指定，也可以由系統指定，自己指定編號時，最多可以指定32個（0至31），但也可以使用關鍵字 /FREE，由系統來指定編號，編號從32開始，繪圖視窗的數目可以大為增加。

表11.2.2 - WINDOW程序的關鍵字

關鍵字	說明
/FREE	由系統指定編號，編號從32開始
RETAIN={0 | 1 | 2}	設定視窗上內容是否被其它視窗覆蓋狀況
TITLE=string	設定視窗的標題
XSIZE=value	設定輸出圖形寬度的大小
XPOS=value	設定圖形寬度的開始位置
YSIZE=value	設定輸出圖形高度的大小
YPOS=value	設定圖形高度的開始位置
/PIXMAP	將圖形畫至記憶體中

範例：

IDL> WINDOW, /FREE

開啟一個繪圖視窗，由系統自動指定編號，從32開始。同樣的指令再鍵入一次時，另外一個繪圖視窗開啟，編號為33，以此類推。

IDL> WINDOW, RETAIN=2

開啟一個編號為0的繪圖視窗。關鍵字RETAIN=2讓此視窗被其它視窗覆蓋後，內容能夠恢復，RETAIN=0則代表不能恢復，RETAIN=1則依賴螢幕系統提供的恢復功能。

IDL> WINDOW, TITLE='Window 0'	設定編號為 0 繪圖視窗的標題為 Window 0，以與其它繪圖視窗做區別。
IDL> WINDOW, XSIZE=216, YSIZE=162	改變繪圖視窗的尺寸至 216 × 162。繪圖視窗的預設尺寸是 640 × 512。
IDL> WINDOW, XPOS=200, YPOS=100	改變繪圖視窗的左下角位置至螢幕座標的 (200, 100) 位置。
IDL> WINDOW, 3, /PIXMAP	當宣告關鍵字 /PIXMAP 後，任何繪圖指令所繪製的圖形都會傳至記憶體中，不會繪製在視窗上。等到需要時，再從記憶體中呼叫出來。此功能在重複顯示圖形時，特別有效率，可以節省記憶體與硬碟傳遞的時間。從記憶體呼叫圖形時，則需要使用 DEVICE 指令中的 COPY 關鍵字，在第 11.3.3 節有範例介紹。

11.2.3 預設偏好設定的改變

　　IDL 裝置環境由偏好設定（preference）中的系統變數控制，當預設的裝置環境不會滿足讀者的工作需求時，讀者先需要使用「HELP, /PREFERENCES」指令查詢特定偏好設定的系統變數名稱 pref_name，才能用表 11.2.3 所列出的指令查詢和改變預設值 Value。當啟動 IDL 時，系統會自動改變設定值。關鍵字 /COMMIT 宣告立即改變偏好設定，而關鍵字 /DEFAULT 則回復預設值。

表 11.2.3 - 查詢和改變預設規則的指令

指令	說明
Value = PREF_GET(pref_name)	查詢特定偏好設定的內容
PREF_SET, pref_name, value	改變特定偏好設定的內容
PREF_SET, pref_name, value, /COMMIT	馬上改變特定偏好設定的內容
PREF_COMMIT	將已經預定好改變的偏好設定具體改變
PREF_SET, pref_name, /DEFAULT	回復偏好設定的預設值

範例：

IDL> var = 'IDL_GR_X_RETAIN'	IDL_GR_X_RETAIN 是控制視窗覆蓋情況的偏好設定名稱。注意的是，本節中的偏好設定名稱只適合 Unix、Linux 以及 Mac OS X 平台。在 Windows 平台上，偏好設定名稱上的「X」需要改成「WIN」，名稱的其它部分相同。所有的偏好設定名稱可由「HELP, /PREFERENCES」指令查詢。

| IDL> PRINT, PREF_GET(var) | 將 IDL_GR_X_RETAIN 的內容列印在視窗上。 |
| 1 | 注意的是,其預設內容會隨系統不同而不同。 |

IDL> PREF_SET, var, 2 　　　　　　　　將 IDL_GR_X_RETAIN 的內容改變為2,亦即視窗上的圖形被覆蓋後可以自動恢復。這時候的系統還沒實際改變 IDL_GR_X_RETAIN 的內容,處在暫存狀態,所以其值仍然是1。

IDL> PREF_SET, var, 2, /COMMIT 　　　如要馬上改變 IDL_GR_X_RETAIN 內容的設定,需要加上關鍵字 /COMMIT,系統會把此改變儲存在讀者的家目錄中。另一種改變的方式是把所有要改變的偏好設定預定好,然後再呼叫 PREF_COMMIT 程序來一起改變。

IDL> PRINT, PREF_GET(var) 　　　　　　將 IDL_GR_X_RETAIN 的內容列印在視窗上,
　　　　2 　　　　　　　　　　　　　　視窗的 RETAIN 值已經改變為2,下次啟動 IDL 時,系統會自動到家目錄取出,來改變偏好設定,讀者就不需要每次鍵入「DEVICE, RETAIN=2」指令來改變偏好設定。

IDL> PREF_SET, var, /DEFAULT, /COMMIT 　將 IDL_GR_X_RETAIN 的內容回復至預設值。注意的是,需加上關鍵字 /COMMIT,才能真正地改變設定值。

11.3 設置繪圖裝置的方式

　　繪圖裝置在IDL系統中,不是屬於硬體的裝置,而是圖形顯現的地方,包括螢幕上、記憶體中或檔案中,讀者可以任意改變繪圖裝置,讓圖形輸出至適當的位置。在本節中將介紹繪圖裝置的選項、改變以及查詢。

11.3.1 繪圖裝置的介紹

　　如表11.3.1所顯示,圖形可以繪製在不同的繪圖裝置,包括PC Windows的WIN裝置;Unix、Linux以及Mac OS X的X裝置;高解析度的後製格式(postscript format)的PS裝置;三維繪圖用的Z裝置。讀者可以依照工作需求,來決定繪圖裝置。

表11.3.1 - IDL 繪圖裝置的選項

選項	說明
X	X視窗系統
WIN	PC的Windows視窗系統
PS	高解析圖形輸出的後製格式
Z	記憶體的緩衝區(buffer)

11.3.2 繪圖裝置的改變

　　預設的繪圖裝置是依照電腦系統而定，如果是Windows系統，則是WIN裝置，如果是Unix、Linux以及Mac OS X系統，則是X裝置。欲改變繪圖裝置，則使用SET_PLOT程序，其語法列在表11.3.2中。

表11.3.2 - SET_PLOT程序的語法

語法	說明
SET_PLOT, Device	設定圖形輸出的裝置Device

範例：

IDL> SET_PLOT, 'PS'　　　　　　　　　　　　改變目前的繪圖裝置至後製裝置，改變後任何繪圖的輸出結果都會到所定義的檔案，螢幕上不會顯示任何圖形。後製格式是一種高品質的列印格式（file printing），為專業繪圖工作者常用格式之一。

IDL> SET_PLOT, 'X'　　　　　　　　　　　　如果電腦平台是Unix、Linux以及Mac OS X系統，輸入這個指令敘述後，則會讓繪圖裝置再度回到原來的X系統，以後的繪圖指令會把圖形輸出至X視窗上。如果此時的電腦平台是Windows系統，IDL系統則會顯示無此繪圖裝置的錯誤訊息。

IDL> SET_PLOT, 'WIN'　　　　　　　　　　　如果電腦平台是Windows系統，輸入這個指令敘述後，則會讓繪圖裝置再度回到原來的WIN系統，以後的任何繪圖指令都會把圖形輸出至Windows視窗上。如果此時的電腦平台是X視窗系統，IDL系統則顯示無此繪圖裝置的錯誤訊息。

IDL> SET_PLOT, 'Z'　　　　　　　　　　　　如果選項是Z繪圖裝置，所有圖形會畫在記憶體的緩衝區中，一般是應用在三維繪圖上，因為三維圖形直接畫在緩衝區的效率較好。畫完之後，再用TVRD函數一起擷取影像至一個二維變數，最後用TV程序把影像變數顯示在視窗上。注意的是，因目前的裝置是Z，如果要顯示影像至螢幕上，需要用SET_PLOT程序把原來的裝置設定回來，Windows系統選用WIN繪圖裝置，其它系統選用X繪圖裝置。

11.3.3 DEVICE 程序所常用的關鍵字

表 11.3.3 列出 DEVICE 程序所常用的關鍵字。注意的是，這些關鍵字並不是適用所有的繪圖裝置，例如關鍵字 RETAIN 是關於繪圖視窗的設定，適用在 WIN 和 X 裝置，但不適用在 PS 裝置。讀者可在線上查詢系統搜尋 DEVICE 各個關鍵字的適用範圍。

表 11.3.3 - DEVICE 程序所常用的關鍵字

關鍵字	說明
RETAIN=integer	設定視窗上內容被其它視窗覆蓋後的恢復狀況
DECOMPOSED=integer	設定螢幕的顏色的分解與否狀況
FILENAME=string	設定圖形輸出的檔案名稱
/CLOSE_FILE	關閉圖形輸出檔案
/COLOR	設定彩色的輸出
/PORTRAIT	直式輸出
/LANDSCAPE	橫式輸出
XSIZE=value	設定輸出圖形寬度的大小
XOFFSET=value	設定圖形寬度的平移位置
YSIZE=value	設定輸出圖形高度的大小
YOFFSET=value	設定圖形高度的平移位置
GET_SCREEN_SIZE=var	獲取電腦螢幕的解析度資訊
GET_VISUAL_DEPTH=var	獲取電腦螢幕的顏色深度資訊
GET_DECOMPOSED=var	獲取繪圖裝置的顏色分解模式資訊
COPY=array	呼叫記憶體中的圖形

範例：

IDL> DEVICE, RETAIN=2

設定所有視窗可以被覆蓋，移開後恢復原有的圖形或文字。與 WINDOW 程序的 RETAIN=2 不同處是，DEVICE 程序的影響是全域性，會影響所有的視窗。

IDL> DEVICE, FILENAME='name.ps'
IDL> PLOT, [0, 1]
IDL> DEVICE, /CLOSE_FILE

IDL> SET_PLOT, 'X'
或
IDL> SET_PLOT, 'WIN'

當使用「SET_PLOT, 'PS'」指令後，繪製的圖形會輸出到 idl.ps 檔案，不會輸出至視窗上。如果欲改變檔案的名稱，則使用關鍵字 FILENAME 來宣告。接著使用 PLOT 程序繪製圖形，所繪製的圖形會輸出檔案 name.ps，目前的工作目錄因此而多一個 name.ps 檔案。完成圖形輸出後，需要用關鍵字 /CLOSE_FILE 來結束。注意的是，完成圖形檔的建立後需要再使用 SET_PLOT 程序改變回原來的繪圖裝置，不同的電腦平台有不同的繪圖裝置。

IDL> DEVICE, DECOMPOSED=0	設定繪圖裝置採用不能分解的顏色模式，亦即色階模式，只能使用256個顏色。當此關鍵字設為1時，告訴系統採取全彩的顏色模式，總共有1千6百萬個顏色。
IDL> DEVICE, /COLOR	後製繪圖裝置的預設顏色是灰階，欲改變設定，則宣告COLOR關鍵字。
IDL> DEVICE, XSIZE=12.0, YSIZE=9.0	長度的預設單位是公分，這裡的設定代表繪圖區域的長為12公分，寬為9公分。當以公寸為單位時，必須宣告/INCHES關鍵字。注意的是，單位的設定只能適用在PS繪圖裝置。
IDL> DEVICE, XOFFSET=2, $ IDL> YOFFSET=1	設定圖形輸出的平移量，在X方向移動2公分，在Y方向移動1公分。預設的單位為公分，除非宣告/INCHES關鍵字。注意的是，XOFFSET和YOFFSET關鍵字只適用於PS繪圖裝置。
IDL> DEVICE, /LANDSCAPE	後製繪圖裝置的預設圖形配置是直式，欲改變至橫式，需關鍵字/LANDSCAPE。注意的是，使用此關鍵字時可能讓圖形繪製超出頁面，這時需要使用XOFFSET和YOFFSET關鍵字調回。若要改變回直式，則宣告關鍵字/PORTSTRAIT。
IDL> DEVICE, GET_SCREEN_SIZE=a	將電腦螢幕的尺寸儲存至變數a，此變數有二個元素，第一個記錄著螢幕寬度的像素數目，第二個記錄著螢幕高度的像素數目。寫作視窗使用界面程式時，有時需要知道螢幕的解析度，才能適當安排界面的顯現位置。
IDL> DEVICE, GET_VISUAL_DEPTH=b	將電腦螢幕的顏色深度資訊儲存至變數b，如果此變數的內容是8，代表螢幕的顏色是256色，如果此變數的內容是24，代表螢幕的顏色是全彩。
IDL> DEVICE, GET_DECOMPOSED=c	將目前繪圖裝置的顏色分解資訊傳至變數c，如果此變數的內容是1，代表顏色可以分解為紅綠藍，否則以色階模式繪圖。

```
IDL> a = [Xs, Ys, Nx, Ny, Xd, Ys, winID]
IDL> DEVICE, COPY=a
```

變數 a 的內容為七個元素的向量，winID 為由 WINDOW, /PIXMAP 在記憶體中所產生的繪圖視窗編號，(Xs, Ys) 為在此繪圖視窗中所截取長方形區域的左下角座標，(Nx, Ny) 為此長方形區域的大小，(Xd, Yd) 為目的視窗的左下角座標，指令執行後，系統會從記憶體的圖形截取一塊，繪製至目前的視窗上。因為是直接從記憶體截取，速度特別快，適合重複顯像的目的。

11.3.4 查詢繪圖裝置的資訊

繪圖裝置的設定由 !D 控制，其中的字母 D 代表 Device。表 11.3.4 列出 !D 結構中的常用標籤。讀者可以使用 PRINT 或 HELP 程序查詢系統變數的內容或欄位。若要查詢 !D 的欄位名稱，則鍵入「HELP, !D, /STRUCTURE」指令，若要查詢 !D 的內容，則鍵入「PRINT, !D」指令。有些系統變數內欄位的內容是 0，代表系統變數的預設值或目前未使用。注意的是，!D 系統變數不能直接被改變，必須依賴其它指令的執行來改變。

表 11.3.4 - IDL 的系統變數 !D 結構中的常用標籤

標籤	說明
!D.NAME	記錄裝置名稱
!D.X_VSIZE	記錄繪圖視窗 X 方向的可視長度（visible length）
!D.Y_VSIZE	記錄繪圖視窗 Y 方向的可視長度
!D.X_CH_SIZE	記錄字形 X 方向的寬度（width）
!D.Y_CH_SIZE	記錄字形 Y 方向的高度（height）
!D.N_COLORS	記錄可允許顏色的數目
!D.TABLE_SIZE	記錄顏色表的下標數目
!D.WINDOW	記錄繪圖視窗編號

範例：

```
IDL> mydevice = !D.NAME
```

系統變數 !D.NAME 是記錄目前的繪圖裝置，如果是 Unix 相關的電腦平台，變數 mydevice 是 X，如果是 Windows 電腦平台，變數 mydevice 是 WIN。這時如果用 SET_PLOT 程序改變目前的繪圖裝置至後製裝置，則系統變數 !D.NAME 的內容變成 PS。注意的是，必須使用「SET_PLOT, mydevice」指令才能改變回原先的繪圖裝置。

IDL> PRINT, !D.X_VSIZE, !D.Y_VSIZE
     640   512

繪圖視窗的預設尺寸是 640 × 512，所以列印出來的變數值是 640 和 512。這時如果用 WINDOW 程序改變視窗的尺寸至 216 × 162，則列印出來的變數值是 216 和 162。

IDL> PRINT, !D. X _CH_SIZE, \$
IDL>   !D.Y_CH_SIZE
    6   9

列印字形的寬度和高度，預設值分別是 6 和 9 個像素。如果改變字型，則此字形的寬度和高度可能也會隨著改變。

IDL> mycolor = !D.N_COLORS

系統變數 !D.N_COLORS 儲存可允許顏色的數目，其數目可以轉儲存至變數 mycolor 中。當顏色模式是色階模式時，變數 mycolor 的內容是 256 或少於 256，如果是全彩模式時，變數 mycolor 的內容是 1677216。

IDL> PRINT, !D.TABLE_SIZE
    256

列印可允許顏色表單的下標數目，在全彩模式下，總是 256 個，但在色階模式下，顏色數目可能會少於 256 個。

IDL> winID = !D.WINDOW

將目前的繪圖視窗編號儲存至變數 winID，暫時離開目前的繪圖視窗後，可以透過 WSET 程序以指定 winID 的方式回復。

第十二章 顏色的運用

本章簡介

　　顏色（color）基本上可以由三原色依照不同比例混合。當顏色被數位化時，讀者可以任意調整顏色。電腦螢幕的顏色一般是以三原色模式來表示，但在印刷方面，是採取CMYK顏色模式。IDL支援不同的顏色模式且提供不同顏色模式間轉換的指令，以滿足不同的工作要求。

本章的學習目標

　　　認識IDL設立顏色的方式
　　　熟悉IDL設置顏色表單的方式
　　　學習IDL轉換顏色模式的方法

12.1 顏色的電腦表示法

　　電腦用數字來代表顏色的種類，亦即不同的數字代表不同的顏色。顏色分全彩模式和色階模式，全彩模式由紅綠藍混合而成，每種顏色允許256個強度（[0, 255]），所以總共可以混合1千6百萬種顏色。在色階模式之下可以定義256個，下標範圍是 [0, 255]，每一個下標可以設定任何顏色，這256種顏色的組成就是一個顏色表單。

12.1.1 電腦的十六進位表示式

　　數字一般是以十進位表示，亦即以10為基底，位數是0至9，超過9就會進到下一位，同樣地，十六進位是以16為基底，因為阿拉伯數字的限制，十六進位用A代表10，B代表11，以此類推，最後用F代表15。十進位的數字可以轉換成十六進位，也可以反方向轉換，例如十進位的255等於十六進位的FF，十六進位的80等於十進位的128。

12.1.2 IDL十六進位的實施

　　表12.1.1列出IDL建立十六進位純量的方式，先用二個引號把數字包夾，然後在第二個引號後加上X，代表十六進位（heXadecimal）。依照不同資料型態，需在字母X加上不同字母，B代表Byte；U代表Unsigned；UL代表Unsigned Long；LL代表double Long；ULL代表Unsigned double Long。

表 12.1.1 - IDL 建立十六進位純量的方式

資料型態	方式
短整數	x = '1'XB
整數	x = '1'X
無號整數	x = '1'XU
長整數	x = '1'XL
無號長整數	x = '1'XUL
64 位元長整數	x = '1'XLL
64 位元無號長整數	x = '1'XULL

範例：

IDL> x = 'FF'X   設定變數 x 的數值為十六進位的 FF。

IDL> PRINT, x   列印變數 x 的數值至視窗上，十六進位的 FF 等於
　　255   十進位的 256。

IDL> PRINT, '80'X   列印十六進位的 80 至視窗上，結果是十進位的
　　128   128。

12.1.3 IDL 支援的顏色模式

　　表 12.1.2 列出市面上常用的顏色模式，其中 YMCK 模式是用在印刷應用上。IDL 主要是使用 RGB 模式，以紅綠藍三種顏色來混合，IDL 系統提供可以從 RGB 轉換至 HLS 或 HSV 顏色模式的指令。

表 12.1.2 - 顏色的模式

模式	說明
RGB (Red, Green, Blue)	三原色模式
YMCK (Yellow, Magenta, Cyan, Black)	印刷模式（黃色、紅紫色、藍綠色、黑色）
HLS (Hue, Lightness, Saturation)	色相模式
HSV (Hue, Saturation, Value)	色相模式

12.1.4 IDL 顏色實施的具體方式

　　如表 12.1.3 所顯示，IDL 顏色的實施在全彩模式和色階模式不同，區別在於顏色表示格式的不同。色階模式的數字允許的範圍是 [0, 255]，每一個數字代表不同的顏色，需要自己事先定義，但 IDL 提供已經定義好的顏色表單，方便讀者呼叫。在全彩模式中，紅綠藍的混合構成真實色彩，每個顏色佔據二個字母，範圍是從 0 至 FF（十六進位），代表 0 至 255（十進位），控制顏色的強弱（0 最小），最左二個字母控制藍色的強度，中間二個字母控制綠色的強度，最右二個字母控制紅色的強度，所以十六進位的 FFFFFF 代表各

用紅綠藍最強的顏色去混合，得到的是白色。注意的是，當使用色階模式時，繪圖不需要做顏色分解（color decomposition），設置的方式是鍵入「DEVICE, DECOMPOSED=0」指令，當使用全彩模式時，需將關鍵字DECOMPOSED設為1，否則顏色顯示將不如預期。

表 12.1.3 - 顏色的實施

設定方式	說明
COLOR=index	色階模式的顏色設定，最多256個顏色
COLOR='FFFFFF'X	全彩模式的顏色設定，允許1千6百萬個顏色

範例：

IDL> DEVICE, DECOMPOSED=0
IDL> PLOT, [0, 1], COLOR=150

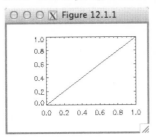

圖 12.1.1

先設定關鍵字DECOMPOSED為0，把繪圖裝置的顏色分解功能解除，然後繪製連線，設定繪圖線條的顏色強度為150。因預設顏色表單是黑白系列，數值100代表其中一個灰色，如圖12.1.1所顯示。注意的是，數值越大代表越白，數值越小代表越黑。

IDL> DEVICE, DECOMPOSED=1
IDL> PLOT, [0, 1], COLOR='FF00FF'X, $
IDL>   BACKGROUND='FFFFFF'X

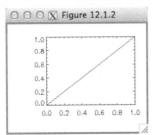

圖 12.1.2 （原圖為彩色）

當使用全彩模式時，需要先設定DEVICE程序的關鍵字DECOMPOSED為1，把繪圖裝置的顏色分解功能啟動。十六進位的FFFFFF代表白色，FF00FF代表紅色和藍色的混合，成為紅紫色。繪圖時，背景使用白色，線條使用紅紫色，如圖12.1.2所顯示。

12.2 顏色表單的設置

　　顏色表單是一序列的顏色所組成，一般是包含256個顏色，也可以少於256個。IDL提供LOADCT程序，讓讀者上載IDL系統已經定義好的顏色表單。如果讀者不喜歡這些顏色表單，IDL也提供TVLCT程序，讓讀者自己來定義顏色表單。

12.2.1 LOADCT程序

　　IDL系統已經事先定義41個顏色表單,每個顏色表單有自己的編號,0至40,讀者可依編號選用。表12.2.1顯示呼叫顏色表單的指令及其語法。如果沒輸入編號,則自動上載編號為0的線性黑白系列顏色表單。LOADCT程序是在色階模式下運作,所以在繪圖裝置上,必須先鍵入「DEVICE, DECOMPOSED=0」指令。

表12.2.1 - LOADCT程序的語法

程序	說明
LOADCT, Number	上載已預設的顏色表單至系統,引數Number為表單編號

範例:

```
IDL> LOADCT, 13
%LOADCT: Loading table RAINBOW
```
上載第13號顏色表單,其色系是彩虹系列。

```
IDL> LOADCT, 0
%LOADCT: Loading table B-W LINEAR
```
當要回復原來的黑白系列的顏色表單,則再執行一次LOADCT程序,但選擇編號0。

12.2.2 LOADCT程序的關鍵字

　　表12.2.2列出LOADCT程序的關鍵字,這些關鍵字可協助讀者運用已經定義的顏色表單來組合一個特定的顏色表單,例如前面的128個顏色用編號為13的顏色表單,後面的128個顏色用編號為32的顏色表單。

表12.2.2 - LOADCT程序的關鍵字

關鍵字	說明
BOTTOM=value	宣告第一個顏色的下標值
NCOLORS=value	宣告顏色的數目
RGB_TABLE=variable	上載已預設的顏色表單至變數

範例:

```
IDL> LOADCT, 13, NCOLORS=128
%LOADCT: Loading table RAINBOW
```
從第13號的顏色表單中上載128個顏色,然後把這些顏色放置在預設的黑白系列顏色表單中,從顏色下標值為0的位置放起,結束在顏色下標值為127的位置,所以前面128個顏色是彩虹系列,後面的128個顏色是預設值的黑白系列。

```
IDL> LOADCT, 32, BOTTOM=128
%LOADCT: Loading table Plasma
```
把顏色表單中,從下標值為128的位置開始,置放編號為32的電漿系列顏色,原來的黑白系列的顏色就被新顏色取代了。

IDL> z = BYTSCL(DIST(216, 162))	建立一個隨距離有關的矩陣,然後將此矩陣內的數值調整至 [0, 255] 之間且存入變數 z。
IDL> WINDOW, XSIZE=216, YSIZE=162	開啟一個 216 × 162 的視窗。
IDL> TV, z	利用系統上調整過的顏色表單依照變數 z 內的數值顯示影像 z 的顏色,如圖 12.2.1 所顯示。

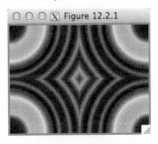

圖 12.2.1 (原圖為彩色)

IDL> LOADCT, 13, RGB_TABLE=rgb	將編號為 13 的彩虹系列顏色表單存入變數 rgb 中,而不是上載至系統中。
IDL> HELP, rgb RGB BYTE = Array[256, 3]	變數 rgb 是個資料型態為短整數的矩陣,其維度是 256 × 3。
IDL> TVLCT, rgb	變數 rgb 為顏色表單,透過 TVLCT 程序,上載表單上的顏色至系統。
IDL> TV, z	把影像 z 顯示在視窗上,如圖 12.2.2 所顯示。所使用的顏色表單是第 13 號。

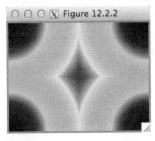

圖 12.2.2

12.2.3 TVLCT 程序

除了使用預設的顏色表單外,讀者可以運用表 12.2.3 列出的 TVLCT 程序自己調配顏色表單或呼叫已經存入變數的顏色表單。TVLCT 程序是在色階模式下運作,所以在繪圖裝置上,必須先鍵入「DEVICE, DECOMPOSED=0」指令。

表 12.2.3 - TVLCT 程序的語法

程序	說明
TVLCT, v1, v2, v3 [, Start] 或 TVLCT, v [, Start]	從變數上載成顏色表單。引數 Start 代表顏色表單中第一個顏色的下標值，v1、v2、v3 是向量，v 是矩陣，第二維度是 3

範例：

```
IDL> red = [255, 0, 0, 255]
IDL> green = [0, 255, 0, 255]
IDL> blue = [0, 0, 255, 255]
IDL> TVLCT, red, green, blue, 1
```

定義三個原色向量，各個向量中元素的數值分別表示三原色的強度，來混合四種顏色，第一個顏色是由每個向量的第一個元素所混合，紅的數值是 255，綠的數值是 0，藍的數值是 0，所以組成紅色；第二個顏色是由每個向量的第二個元素所構成的綠色；以此類推至第四個元素的白色。從變數 red、green 和 blue 輸入顏色表單至系統。顏色下標值從 1 開始，所以下標值為 1 是紅色，下標值為 2 是綠色，下標值為 3 是藍色，下標值為 4 是白色。下標值為 0 或大於 4 則是原來的預設顏色。

```
IDL> theta = FINDGEN(401)
IDL> y1 = SIN(theta * !DTOR)
IDL> y2 = FLTARR(401)
IDL> y3 = COS(theta * !DTOR)
```

建立變數 y1、y2 和 y3，代表不同的曲線或直線。其中系統變數 !DTOR 是角度轉徑度的常數。

```
IDL> PLOT, theta, y1, /NODATA
IDL> OPLOT, theta, y1, COLOR=1
IDL> OPLOT, theta, y2, COLOR=2
IDL> OPLOT, theta, y3, COLOR=3
```

在這個範例中，示範如何繪製三條不同顏色的線條。第一條線是紅色，使用的顏色下標值是 1，第二條線是綠色，使用的顏色下標值是 2，第三條線是藍色，使用的顏色下標值是 3。先用程序 PLOT 的關鍵字 NODATA 畫出黑色的畫框，且建立視窗的資料系統，然後再用程序 OPLOT 的關鍵字 COLOR 設定各線條的顏色，如圖 12.2.3 所顯示。注意的是，如果在使用程序 PLOT 時，同時宣告關鍵字 COLOR=1，則畫框也會變成紅色。

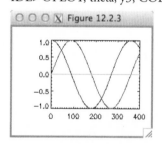

圖 12.2.3（原圖是彩色）

12.2.4　TVLCT 程序的關鍵字

　　表 12.2.4 列出一些關鍵字，可用來延伸 TVLCT 程序的功能。此程序可以透過關鍵字 GET 的運用，把系統的已經上載的顏色表單下載至三個變數中。

表 12.2.4 - TVLCT 程序的關鍵字

關鍵字	說明
/GET	下載顏色表單至三個變數，預設系統是 RGB（紅綠藍）
/HLS	Hue、Lightness、Saturation 顏色系統
/HSV	Hue、Saturation、Value 顏色系統

範例：

IDL> TVLCT, r, g, b, /GET	將系統上的顏色表單存入三個 RGB 的變數。
IDL> TVLCT, h, l, s, /GET, /HLS	將系統上的顏色表單存入三個 HLS 的變數。
IDL> TVLCT, h, s, v, /GET, /HLS	將系統上的顏色表單存入三個 HSV 的變數。

12.2.5 STRETCH 程序的用法

表 12.2.5 所列出的 STRETCH 程序可以用來伸展（stretch）顏色表單中的顏色分布，使得在 [Low, High] 之間的下標值，涵蓋整個顏色表單的色系，但高於此 High 下標值的顏色會變成最大下標值所代表的顏色，低於此 Low 下標值的顏色會變成最小下標值所代表的顏色。此程序執行後，可以增加部分影像的對比（contrast）。

表 12.2.5 - SRETCH 程序的語法

程序	說明
STRETCH, Low, High	延伸顏色表單

範例：

IDL> a = BYTSCL(DIST(216))	產生一個內容落在 [0, 255] 範圍的變數 a。
IDL> DEVICE, DECOMPOSED=0 IDL> WINDOW, XSIZE=216, YSIZE=216	改變繪圖裝置為色階模式，然後開啟一個 216 × 216 的視窗。
IDL> TV, a	在視窗上繪製影像 a，如圖 12.2.4 所顯示。

圖 12.2.4

IDL> STRETCH, 100, 200　　　　　　　延伸 [100, 200] 之間的顏色表單。

IDL> TV, a　　　　　　　　　　　　　使用修正後的顏色表單顯示影像，結果是大於下
標值200的顏色變成下標值為256的白色，小於下
標值100的顏色變成下標值為0的黑色，下標為
100和200 之間的顏色對比增加，如圖12.2.5所顯
示。

圖 12.2.5

12.3　顏色模式的轉換

顏色模式包括RGB、HLS和HSV系統。全彩模式可以轉換至色階模式，轉換後顏色
可能會失真，好處是影像檔的尺寸變為原來的1/3。注意的是，色階模式不能轉換至全彩
模式。

12.3.1　COLOR_QUAN程序的語法

全彩模式轉換至色階模式的工作可由COLOR_QUAN程序執行，表12.3.1列出此程序
的語法，有二種方式可以實施，第二種方法得到的影像品質較優，雖然如此，直接顯示全
彩影像的品質會更好。全彩影像的變數可以是三維的 Image 或是二維的 Image_R、Image_G
和Image_B，轉換至色階影像後變成一維的R、G和B向量。

表 12.3.1 - COLOR_QUAN 程序的語法

語法	說明
Result = COLOR_QUAN(Image_R, Image_G, Image_B, R, G, B) 或 Result = COLOR_QUAN(Image, Dim, R, G, B)	轉換全彩影像至色階影像 Result

範例：

IDL> subdir = ['examples', 'data']　　　　此 FILEPATH 函數回傳rose.jpg的完整檔案路徑至
IDL> path = FILEPATH('rose.jpg', $　　　變數 path。讀取 rose.jpg 檔的全彩影像至變數
IDL>　　　SUBDIRECTORY=subdir)　　　image，其顏色交織維度在第一維。
IDL> READ_JPEG, path, image

IDL> WINDOW, XSIZE=227, YSIZE=149　　開啟一個227 × 149的視窗，做為顯示影像之用。
IDL> image_r = REFORM(image[0, *, *])　　把影像image的三個顏色頻道切割成變數 image_r
IDL> image_g = REFORM(image[1, *, *])　　、image_g和image_b，切割的結果會讓第一個維
IDL> image_b = REFORM(image[2, *, *])　　度變成 1，保留並沒有太大意義，所以用
REFORM函數將這一個維度去掉。

IDL> image2 = COLOR_QUAN(image_r, $ IDL> image_g, image_b, r2, g2, b2)	轉換全彩影像的三個頻道變數至色階影像image2和三原色變數r2、g2和b2。

IDL> TVLCT, r2, g2, b2 IDL> TV, image2	把變數r2、g2和b2代表的顏色表單上載至IDL的顏色系統，然後顯示影像變數image2至視窗上，系統會根據已經上載的顏色表單顯示影像，如圖12.3.1。

圖12.3.1（原圖為彩色）

IDL> image3 = COLOR_QUAN(image, $ IDL> 1, r3, g3, b3)	使用另外一種方法進行顏色轉換，全彩影像image的顏色交織的維度是1，轉換後把色階影像image3和紅綠藍的顏色變數r3、g3和b3傳回。

IDL> TVLCT, r3, g3, b3 IDL> TV, image3	把變數r3、g3和b3代表的顏色表單上載至IDL的顏色系統。顯示影像變數image3至視窗上，系統會根據已經上載的顏色表單顯示影像，如圖12.3.2。

圖12.3.2（原圖為彩色）

12.3.2 COLOR_QUAN 程序的關鍵字

表12.3.2列出COLOR_QUAN程序的關鍵字COLORS，定義從全彩影像轉換至色階影像後的顏色數目，預設數目是256種顏色，最少是2種顏色，色階數目越少，影像的對比減少，因此影像的品質越差。

表12.3.2 - COLOR_QUAN程序的關鍵字

關鍵字	說明
COLORS	輸出的顏色數目，最少是2，最多是系統中可用的顏色數目

範例：

IDL> image4 = COLOR_QUAN(image, 1, $
IDL>   r4, g4, b4, COLORS=64)

全彩影像 image 的顏色交織的維度是 1，轉換至色階影像 image4 和紅綠藍的顏色變數 r4、g4 和 b4。因使用關鍵字 COLORS 設定顏色數目為 64，故只有轉換成 64 種顏色。

IDL> TVLCT, r4, g4, b4
IDL> WINDOW, XSIZE=227, YSIZE=149
IDL> TV, image4

把變數 r4、g4 和 b4 代表的顏色表單上載至 IDL 的顏色系統。開啟一個 227 × 149 的視窗，以顯示影像變數 image4 至視窗上，如圖 12.3.3 所顯示。

圖 12.3.3（原圖為彩色）

第十三章 字體的選擇

本章簡介

　　字體（font）是文字、數字和符號的樣式，其尺寸可以任意改變。傳統的字體是硬字體（hardware font），類似打字機上的字體，樣式較美觀漂亮，但不容易在三維空間做變換。現代電腦常用的向量字體（vector font）具有靈活性，其尺寸、位置以及指向可以任意改變。IDL 提供一些改變字體樣式、位置以及尺寸的指令，讓圖形的標示更清楚且美觀。

本章的學習目標

　　認識 IDL 建立八進位純量的方式
　　熟悉 IDL 設定字體的方式
　　學習 IDL 改變字形位置的指令

13.1　文字的電腦表示法

　　電腦用數字來代表文字中的字母或符號，所以事先需要定義一些轉換表，讓不同數字代表不同字母或符號，例如數字 65 代表字母 A，數字 35 代表符號 #。比較特別的地方，數字也可以被當成文字來表示，例如文字 2 是由數字 50 來代表，當電腦讀到數字 50，立即透過文字轉換表得知是文字 2。注意的是，這些文字式數字的資料型態必須為短整數。

13.1.1　電腦的八進位表示式

　　數字一般是以十進位表示，亦即以 10 為基底，位數是 0 至 9，超過 9 就會進到下一位，同樣地，八進位是以 8 為基底，超過 8 就會進一位。十進位的數字可以轉換成八進位，也可以反方向轉換，例如十進位的 255 等於八進位的 377，八進位的 200 等於十進位的 128。

13.1.2　IDL 電腦八進位的實施

　　表 13.1.1 列出 IDL 建立八進位純量的方式，共有二種，第一種是在數字之前加上雙引號，第二種是先用引號把數字包夾，然後在第二個引號後加上 O，代表八進位（Octal）。依照不同資料型態，需在字母 O 加上不同字母，B 代表 Byte；U 代表 Unsigned；UL 代表 Unsigned Long；LL 代表 Double Long；ULL 代表 Unsigned Double Long。IDL 的文字轉換表以八進位表示。

表 13.1.1 - IDL 建立八進位純量的方式

資料型態	方式
短整數	x = "1B 或 '1'OB
整數	x = "1 或 '1'O
無號整數	x = "1U 或 '1'OU
長整數	x = "1L 或 '1'OL
無號長整數	x = "1UL 或 '1'OUL
64 位元長整數	x = "1LL 或 '1'OLL
64 位元無號長整數	x = "1ULL 或 '1'OULL

範例：

IDL> x = '377'O   設定變數 x 的數值為八進位的 377。

IDL> PRINT, x   列印變數 x 的數值至視窗上，八進位的 377 等於十
        255   進位的 255。

IDL> PRINT, "200   列印八進位的 200 至視窗上，結果是十進位的
        128   128。

13.2 字體的種類

　　一般來說，字體可分為向量字體和硬字體，硬字體就像早期的打字機字體或印刷排版的字體，形狀固定，不適合旋轉變換，向量字體是在電腦時期發展的字體，形狀彈性，適合三維的旋轉和變換。字體在形狀方面，允許多樣變化，可以是細體、粗體以及斜體等字形。

13.2.1 IDL 支援的字體

　　IDL 支援三種字體，赫希（Hershey）、真型（TrueType）以及裝置（Device）字體，其中裝置字體是硬字體或由軟體產生，形狀固定，而赫希字體和真型字體是向量字體，允許多樣變化，詳細的說明列在表 13.2.1 中，讀者可以依照工作需求或個人喜好，選擇適當的字體。

表 13.2.1 - IDL 支援的字體

字體	說明
Hershey	向量字體的繪製過程中，使用線填滿字體，可在三維空間改變尺度或旋轉，此為預設字體

TrueType	相對高解析度的向量字體。在繪製過程中，先根據字體大小來決定邊界的頂點，再用三角化演算法決定一系列的多面形，最後填滿這些多面形來組成字體，可在三維空間改變尺度或旋轉
Device	硬字體也是由軟體產生，可為普通視窗用字體或高解析度後製（Postscript）字體，不適合在三維轉換使用，此為內建字體

13.2.2 IDL 字體的選項

IDL 字體的選擇，由系統變數 !P.FONT 或繪圖指令的關鍵字 FONT 設置，表13.2.2列出 !P.FONT 和 FONT 的選項，預設值是 –1，代表 Hershey 字體；0 代表 Device 字體；1 代表 TrueType 字體。其中 !P.FONT 全面地設定字體的改變，但指令中的 FONT 只設定目前指令所標示的字體。

表13.2.2 - !P.FONT 和 FONT 的選項

選項	說明
–1	Hershey 字體，此為預設值
0	Device 字體，Postscript 字體是其中一種
1	TrueType 字體

範例：

IDL> !P.FONT = 0　　　　　　　　　　　　全面設定字體的種類為 Device 字體，後續指令敘述所標示的文字都為 Device 字體。

IDL> PLOT, [0, 1], TITLE='Test', FONT=1　只在這個指令敘述中使用 TrueType 字體來標示標題 Test，結束後回到原來的字體。

13.2.3 IDL 字形的改變

選擇字體的種類之後，讀者可以依照工作需求選擇細體、粗體以及斜體等字形，表13.2.3列出字形的代碼，同樣的代碼在不同字體選項下，代表不同的字形，例如預設值的代碼為 !3，如果選用 Hershey 字體，則是 Simplex Roman 字形，但如果選用 TrueType 和 Device 字體，則是 Helvetica 字形。設定數學符號方面，可以選擇代碼 !7 或 !9。

表13.2.3 - IDL的字形型態碼（font type code）

代碼	Hershey 字體	TrueType 字體	Device 字體
!3	Simplex Roman (default)	Helvetica	Helvetica
!4	Simplex Greek	Helvetica Bold	Helvetica Bold
!5	Duplex Roman	Helvetica Italic	Helvetica Narrow

!6	Complex Roman	Helvetica Bold Italic	Helvetica Narrow Bold Oblique
!7	Complex Greek	Times	Times Roman
!8	Complex Italic	Times Italic	Times Bold Italic
!9	Math/special characters	Symbol	Symbol
!M	Math/special characters	Symbol	Symbol
!10	Special characters	Symbol *	Zapf Dingbats
!11 (!G)	Gothic English	Courier	Courier
!12 (!W)	Simplex Script	Courier Italic	Courier Oblique
!13	Complex Script	Courier Bold	Palatino
!14	Gothic Italian	Courier Bold Italic	Palatino Italic
!15	Gothic German	Times Bold	Palatino Bold
!16	Cyrillic	Times Bold Italic	Palatino Bold Italic
!17	Triplex Roman	Helvetica *	Avant Garde Book
!18	Triplex Italic	Helvetica *	New Century Schoolbook
!19		Helvetica *	New Century Schoolbook Bold
!20	Miscellaneous	Helvetica *	Undefined User Font
!X	返回原來的字體	返回原來的字體	返回原來的字體

標示「*」符號的字體，代表在未來的IDL版本中可能會改變

範例：

```
IDL> a = '!3My Plot (Hershey)'
IDL> b = '!3My Plot (TrueType)'
IDL> c = '!3My Plot (Device)'
```
設定變數a、b和c的內容。

```
IDL> PLOT, [0, 1], /NODATA
```
先使用PLOT程序建立資料座標系統，關鍵字/NODATA宣告不畫資料線。

```
IDL> XYOUTS, 0.1, 0.8, a, FONT=-1
IDL> XYOUTS, 0.1, 0.5, b, FONT=1
IDL> XYOUTS, 0.1, 0.2, c, FONT=0
```
使用XYOUTS程序的關鍵字FONT宣告不同字體，其中以Device字體看起來最美觀，而TrueType字體看起來殘缺不全，如圖13.2.1所顯示，但如果把圖畫在Postscript檔案時，TrueType字體殘缺不全的問題就會自然解決。關於postscript檔案的建立，讀者可參考第11章。

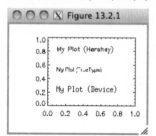

圖 13.2.1

13.2.4 IDL 設定 Device 和 TrueType 字體的方式

IDL的預設字體是Hershey字體，如果要改變至Device或TrueType字體，則需要使用DEVICE程序下的關鍵字SET_FONT來改變，如表13.2.4所顯示，不能只是改變字體的選項，也必須設定字形。TrueType字體中的字形在不同電腦平台下使用相同的英文名稱，讀者可以至IDL主要系統目錄的resource/fonts/tt目錄的ttfont.map檔查詢字形的英文名稱。注意的是，宣告時必須使用完全相同的英文名稱，否則會發生錯誤。對於Device字體中的字形，不同的電腦平台有不同的英文名稱，宣告時必須使用完全相同的英文名稱。在Unix電腦平台上，讀者可以在操作系統的提示符號「$」下，鍵入「xlsfonts」指令，即可列出系統下Device字體中的所有字形。在Windows電腦平台上，GARAMOND是常用字形的英文名稱，後面再搭配字形的種類和大小，以符號 * 串聯，例如GARAMOND*ITALIC*24。讀者可參閱線上查詢系統，以獲得更多字形的資訊。

表 13.2.4 - DEVICE 中設置字體的關鍵字

關鍵字	說明
SET_FONT	設置Device和TrueType字體所需的關鍵字。如果是設置TrueType字體，則需要多加上 /TT_FONT關鍵字

範例：

IDL> type1 = 'Helvetica Bold' IDL> DEVICE, SET_FONT=type1, /TT_FONT	設定TrueType字體為Helvetica的粗字形，必須要加上 /TT_FONT關鍵字，變數type1記錄著字形名稱範例，其它TrueType字體的英文名稱可至IDL主要系統目錄的resource/fonts/tt目錄的ttfont.map檔查詢。
IDL> DEVICE, GET_FONTNAME=fname, $ IDL>　　SET_FONT='*'	在Windows電腦平台中查詢可用的TrueType字體，其名稱儲存至變數fname中，然後列印變數fname。
IDL> DEVICE, SET_FONT='9x15'	設定裝置字體為9x15字形，此為Unix、Linux以及Mac OS X電腦平台的字形名稱範例，其它Device字體的英文名稱可鍵入「xlsfonts」指令查詢。
IDL> type2 = 'GARAMOND*ITALIC*24' IDL> DEVICE, SET_FONT=type2	設定裝置字體為GARAMOND*ITALIC*24字形，此為Windows電腦平台的字形名稱範例，取名方式的詳細資訊可參閱IDL的線上查詢系統，以「Device Fonts」關鍵字搜尋。

13.2.5 向量字形對照表的產生

IDL產生字形對照表程序的語法列在表13.2.5中，引數包含字形編號Font和名稱

Name。注意的是，SHOWFONT程序只適用向量字體（Hershey和TrueType字體），使用TrueType字體時需要加上 /TT_FONT關鍵字，例如鍵入「SHOWFONT, 'Times', 'Times', /TT_FONT」指令來顯示Times字形對照表。

表13.2.5 - SHOWFONT 函數的語法

語法	說明
SHOWFONT, Font, Name	列出各種向量字體的字形對照表

範例：

IDL> SHOWFONT, 3, 'Simplex Roman'　　　　　　　　列出代碼 !3的 Simplex Roman 字形對照表，如圖 13.2.2所顯示。

　　圖13.2.2所列出的字形對照表是以八進位表示，其代表的八進位數字由最左行的數字乘以10加上最上方的數字，例如字母A的位置在對照表的第三行第三列，它的八進位數字是 $10 \times 10 + 1 = 101$，相當於十進位的65。符號「#」的位置在對照表的第五行第一列，它的八進位數字是 $4 \times 10 + 3 = 43$，相當於十進位的35。顯示字母或符號時，需要使用STRING 函數轉換字串，注意的是，此八進位或十進位數字必須是短整數的資料型態，否則只能轉換成十進位的數字，而不是字母或符號。圖13.2.2的字形對照表是由IDL 6.4版產生，以八進位表示，但在 8.2版所產生的字形對照表是以十進位表示，讀者需要根據對照表上的八進位或十進位編碼來顯示字母或符號。

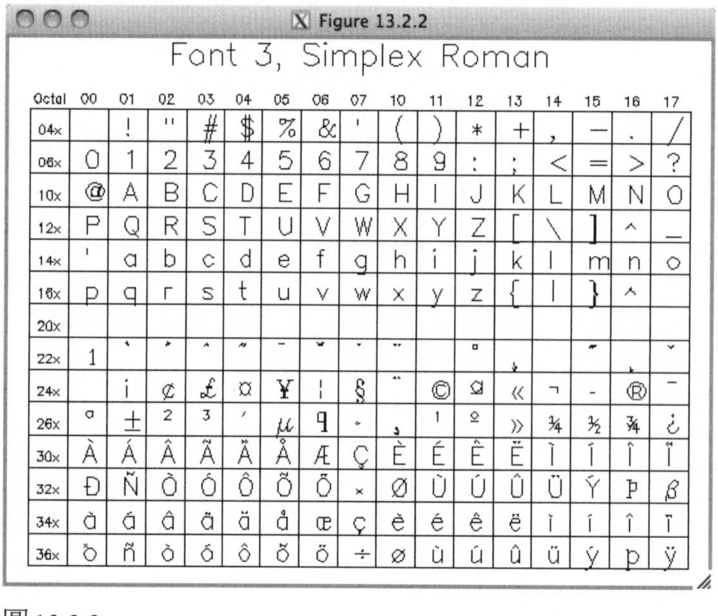

圖 13.2.2

範例：

IDL> PRINT, STRING('101'o)　　　　　　列印八進位101所代表的字母，因預設資料型態
　　　　65　　　　　　　　　　　　　　為整數，IDL先把八進位的101轉成十進位的
　　　　　　　　　　　　　　　　　　　　65，再轉成字串 '65'。

IDL> PRINT, STRING('101'ob)　　　　　列印八進位101所代表的字母，這次宣告此八進
A　　　　　　　　　　　　　　　　　　　位為短整數型態，因此得到的是字母A。

IDL> PRINT, STRING(65b)　　　　　　　列印十進位短整數65所代表的字母，得到的結果
A　　　　　　　　　　　　　　　　　　　也是字母A，所以同樣的字母可以使用八進位或
　　　　　　　　　　　　　　　　　　　　十進位的數字得到。

IDL> PRINT, STRING('43'ob)　　　　　　列印八進位短整數43所代表的字母，得到的結果
#　　　　　　　　　　　　　　　　　　　是符號「#」。

IDL> PRINT, STRING(35b)　　　　　　　列印十進位短整數35所代表的字母，得到的結果
#　　　　　　　　　　　　　　　　　　　也是字母「#」。

　　　　圖13.2.3顯示7號字形對照表，以八進位表示，其代表的八進位數字由最左行的數字
乘以10加上最上方的數字，例如符號 α 的八進位是141，而141在圖13.2.2的3號字形對
照表對應的字母是a，因此標示符號 α 所需要的字串是 '!7a'。注意的是，改變以後的任何
字形都是以新字形呈現，除非馬上改回原來的字形，所以最好是在 !7a 後面加上 !3，以改
變回預設的字形。圖13.2.3的字形對照表是由IDL 6.4版產生，以八進位表示，但在8.2版
的字形對照表是以十進位表示。

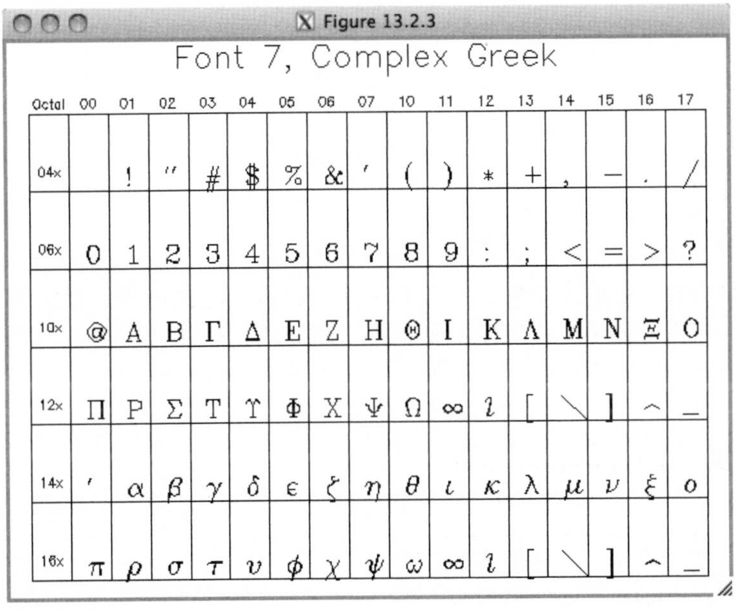

圖13.2.3

範例：

```
IDL> a = STRING('43'ob)
IDL> PRINT, a
#
```
轉換八進位短整數43所代表的「#」符號至變數a，然後列印。

```
IDL> x = STRING('141'ob)
IDL> PRINT, x
a
```
轉換八進位短整數141所代表的字母a至變數x，然後列印。

```
IDL> x = x + 'bc'
IDL> PRINT, x
abc
```
在變數x的後面加上字串 'bc'，因此變數x的內容為 'abc'，然後列印。

```
IDL> y = '!7' + x + '!3'
IDL> PRINT, y
!7abc!3
```
在變數x的前面加上代碼 !7，代表使用7號字形轉換表，在後面加上代碼 !3，代表回至原來的3號字形，變數y的最後內容是 '!7abc!3'。

```
IDL> PLOT, [0, 1], /NODATA, $
IDL>    XSTYLE=4, YSTYLE=4
IDL> XYOUTS, 0.1, 0.8, x, SIZE=2
IDL> XYOUTS, 0.1, 0.5, y, SIZE=2
```
先使用 PLOT 程序建立資料座標系統，關鍵字 /NODATA 宣告不畫資料線，且用 XSTYLE=4 和 YSTYLE=4 宣告不畫座標軸。然後再用 XYOUTS 程序寫下變數x和y所代表的符號，字形的預設代碼是 !3，所以變數x在不宣告代碼的情況下寫出的字母是a、b和c。如果變數y是加上代碼 !7，則得到的是 α、β 和 γ，如圖13.2.4所顯示。最後需要把3號字形設定回來，免得以後的字形都變成7號的數學符號字形。

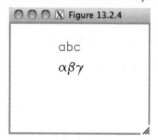

圖 13.2.4

13.3 字形位置的改變

　　IDL具有改變字形位置的功能，包括上下移動、左右平移、跳行、記憶位置以及回復位置等功能，表13.3.1列出對應的代碼，其代碼由符號 ! 加上特定字母所組成，各有其功能。

表13.3.1 - IDL 的字形位置碼（font position code）

代碼	功能
!A	平移至中間分隔線上方（Above），字形大小不變
!B	平移至中間分隔線下方（Below），字形大小不變

!C	開始新的一行（Carriage return）。此代碼執行時，也會同時執行「!N」代碼，亦即在新的一行中，如前一行有改變，字形會自動回復至正常的位置和原來的大小
!D	往下移動至第一層下標位置（Down level），並減少其字形大小至原來的 0.62 倍
!E	往上移動至指數位置（Exponent），並減少其字形大小至原來的 0.44 倍
!I	往下移動至下標位置（Index level），並減少其字形大小至原來的 0.44 倍
!L	往下移動至第二層下標位置（Lower subscript），並減少其字形大小至原來的 0.62 倍
!N	回復正常的位置和原始的字形大小（Normal position）
!R	回復至先前所儲存的位置（Restore position）
!S	儲存現在位置（Save position）
!U	往上移動至上標位置（Upper subscript），並減少其字形大小至原來的 0.62 倍
!X	返回原來的字形
!Z(u0, u1,...,un)	輸入字元或符號的編碼值（Unicode），編碼值是採用十六進位，可以同時輸入多個字元和符號，以逗號隔開
!!	顯示 ! 符號

範例：

IDL> PLOT, [0, 1], /NODATA, $ IDL>　　XSTYLE=4, YSTYLE=4	先使用 PLOT 程序建立資料座標系統，然後宣告不畫資料線，也宣告不畫座標軸。
IDL> a = 'Normal!S!EExponent!R!IIndex!N'	先輸入字串 'Normal'，然後使用代碼 !S 記錄現在的位置，再來使用代碼 !E 讓字串 'Exponent' 往上移動到指數位置且縮小 0.44 倍。使用代碼 !R 的結果是回復原先記錄的位置，再用代碼 !I 把字串 'Index' 往下移動至下標位置，最後使用代碼 !N 回復至正常的位置和原始的字形大小。
IDL> XYOUTS, 0.0, 0.4, a, SIZE=2	具體字串變數 a 的排版在圖 13.3.1 上。

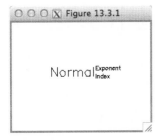

圖 13.3.1

IDL> b = 'Normal!S!UUp!R!DDown!N'	與上例類似，都是上下移動，但是移動的位置和縮小比例不同，代碼 !U 和 !D 是縮小 0.62 倍，而代碼 !E 和 !I 縮小 0.44 倍。

IDL> XYOUTS, 0.0, 0.4, b, SIZE=2　　　　具體字串變數 b 的排版在圖 13.3.2 上。

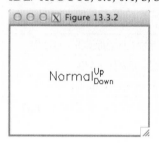

圖 13.3.2

IDL> c = 'Normal!SAAbove!RBBelow!N'　　與上例類似，都是上下移動字形，但是移動的位
　　　　　　　　　　　　　　　　　　　　置不同，且字形縮小的比率不同，代碼 !A 和 !B
　　　　　　　　　　　　　　　　　　　　並不縮小，而代碼 !U 和 !D 是縮小 0.62 倍。

IDL> XYOUTS, 0.0, 0.4, c, SIZE=2　　　　具體字串變數 c 的排版在圖 13.3.3 上。

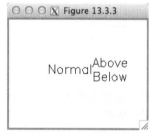

圖 13.3.3

IDL> d = 'Go!C!5Go!X !Z(47,6F)!!'　　　先排版字串 Go，然後使用代碼 !C 啟動新的一
　　　　　　　　　　　　　　　　　　　　行，接著改變字形至代碼為 !5 的粗字形，結束後
　　　　　　　　　　　　　　　　　　　　使用代碼 !X 回到預設的字形，接著使用代碼 !Z
　　　　　　　　　　　　　　　　　　　　輸入字串 Go，其中 47 是字母 G 的十六進位數
　　　　　　　　　　　　　　　　　　　　字，6F 是字母 o 的十六進位數字，最後使用代碼
　　　　　　　　　　　　　　　　　　　　「!!」來產生「！」符號。

IDL> XYOUTS, 0.0, 0.4, d, SIZE=2　　　　具體字串變數 d 的排版在圖 13.3.4 上。

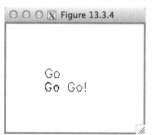

圖 13.3.4

第十四章 控制指令的運用

本章簡介

數學運算包括邏輯運算，程式語言中的條件句是邏輯運算的一種應用，如果條件句為真，則執行某些指令，否則執行另外一些指令，所以邏輯運算讓程式更具有靈活性。迴圈指令的功能可以讓程式指令重複執行，不需要在程式上重複鍵入同樣的指令，以增加程式的簡潔性。IDL與其它程式語言一樣，具備有邏輯運算和迴圈實施的控制敘述（control statement）。

本章的學習目標

認識IDL運算子的功用
熟悉IDL控制指令的語法
學習IDL運算子和迴圈的聯合運用

14.1 運算子的種類

IDL定義一些數學運算子（operator）供使用者進行關係、邏輯以及二進位運算，關係運算子是用來判斷數字的大小關係。邏輯運算子是用來判斷數學表示式（expression）的邏輯關係，比較二邊數字的真假關係。二進位運算子也是用來判斷數學表示式的邏輯關係，但比較兩邊數字二進位表示式中各個位元的真假關係。

14.1.1 關係運算子

關係運算子可以判斷一個數學表示式的大小或等於關係，表14.1.1列出IDL所有的關係運算子，其判斷結果可回傳1或0，1代表真，0代表假。

表14.1.1 - IDL所常用的關係（relational）運算子

關係運算子	說明
EQ	等於
NE	不等於
GT	大於
GE	大於或等於
LT	小於
LE	小於或等於

範例：

IDL> a = 1 & b = 2 　　　　　　　　　設置變數a為1，變數b為2。符號「&」是併行符號。

IDL> PRINT, a EQ b 0	列印變數a和b等於關係運算的結果，因二變數不相等，所以列印值為0。
IDL> PRINT, b GE a 1	列印變數a和b大於或等於的關係運算結果，因b大於a，所以此關係為真。
IDL> PRINT, a+b LT 2 0	先做變數a＋b的運算，然後確認運算結果是否小於2？因運算結果不小於2，所以列印值為0，即為假。

14.1.2 邏輯運算子

　　邏輯運算子判定「非零」的數字為1，亦即除了0之外，其它的數字為1。邏輯運算有三種，第一種是兩邊的運算都是真，才是真，第二種是如果其中有一邊運算是真，就是真，最後一種是真變成假，假變成真。表14.1.2列出對應邏輯運算符號。

表14.1.2 - IDL所常用的邏輯（logical）運算子（非零的數字是1，亦即是真）

邏輯運算子	邏輯運算種類
&&	二邊的運算都是真時才是真，這個運算子相當於「和」
||	其中有一邊運算是真時為真，這個運算子相當於「或」
~	真變成假，假變成真

範例：

IDL> PRINT, (1 EQ 1) && (2 EQ 2) 1	運算子「&&」是用來確認二邊的關係是否都為真？因二邊關係都為真，所以最後運算的結果為1。括號具有優先計算的順位。
IDL> PRINT, (1 EQ 1) || (2 EQ 3) 1	運算子「||」二進位運算的結果是只要一邊為真，即是真，所以列印值是1。
IDL> PRINT, ~0, ~1, ~5 1　　0　　0	數字0是零，所以運算子「~」的邏輯運算結果是1。數字1和5是非零，所以「~」的邏輯運算結果是0。

14.1.3 二進位運算子

　　每個數字和符號都有自己的電腦二進位表示法，在做數字或符號的二進位比較時，IDL系統會對數字或符號的各個位元進行比較，然後再解析成另一數字或符號，所以最後的結果不一定是0或1。各個位元只有0和1二種選擇，當做各個位元的邏輯運算時，IDL系統依照表14.1.3所列出的邏輯運算來判斷，各個邏輯運算對應的運算子也列在表上。

表 14.1.3 - IDL所常用的二進位（bitwise）運算子（比較兩邊數字或符號的各個位元）

二進位運算子	邏輯運算種類
AND	二邊的運算都是真時才是真，這個運算子相當於「和」
OR	其中有一邊的運算是真時為真，這個運算子相當於「或」
XOR	只有一邊的運算是真時為真，二邊的運算都是真時為假
NOT	真變成假，假變成真

範例：

```
IDL> PRINT, 1 AND 2
    0
```
數字 1 和 2 的二進位表示式是 00000001 和 00000010，其「AND」的二進位運算結果是 00000000，等於十進位的數字 0。

```
IDL> PRINT, 1 OR 2
    3
```
運算子「OR」的運算結果是 00000011，等於十進位的數字 3。

```
IDL> PRINT, NOT 0, NOT 1
   -1      -2
```
數字 0 的二進位表示式是 00000000，運算子「NOT」對 0 的運算結果是 11111111，等於十進位的 -1。對 1 的運算結果是 11111110，等於十進位的 -2。

14.1.4 運算敘述的簡寫

有些指令敘述可以變得更簡短，例如「a = a + 1」可以寫成「a++ 」或「 ++a」，而「a = a - 1」可以寫成「a--」或「--a」，雖然看起來很簡潔，簡寫的語法不一定每個人都知道，也有可能造成誤解。數學關係以及二進位運算子的指令敘述也可以簡寫，表 14.1.4 列出簡寫的規則，讓指令敘述更簡潔，而運算的結果卻是相同。

表 14.1.4 - 運算敘述的簡寫規則

簡寫規則	說明
var op= Expression	var是已經定義的變數，op是運算子

範例：

```
IDL> a += 1
```
與「a = a + 1」指令相同。

```
IDL> a += b
```
與「a = a + b」指令相同。

```
IDL> a *= 2
```
與「a = a * 2」指令相同。

```
IDL> a GE= b
```
與「a = a GE b」指令相同。

14.2 控制指令的種類

控制指令是屬於進階的指令，包括FOR、IF、WHILE、REPEAT、CASE和SWITCH等，它們同時具有條件判斷和迴圈的功能，可增加程式的靈活性和簡潔性，例如當讀者執行同樣的指令敘述時，可以使用迴圈的功能，因而不需要重複同樣的指令敘述。當要離開迴圈時，可以使用條件判斷式。大部分的控制指令有二種寫法，第一種是單一敘述，一行指令敘述即可完成。另一種是多重敘述，需要用「BEGIN」指令來開始一個指令敘述區塊，但也需要用結束指令來結束這個指令敘述區塊。注意的是，每個控制指令的結束指令不同，控制指令「FOR」使用「ENDFOR」指令來結束，而控制指令「IF」使用「ENDIF」或「ENDELSE」指令來結束。

14.2.1 控制指令FOR的實施

當讀者要執行重複的指令敘述時，但不希望程式變成冗長，迴圈是個很好的選擇，讀者可以宣告迴圈執行的圈數，執行完圈數後，即可結束迴圈且繼續後續的指令敘述。表14.2.1列出控制指令「FOR」的語法，依照工作需求，指令敘述可以寫成單行或多行敘述。

表14.2.1 - FOR控制指令的語法

語法	說明
FOR 變數 = 表示式, 表示式, 增量DO 單一敘述	適用單一敘述
FOR 變數 = 表示式, 表示式, 增量 DO BEGIN 　多重敘述 ENDFOR	適用多重敘述

範例：

```
IDL> FOR i=1,3 DO PRINT, 'Go!'
Go!
Go!
Go!
```

列印字串 'Go!' 三次，如果不使用迴圈，則同樣的列印指令需要寫三次。變數i是控制圈數，從1至3，總共三次。變數名稱可以任意選取。此例的增量為1，因此可以省略。

```
例14.2.1
FOR i=0,2 DO BEGIN
  j = i * 2
  PRINT, i, j
ENDFOR
END
```

當迴圈內的指令敘述為二個以上時，則需要使用指令「BEGIN」和「ENDFOR」把多行指令敘述夾住，代表一個指令敘述區塊，在例14.2.1中，迴圈變數i從0到2，每次進1，變數j是變數i的二倍。注意的是，多重敘述不適合應用在互動式的指令輸入方式，因為在提示符號「IDL>」上只能輸入單一指令，解決之道是在多重敘述之間加上符號「&」，這些多重敘述就會變成單一敘述。

執行例14.2.1後，得到

```
        0        0
        1        2
        2        4
```

例 14.2.2
```
a = INDGEN(3, 2)
FOR j=0,1 DO BEGIN
  FOR i=0,2 DO BEGIN
    a[i, j] = 2 * i + j
  ENDFOR
ENDFOR
PRINT, a
END
```

執行例 14.2.2 後,得到

```
    0       2       4
    1       3       5
```

在例 14.2.2 中,示範二重迴圈的實施,包含二個迴圈變數 i 和 j。先令 j = 0,依序執行 i 等於 0 至 2,然後再令 j = 1,依序執行 i 等於 0 至 2。注意的是,IDL 在記憶體儲存二維以上陣列的方式是先存第一維的元素,然後第二維的元素,以此類推至陣列的最高維元素,所以最好的迴圈寫法是讓較高維的迴圈放在最外圈,這樣可以增加迴圈執行的速度。

14.2.2 控制指令 IF 的實施

IF 是 IDL 條件判斷的控制指令,IDL 系統會判斷表示式的真假,然後執行相關的動作。此控制指令讓程式更具靈活性,讀者需要設想可能會發生的狀況和發生後的應對動作。表 14.2.2 列出控制指令「IF」的語法,與控制指令「FOR」相同,可寫成單行或多行的指令敘述。

表 14.2.2 - IF 控制指令的語法

語法	說明
IF 表示式 THEN 單一敘述 [ELSE 單一敘述]	適用單一敘述
IF 表示式 THEN BEGIN 　多重敘述 ENDIF ELSE BEGIN 　多重敘述 ENDELSE	適用多重敘述

範例:

IDL> IF 3 GE 2 THEN PRINT, 'Yes'
Yes

條件判斷表示式是 3 GE 2,亦即判斷 3 是否大於或等於 2,明顯地為真,所以在螢幕上列印 Yes。

IDL> IF 3 LE 2 THEN PRINT, 'Yes'

此條件判斷是否 3 小於或等於 2,答案為假,因沒有宣告表示式為假的執行指令,其結果是不做任何動作。

例14.2.3
```
IF 3 EQ 2 THEN BEGIN
    a = 3
ENDIF ELSE BEGIN
    a = 2
ENDELSE
PRINT, a
END
```

執行例14.2.3後，得到
　　　2

IDL> a = (3 EQ 2) ? 3 : 2

例14.2.3中，3不會等於2，此條件敘述為假，所以執行第二個指令區塊，亦即設定變數a為2。注意的是，符號「&」可讓數行指令敘述變成一行，因在提示符號「IDL>」上只允許一行的指令敘述，但如果把這些指令敘述寫至一個副檔名為pro的檔案，然後再執行，則不需要符號「&」，其中pro是IDL程式檔的預設副檔名。為簡化起見，可以把例14.2.3的多行指令敘述寫成一行，變成「IF 3 EQ 2 THEN a=3 ELSE a=2」指令敘述。

例14.2.3的前五個指令敘述可以變成更簡化，若條件為真，變數a的內容為符號「?」後面的數值，否則是符號「:」後面的數值。

14.2.3 跳行的控制指令

IDL定義一些跳行的控制指令，包括「BREAK」、「CONTINUE」和「GOTO」指令，如表14.2.3所顯示，讓程式的執行達到某一特定條件時，可以跳出迴圈或跳到特定的標號處，作者認為盡量不要使用「GOTO」指令，使用過多會讓程式缺乏結構性，以致難以維護或修改。其中「BREAK」和「CONTINUE」指令只適用在迴圈內，迴圈外的執行會產生錯誤訊息。

表14.2.3 - IDL跳行的控制指令

指令	說明
BREAK	立刻跳出迴圈
CONTINUE	立刻跳至迴圈的下個步驟
GOTO	立刻跳至特定的標號處

範例：

例14.2.4
```
FOR i=1,4 DO BEGIN
    IF i EQ 2 THEN CONTINUE
    IF i EQ 3 THEN BREAK
    PRINT, i
ENDFOR
END
```

執行例14.2.4後，得到
　　　1

在例14.2.4中，迴圈變數是從1到4，每次進1，總共四次，第一次執行時，變數i為1，迴圈內的「IF」條件判斷都不滿足，所以跳過，然後列印變數i的數值至視窗上。接下來變數i變為2，滿足第一個「IF」條件指令，執行「CONTINUE」指令時，直接跳過迴圈中的其它指令，變數i立即變為3，然後滿足第二個「IF」條件，執行「BREAK」指令，直接結束迴圈，最後的結果只列印到數字1。

例 14.2.5
IF 3 GE 2 THEN GOTO, Label
PRINT, 'Unfinished'
Label:
PRINT, 'Done'
END

執行例 14.2.5 後，得到
Done

在例 14.2.5 中，數字 3 是大於 2，所以此條件式為真，結果是跳過「PRINT, 'Unfinished'」的指令敘述，直接到標號 Label，接下來執行指令敘述「PRINT, 'Done'」，最後結束程式。

14.2.4 控制指令 CASE 的實施

控制指令「IF」只允許二種選擇，當符合條件句時，執行這塊指令敘述區塊，不符合時，執行另外一塊指令敘述區塊。當選擇是二種以上時，指令「IF」的使用會變成複雜多變，容易造成程式難以維護，所以 IDL 定義控制指令「CASE」，可以允許多重選擇，讓程式變得更結構化，易於維護和修改，表 14.2.4 列出「CASE」控制指令的語法。

表 14.2.4 - CASE 控制指令的語法

語法	說明
CASE 表示式 OF 　表示式 : 敘述 　... 　表示式 : 敘述 　[ELSE: 敘述] ENDCASE	適用多重選擇

範例：

例 14.2.6
i = 2
CASE i OF
　1: PRINT, 'i = 1'
　2: PRINT, 'i = 2'
　3: BEGIN
　　　PRINT, 'i = 3'
　　　PRINT, 'i = 4'
　　END
　ELSE: PRINT, 'Nothing'
ENDCASE
END

在例 14.2.6 中，定義變數 i 為 2 後進入控制指令「CASE」的多重選擇條件，因變數 i 為 2，執行對應選擇 2 的指令敘述區塊，亦即列印變數 i 的資訊和字串 'i = 2' 至視窗上。當指令是多重敘述時，例如選擇「3:」後面的指令敘述，則需要使用「BEGIN」開始和「END」結束指令區塊。

執行例 14.2.6 後，得到
i = 2

例14.2.7
```
x = 0
CASE 1 OF
    x GE 2: PRINT, 'x > 2'
    (x GE –2) AND (x LT 2): PRINT, '2 > x > –2'
    x LT –2: PRINT, 'x < –2'
ENDCASE
END
```

執行例14.2.7後，得到
```
2 > x > –2
```

在例14.2.7中示範「CASE」控制指令的另一種用法。定義變數 x 為 0 後進入「CASE」指令中。「CASE」指令後面的引數1代表符合指令中所有的多重選擇條件，所以每個條件都會執行，然後逐一比對變數 x 的數值。在這裡 x = 0，符合第二個條件，因此列印字串 '2 > x > –2'。

14.2.5 控制指令 SWITCH 的實施

控制指令「SWITCH」與控制指令「CASE」類似，都是具有處理多重選擇的功能，不同的地方是指令「CASE」只執行符合選擇的指令敘述，而指令「SWITCH」執行符合選擇之後的所有指令敘述，「SWITCH」控制指令的語法列在表14.2.5中。

表14.2.5 - SWITCH 控制指令的語法

語法	說明
SWITCH 表示式 OF 　表示式: 敘述 　... 　表示式: 敘述 　[ELSE: 敘述] ENDSWITCH	適用多重選擇

範例：

例14.2.8
```
i = 2
SWITCH i OF
    0: PRINT, 'i = 0'
    1: PRINT, 'i = 1'
    2: PRINT, 'i = 2'
    3: PRINT, 'i = 3'
    ELSE: PRINT, 'Nothing'
ENDSWITCH
END
```

在例14.2.8中，定義變數 i 為 2 後進入「SWITCH」多重選擇條件，因變數 i 為 2，執行對應選擇2之後所有的指令敘述，亦即列印字串 'i = 2'、'i = 3' 和 'Nothing' 至視窗上。注意的是，「SWITCH」指令執行符合特定選擇之後的所有指令敘述，而「CASE」指令只執行符合特定選擇的指令敘述。

執行例14.2.8後，得到
```
i = 2
i = 3
Nothing
```

14.3 運算子和迴圈的聯合運用

運算子和迴圈可以聯合運用，IDL把二種功能結合成一些結構化的指令，包括「WHILE」、「REPEAT」指令以及「WHERE」函數。「WHILE」和「REPEAT」指令使用條件運算來決定迴圈結束的時機，而「WHERE」函數可以幫助讀者搜尋符合特定條件的資料，語法簡單且方便使用。

14.3.1 控制指令WHILE的實施

當需要同時使用「IF」條件句和「FOR」迴圈時，可以直接使用「WHILE」控制指令，主要是因為這指令相當於「IF」和「FOR」控制指令的合成，具有結構化和容易維護的特點，一般是優於同時使用「IF」和「FOR」指令的情況，其語法列在表14.3.1中。

表14.3.1 - WHILE控制指令的語法

語法	說明
WHILE 表示式 DO 單一敘述	適用單一敘述
WHILE 表示式 DO BEGIN 　多重敘述 ENDWHILE	適用多重敘述

範例：

IDL> i = 0 IDL> WHILE i LE 3 DO i = i + 1 IDL> PRINT, i 　　　4	定義變數i為0後進入「WHILE」迴圈，先做條件句i LE 3判斷，因條件為真，執行「i = i + 1」指令，變數i增加1，直到變數i變為4，即不滿足條件句而結束「WHILE」迴圈。
例14.3.1 i = 0 WHILE i LE 3 DO BEGIN 　i = i + 1 　PRINT, i ENDWHILE END 執行例14.3.1後，得到 　　　1 　　　2 　　　3 　　　4	在例14.3.1中，定義變數i為0後進入控制指令「WHILE」迴圈，先做條件句「i LE 3」判斷，因條件為真，執行「i = i + 1」和「PRINT, i」指令，變數i增加1，直到變數i變為4，即不滿足條件句而結束「WHILE」迴圈，視窗上則列印從1到4。

14.3.2 控制指令REPEAT的實施

控制指令「REPEAT」也是與控制指令「WHILE」相同，都是「IF」條件句和「FOR」迴圈的合成指令，唯一不同的地方是條件句的位置不同，「WHILE」控制指令在迴圈開始執行條件判斷，而「REPEAT」控制指令在迴圈末尾執行條件判斷，其語法列在表14.3.2中。

表14.3.2 - REPEAT控制指令的語法

語法	說明
REPEAT 單一敘述 UNTIL 表示式	適用單一敘述
REPEAT BEGIN 多重敘述 ENDREP UNTIL 表示式	適用多重敘述

範例：

```
IDL> i = 0
IDL> REPEAT i = i + 1 UNTIL i GE 2
IDL> PRINT, i
      2
```

定義變數i為0後進入「REPEAT」迴圈，先執行「i = i + 1」指令，變數i變成1，滿足條件句，所以繼續迴圈，直到變數i變成2。

```
例14.3.2
i = 0
REPEAT BEGIN
  i = i + 1
  PRINT, i
ENDREP UNTIL i GE 2
END
```

在例14.3.2中，定義變數i為0後進入控制指令「REPEAT」迴圈，先執行「i = i + 1」和「PRINT, i」指令，變數i每次增加1，直到變數i為2，即不滿足條件句而結束「REPEAT」迴圈，視窗上則列印從1到2。注意的是，在提示符號「IDL>」上只能允許一行指令敘述，多行指令敘述需要藉著符號「&」串成一行。

執行例14.3.2後，得到
```
      1
      2
```

14.3.3 函數WHERE的實施

函數WHERE是資料搜尋的指令，它是利用條件運算子以迴圈的方式去搜尋符合條件的資料，然後回傳符合條件的資料元素之下標Result。表14.3.3和表14.3.4分別列出WHERE函數的語法和關鍵字。引數Expr是條件，符合條件的資料數目回傳至變數Count。

表14.3.3 - WHERE函數的語法

語法	說明
Result = WHERE(Expr [, Count])	回傳陣列內元素符合條件表示式的索引值

範例：

IDL> a = [1, 5, 3, 4, 2]	設定變數a的內容，有5個元素。
IDL> b = WHERE(a GT 3, c)	把變數a中大於3的元素下標找出，儲存至變數b，變數c儲存符合條件的個數。
IDL> PRINT, b 1 3	變數b記錄著符合條件元素的下標。注意的是，IDL的下標從0開始。
IDL> PRINT, c 2	變數c記錄著符合條件元素的個數。
IDL> PRINT, a[b] 5 4	列印變數a中符合條件的資料點，變數b記錄著符合條件元素的下標。

表 14.3.4 - WHERE 函數的關鍵字

語法	說明
COMPLEMENT=variable	回傳陣列內元素不符合條件表示式的索引值
NCOMPLEMENT=variable	回傳陣列內元素不符合條件表示式的個數

範例：

IDL> d = [6, 5, 3, 2] IDL> e = WHERE(d LE 3, COMPLEMENT=f, \$ IDL> NCOMPLEMENT=g)	設定變數d的內容，有4個元素，然後把變數d中大於或等於3的元素下標找出，儲存至變數e，把不符合條件的下標儲存至變數f，變數g記錄著不符合條件的資料個數。
IDL> PRINT, e 2 3	變數e記錄著符合條件的元素下標。

IDL> PRINT, f, g
    0   1
    2
	變數f記錄著不符合條件的元素下標而變數g記錄著不符合條件的元素個數。

14.3.4 函數 ARRAY_INDICE 的實施

當 WHERE 函數的輸入變數是多維時，所得到的輸出變數仍是一維的向量，在下標處理上會造成困擾，為解決此問題，IDL 提供 ARRAY_INDICE 函數，可以把一維的向量轉變為原來的多維陣列，其語法列在表 14.3.5 中，引數 Array 為原始的陣列，引數 Index 為一維的索引值。注意的是，IDL 在記憶體或硬碟中儲存資料的順序是先儲存第一維，第二維，然後是最高維。

表14.3.5 - ARRAY_INDICE函數的語法

函數	功能
Result = ARRAY_INDICES(Array, Index)	回傳多維的索引值Result

範例：

IDL> h = INDGEN(3, 2)　　　　　　　　　設定內容為下標的變數h。

IDL> PRINT, h　　　　　　　　　　　　　列印變數h的內容至視窗上，總共6個元
    0   1   2　　　　　　　　素，其內容為下標。
    3   4   5

IDL> i = WHERE(h GE 3)　　　　　　　　尋找變數h中大於或等於3的元素，回傳元
　　　　　　　　　　　　　　　　　　　素下標至變數i。

IDL> PRINT, i　　　　　　　　　　　　　列印變數i的內容，變數i是變數h中大於
      3   4   5　　　　　或等於3的元素下標，此一維下標的座標
　　　　　　　　　　　　　　　　　　　是按照資料的儲存順序排列，讀者可能會
　　　　　　　　　　　　　　　　　　　有困難理解此下標代表的位置。

IDL> j = ARRAY_INDICES(h, i)　　　　　　把下標變數i放進ARRAY_INDICES函數中
　　　　　　　　　　　　　　　　　　　轉換下標座標，其中變數h是原來的陣
　　　　　　　　　　　　　　　　　　　列，用來解析原來陣列的維度，最後的結
　　　　　　　　　　　　　　　　　　　果儲存至變數j，記錄著變數i所對應的二
　　　　　　　　　　　　　　　　　　　維下標。

IDL> PRINT, j　　　　　　　　　　　　　變數j是個2 × 3的陣列，第一個維度2代表
    0   1　　　　　　　　　變數h是個二維的陣列，第二個維度3代表
    1   1　　　　　　　　　符合條件的元素有3個。變數j的第一列是
    2   1　　　　　　　　　座標（0, 1），相當於一維下標為3，亦即
　　　　　　　　　　　　　　　　　　　變數i的第一點；變數j的第二列是座標
　　　　　　　　　　　　　　　　　　　（1, 1），相當於一維座標4；以同樣的方
　　　　　　　　　　　　　　　　　　　式類推第三列座標（2, 1）。簡單地說，
　　　　　　　　　　　　　　　　　　　ARRAY_INDICES函數輸出變數的第一個維
　　　　　　　　　　　　　　　　　　　度由原始變數的維度決定，第二個維度由
　　　　　　　　　　　　　　　　　　　符合條件的元素數目決定。

第十五章 副程式的實施

本章簡介

當程式（program）中的一段指令敘述需要常常被使用時，則可考慮把這段指令敘述獨立出來，發展成一個副程式（subroutine），再由主程式重複呼叫。執行時可以得到相同的結果，但程式本身變得更簡潔且更具有結構性。IDL的副程式分成「函數」和「程序」二種類別，被主程式呼叫的方式依照類別不同而不同。資訊可以在主副程式之間透過變數來傳遞。

本章的學習目標

認識IDL程式的種類和執行方式
熟悉IDL主副程式間資料的傳遞
學習IDL主副程式執行時錯誤訊息的處理

15.1 程式的種類和執行方式

IDL除了可以在提示符號「IDL>」上鍵入互動指令外，還可以把欲鍵入的所有指令寫成一個程式，然後進行執行（execution），來節省指令鍵入的時間，發生錯誤時，只需要把錯誤的地方修正，然後再執行，不需把所有指令再鍵入一次，尤其在大量資料的處理與分析上特別方便。

15.1.1 IDL程式的種類

表15.1.1列出IDL程式的種類，包含主程式、副程式以及批次檔，各有其用途。主程式是最重要的程式，讀者可以把IDL的計算和繪圖指令敘述寫入一個檔案，最後需要加上「END」指令，代表程式的結束。當讀者需要常常使用某段指令敘述時，則可以使用副程式的寫法，把那段需要常常使用的指令獨立成一個程式，主程式每次需要使用副程式時，則可呼叫副程式，然後進入副程式，完畢後回到主程式。副程式的種類分成函數和程序，函數以FUNCTION開始，程序以PRO開始，接續副程式名稱，然後是輸入或輸出變數名稱，最後以「RETURN」加上「END」指令結束副程式。函數與副程式之間有些區別，大致來說，函數的輸出變數只有一個，由「RETURN」指令傳遞；程序的輸出變數可以有很多個，由引數傳遞，也可以沒有輸出變數，其中的「RETURN」指令可以省略。IDL的系統指令是以這個原則所發展，函數的輸出結果需要指定至一個變數，而程序的輸出結果從引數傳出。批次檔的用處是整合自己發展的主副程式，可以寫入任何指令，包括編譯和執行的指令，這是主副程式做不到的工作項目。注意的是，與主程式不同的地方是檔案的末尾不需要加上「END」指令。IDL程式的預設副檔名是pro，但可以使用不同的

副檔名，此程式執行時，需要鍵入檔案名稱的全名（包括副檔名），否則會得到「Error opening file」錯誤訊息。使用 IDL 視窗界面中的文字編輯器編輯主副程式時，需要設定編輯檔案的儲存位置。在 X 視窗系統上，以操作系統的文字編輯器編輯主副程式，以目前的工作區域為編輯檔案的儲存位置。

表 15.1.1 - IDL 程式的種類

種類	語法
主程式（Main Program）	敘述 1 ... 敘述 N END
副程式函數（Function）	Function NAME, 引數 1, ..., 引數 N 　敘述 1 　... 　敘述 N RETURN, 表示式 END
副程式程序（Procedure）	Pro NAME, 引數 1, ..., 引數 N 　敘述 1 　... 　敘述 N RETURN（可省略） END
批次檔（Batch File）	敘述 1 ... 敘述 N

主程式 main.pro 的內容：

```
a = [1, 2, 3, 4, 5]
PRINT, MAX(a), MIN(a)
PRINT, MEAN(a), STDEV(a)
HELP, a
END
```

設定變數 a 的內容，然後使用 MAX、MIN、MEAN 和 STDEV 等函數計算變數 a 的最大值、最小值、平均值以及標準差，然後把這些計算結果列印至視窗上。主程式是以「END」指令結束。

副程式函數 mean_f.pro 的內容：

```
FUNCTION mean_f, array
    sum = TOTAL(array)
    nn = N_ELEMENTS(array)
    ave = sum / nn
RETURN, ave
END
```

函數 mean_f.pro 計算輸入資料的平均值。函數的格式以 FUNCTION 開始，加上函數名稱 mean_f 和輸入變數 array，接下來是計算平均值的指令敘述，最後把計算後的平均值 ave 透過「RETURN」指令回傳至主程式，副程式函數是以「END」指令結束。

副程式程序mean_p.pro的內容：

```
PRO mean_p, array, ave
    sum = TOTAL(array)
    nn = N_ELEMENTS(array)
    ave = sum / nn
RETURN
END
```

程序 mean_p.pro 也是計算輸入資料的平均值，但以程序的格式呈現。程序的格式以PRO開始，加上程序名稱mean_p，後面是輸入變數array和輸出變數ave，接下來的指令是計算平均值，最後把平均值透過輸出變數ave回傳至主程式。副程式程序是以END指令結束。

批次檔batch.pro的內容：

```
.RUN mean_f
.RUN mean_p
.RUN main
```

批次檔 batch.pro 中執行三個程式。因前二個程式是副程式，執行時只有做編譯而不執行，最後的指令敘述來編譯且執行主程式。注意的是，批次檔的後面不可以加上「END」指令，但可加上「EXIT」指令，執行後即刻跳出IDL的提示符號，如果沒有EXIT指令，則執行後停留在提示符號「IDL>」上。注意的是，main.pro 的執行沒實際用到 mean_f.pro 函數和 mean_p.pro 程序。

15.1.2 IDL程式執行的輸入位置

　　如表15.1.2所顯示，IDL指令的執行可由視窗界面上的選單點選或指令列輸入的方式進行，讀者可以依照自己的習慣來選擇指令執行的方式。視窗界面提供文件編輯器，可編輯程式檔，完成編輯後即可點選工具列上的儲存、編譯以及執行等圖像，若發生錯誤時，錯誤的地方會在所編輯文件上顯示，以方便讀者除錯。對於習慣於指令列鍵入指令者，則自己需要尋找特定的文件編輯器來編輯程式文件，編輯後即可鍵入IDL編譯和執行的指令來達到程式的目的。

表15.1.2 - IDL執行指令的輸入位置

輸入位置	方式
視窗界面上的選單	點選視窗選單上的編譯和執行按鈕
指令列	鍵入編譯和執行的指令

15.1.3 IDL程式執行的指令

　　表15.1.3列出IDL編譯和執行的指令，其特定規則是在指令前加上句點，以與其它IDL指令做區別。批次檔的執行指令是符號「@」，然後在這些指令後接續IDL程式的名稱，但可省略鍵入副檔名pro。讀者依據工作需求選擇適當的編譯或執行指令，一般先使用「.COMPILE」或「.RUN」指令編譯副程式，然後再使用「.RUN」編譯且執行主程式，以免發生「副程式找不到」的錯誤訊息。「.RNEW」指令與「.RUN」指令不同的地方是在執行前先清除舊變數。如果想要重新啟動IDL，除了跳出IDL再進入外，可使用「.RESET_SESSION」指令。

表15.1.3 - IDL的編譯和執行指令

指令	說明
.COMPILE 主程式	編譯主程式
.COMPILE 副程式	編譯副程式
.RUN 主程式	編譯且執行主程式
@ 批次檔	執行批次檔
.RNEW 主程式	與 .RUN 指令的功能類似，但會先清除以前留下的變數
.RESET_SESSION	不需跳出即可重新啟動 IDL

範例：

IDL> .COMPILE main   只編譯主程式 main.pro，不執行。

IDL> .COMPILE mean_f   編譯副程式 mean_f.pro。

IDL> .RUN main   編譯且執行主程式 main.pro。

IDL> @ batch   執行批次檔 batch.pro。注意的是，雖然批次檔也
                                            可以包含 IDL 的一般指令，但必須以一行的指令
                                            敘述的方式呈現，多行的指令必須先用符號
                                            「&」轉變成一行的指令後，才能在批次檔中執
                                            行。

IDL> .RNEW main   重新編譯且執行主程式 main.pro，先前產生的變
                                            數會被清除，以確保不會受到先前執行程式的影
                                            響。

IDL> .RESET_SESSION   重新啟動 IDL 的指令後面不需要接續任何的程式
                                            名稱。

15.1.4 編譯規則的選擇

　　IDL 編譯主副程式的預設規則是「使用二個位元組的整數」、「不區分中括號和小括號的用法」以及「顯示編譯後的主副程式名稱」。如要改變這些編譯規則，可以使用表15.1.4 列出的 COMPILE_OPT 指令。若要回復預設的編譯選項，則離開 IDL 系統後再進入或鍵入「.RESET_SESSION」指令重新啟動 IDL，但工作區域中原先的變數和程式全被刪除，所以在改變預設編譯規則前，必須考慮清楚。

表15.1.4 - COMPILE_OPT 指令的語法

語法	說明
COMPILE_OPT	改變系統的編譯規則

表15.1.5列出COMPILE_OPT指令的選項，選項DEFINT32宣告使用四個位元組去表示一個整數，因此可容許的最大整數變成2^{32}。如果變數和函數的名稱相同時，在變數的下標區隔使用小括號會造成混淆，系統以為此變數是個函數，因而造成錯誤訊息，宣告STRICTARR選項可以解決問題，嚴格執行函數使用小括號區隔引數，變數使用中括號區隔下標。如果不希望編譯後的主副程式名稱顯現在HELP程序執行後列出的資訊中，則宣告HIDDEN選項。IDL2是選項DEFINT32和STRICTARR的簡稱。

表15.1.5 - COMPILE_OPT指令的選項

選項	說明
DEFINT32	使用四個位元組來表示一個整數
STRICTARR	嚴格區分中括號和小括號的用法
HIDDEN	宣告此程式在編譯後隱藏
IDL2	是選項DEFINT32和STRICTARR的簡稱

範例：

IDL> COMPILE_OPT HIDDEN	一般加在主或副程式的開始。如果是主程式，主程式會被隱藏起來，無法使用HELP程序查詢。如果是副程式，副程式會被隱藏起來。
IDL> COMPILE_OPT IDL2	同時宣告使用四個位元組來表示一個整數和嚴格區分中括號和小括號的用法。

15.2 主副程式之間資訊的傳遞

主副程式之間的資訊傳遞包括副程式的呼叫和資料區塊的交換。主副程式通常利用在程式前頭的輸出和輸入變數來交換訊息，但如果交換的訊息過多時，容易造成輸出和輸入變數的數目過多，因而增加副程式呼叫的困難，解決之道是同時定義資料區塊。

15.2.1 IDL主程式呼叫副程式的方式

副程式有二種形式，函數和程序，當主程式呼叫副程式時，各有自己的呼叫方式，如表15.2.1所顯示。函數的各個引數都是輸入變數，輸入後進入函數，並執行函數內的指令敘述，結束後回傳輸出結果至變數Result儲存。程序的引數可以是輸入變數，也可以是輸出變數，變數輸入後進入程序，並執行程序內的指令敘述，計算結果由輸出變數回傳。

表15.2.1 - IDL主程式呼叫副程式的方式

副程式種類	主程式呼叫方式
函數（Function）	Result = NAME(引數1, ..., 引數N)
程序（Procedure）	NAME, 引數1, ..., 引數N

範例：

IDL> b = [6, 7, 8, 9, 10]　　　　　　　設定變數b的內容。

IDL> ave1 = MEAN_F(b)　　　　　　呼叫函數MEAN_F計算變數b的平均值，計算後
　　　　　　　　　　　　　　　　　回傳至變數ave1。注意的是，當函數名稱和檔案
　　　　　　　　　　　　　　　　　名稱相同時，則可以直接執行，不會發生檔案找
　　　　　　　　　　　　　　　　　不到的問題。

IDL> MEAN_P, b, ave2　　　　　　　呼叫程序MEAN_P計算變數b的平均值，變數b
　　　　　　　　　　　　　　　　　是輸入變數，結果由變數ave2傳出。

IDL> PRINT, ave1, ave2　　　　　　　列印變數ave1和ave2至視窗上，計算的結果都是
　　8.00000　　　8.00000　　　　　8。

15.2.2 特別的指令執行方式

　　表15.2.2列出特別的執行指令，可以用宣告字串的方式來執行副程式，因字串很容易被改變，程式可以輕易地執行不同的副程式，否則需要使用文字編輯器的協助，這些指令會讓程式變得更靈活且更彈性。注意的是，使用時需要先知道指令的形式，函數需要用CALL_FUNCTION函數，程序需要用CALL_PROCEDURE程序。EXECUTE函數是不能用在Virtual Machine模式上，其執行的效率不如CALL_FUNCTION函數和CALL_PROCEDURE程序。

表15.2.2 - IDL執行指令字串的指令

指令	說明
CALL_FUNCTION	以字串呼叫函數
CALL_PROCEDURE	以字串呼叫程序
EXECUTE	執行指令字串

範例：

IDL> c = [11, 12, 13, 14, 15]　　　　設定變數c的內容。

IDL> d = 'MEAN_F'　　　　　　　　設定字串變數d，裡面定義欲執行函數的名稱
IDL> ave1 = CALL_FUNCTION(d, c)　　MEAN_F，然後把變數c輸入變數d所定義的函數
　　　　　　　　　　　　　　　　　中執行，最後結果儲存至變數ave1。

IDL> d = 'MEAN'　　　　　　　　　設定字串變數d，裡面定義欲執行函數的名稱，
IDL> ave1 = CALL_FUNCTION(d, c)　　名稱MEAN是IDL系統的內建函數，然後把變數
　　　　　　　　　　　　　　　　　c輸入變數d所定義的函數中執行，最後結果儲存
　　　　　　　　　　　　　　　　　至變數ave1。

IDL> e = 'ave1 = MEAN_F(c)' IDL> void = EXECUTE(e)	設定字串變數e，裡面定義完整的函數指令敘述，接下來使用EXECUTE函數來執行變數e所定義的指令敘述，結果得到變數ave1。
IDL> d = 'MEAN_P' IDL> CALL_PROCEDURE, d, c, ave2	設定字串變數d，裡面定義欲執行程序的名稱MEAN_P，然後把變數c輸入變數d所定義的程序中執行，最後結果儲存至變數ave2。
IDL> f = 'MEAN_P, c, ave2' IDL> void = EXECUTE(f)	設定字串變數f，裡面定義完整的程序指令敘述，接下來使用EXECUTE函數來執行變數f所定義的指令敘述，結果得到變數ave2。

15.2.3 IDL副程式中處理訊息傳遞的函數

　　主副程式透過引數和關鍵字傳遞訊息，有時候主程式呼叫副程式時，不會宣告所有的引數或關鍵字，表15.2.3列出副程式處理訊息傳遞的函數，可以檢查引數的引用狀況和被引用的數目，也可以檢查關鍵字的引用狀況，再加上IF控制指令，程式才能根據引數和關鍵字的引用狀況決定程式的進行步驟，正因為如此，程式才能變成更靈活而彈性。副程式設計者必須考慮所有可能的狀況，適當地使用引數和關鍵字的檢查，才能設計出有用的程式。

表15.2.3 - IDL副程式中處理訊息傳遞的函數

函數	功能
ARG_PRESENT	檢查引數的引用狀況
KEYWORD_SET	檢查關鍵字的引用狀況
N_PARAMS	檢查引數被引用的數目

副程式函數mean_f2.pro的內容：

```
FUNCTION mean_f2, array, DOUBLE=DOUBLE
   IF KEYWORD_SET(DOUBLE) THEN BEGIN
      THEN PRINT, 'Double'
   ENDIF
   PRINT, N_PARAMS( )
   IF ARG_PRESENT(array) EQ 0 THEN BEGIN
      RETURN, !VALUES.F_NAN
   ENDIF
   sum = TOTAL(array)
   nn = N_ELEMENTS(array)
   ave = sum / nn
RETURN, ave
END
```

副程式函數mean_f2.pro是計算平均值的函數。函數KEYWORD_SET判斷關鍵字DOUBLE是否被主程式引用，是回傳1，否回傳0。函數N_PARAMS判斷從主程式傳遞過來的引數數目。函數ARG_PRESENT判斷引數array是否從主程式傳遞過來，是則回傳1，否則回傳0，如果引數array沒宣告，回傳Nan。此程式的其它部分與副程式函數mean_f.pro相同。

範例：

IDL> g = [16, 17, 18, 19, 20] IDL> h = MEAN_F2(g) 　　　　1	設定變數g的內容，然後將變數g輸入MEAN_F2函數，此函數中的N_PARAMS函數判斷有一個引數從主程式傳遞過來，所以列印1。回傳至變數h的結果是18。
IDL> h = MEAN_F2( ) 　　　　0	在呼叫函數MEAN_F2時，不輸入變數g，所以N_PARAMS函數判斷0個引數從主程式傳遞過來。ARG_PRESENT函數判斷變數g沒有從主程式傳遞過來，所以提早結束副程式。
IDL> h = MEAN_F2(g, /DOUBLE) Double 　　　　1	在呼叫函數MEAN_F2時，宣告關鍵字/DOUBLE，函數KEYWORD_SET則判斷此關鍵字被引用，所以列印字串 'Double'。

15.2.4 主副程式間資料區塊的傳遞

　　主副程式間的資料傳遞除了透過輸出和輸入變數外，也可透過「COMMON」指令傳遞資料區塊（common block），表15.2.4列出其語法，引數Name是區塊名稱，如果所傳遞的訊息過多，則可使用多重且名稱不同的「COMMON」區塊。

表15.2.4 - COMMON資料區塊的語法

語法	說明
COMMON Name, Var1, ..., VarN	定義程式之間的共用變數 Var1, ..., VarN

副程式函數 mean_p2.pro 的內容：

PRO mean_p2, array 　　COMMON block1, ave 　　sum = TOTAL(array) 　　nn = N_ELEMENTS(array) 　　ave = sum / nn RETURN END	副程式程序 mean_p2.pro 是計算平均值的函數。此函數沒有宣告輸出變數，但利用「COMMON」指令傳遞變數ave。

主程式 main2.pro 的內容：

COMMON block1, ave g = [16, 17, 18, 19, 20] MEAN_P2, g PRINT, ave END	主程式 main2.pro 呼叫副程式程序 mean_p2.pro。主副程式利用「COMMON」指令傳遞變數ave，最後由主程式把此變數的內容列印在視窗上。

範例：

```
IDL> .RUN main2
        18.0000
```
使用 .RUN 執行主程式 main2.pro，得到平均值是 18。

15.3 錯誤訊息的處理

　　IDL 提供一些處理錯誤訊息的程序，可放在程式中，當程式發生執行錯誤時，告訴 IDL 系統處理的方式，使得整個程式不會因為錯誤的發生而停頓，尤其是在視窗界面的執行中，但程式設計者必須預想可能會發生的錯誤，然後適當地使用處理錯誤訊息的函數，來顯示錯誤訊息，引導程式用戶做適當的處理。

15.3.1 錯誤訊息的處理

　　表 15.3.1 列出處理錯誤訊息的程序，當副程式的執行或 I/O 的執行發生錯誤時，這些程序會告訴 IDL 系統處理的方式，例如自動進入修改的程式區塊或回到主程式中或其它位置，才不會讓程式因錯誤而停頓下來。如果程式內包含「CATCH, Variable」指令敘述，接續的指令敘述發生錯誤時，則會回到 CATCH 程序的位置，然後修正錯誤的問題，讓程式繼續執行。程式設計者必須要先知道程式使用者可能會發生的錯誤，才能設計錯誤處理（error handling）的步驟。

表 15.3.1 - IDL 處理錯誤訊息的程序

程序	說明
CATCH [, Variable] [, /CANCEL]	當程式執行發生錯誤時，錯誤處理程序會啟動，使得整個程式不會因為此錯誤的發生而停頓
ON_ERROR, N	當副程式的執行發生錯誤時，此程序指示系統處理的方式
ON_IOERROR, Label	當 I/O 的執行發生錯誤時，此程序將跳至標號 Label 的位置

副程式程序 catch_ex.pro 的內容：

```
PRO catch_ex
    CATCH, variable
    IF variable NE 0 THEN BEGIN
        PRINT, !ERROR_STATE.MSG
        a = 1
        CATCH, /CANCEL
    ENDIF
    PRINT, a
RETURN
END
```

在程序 catch_ex.pro 中，定義 CATCH_EX 程序的表頭是沒有包含輸出或輸入變數。CATCH 程序會在錯誤發生的時候，把錯誤訊息代碼傳至變數 variable，沒錯誤發生時，此代碼為 0。接下的 IF 條件區塊判斷錯誤是否會發生，如果發生，則列印代碼和錯誤訊息，然後修正錯誤，取消處理錯誤的 CATCH 程序。當列印變數 a 時，因變數 a 尚未定義，而發生錯誤，所以程式跳回 CATCH 程序所在的位置，再執行 CATCH 程序一次，代碼不再是 0，所以執行 IF 條件區塊內的指令敘述，以設定變數 a，來避免「變數 a 沒定義」的錯誤。

範例：

IDL> CATCH_EX

PRINT: Variable is undefined: a.
  1

直接執行 CATCH_EX 程序。如果在此指令敘述之前加上「.RUN」指令，則只是對程序做編譯，不做執行。執行後的錯誤訊息是 Variable is undefined，變數 a 的內容為 1。

  在使用 ON_ERROR 程序時，需要宣告錯誤發生時程式應該停止的位置，可以是錯誤發生的位置，也可以回到主程式的位置。表 15.3.2 列出引數 N 的選項，程式設計者依據程式流程選擇適當的選項。

表 15.3.2 - ON_ERROR 程序引數 N 的選項

選項	說明
0	讓程式停留在錯誤發生的地方，且列印主副程式目前的堆疊，此為預設值
1	當錯誤發生時，讓程式停留在主程式的位置，且列印主副程式目前的堆疊
2	當錯誤發生時，讓程式停留在主程式的位置，且列印從錯誤發生之副程式至主程式的堆疊
3	讓程式停留在錯誤發生的地方，且列印從錯誤發生之副程式至主程式的堆疊

副程式程序 on_error_ex.pro 的內容：

```
PRO on_error_ex, n
    ON_ERROR, n
    PRINT, a
RETURN
END
```

在程序 on_error_ex.pro 中，定義 ON_ERROR_EX 程序是包含輸入變數 n，表示 ON_ERROR 程序引數 n。因變數 a 未設定，當程式執行至此指令敘述時，一定會發生錯誤。

範例：

```
IDL> ON_ERROR_EX, 0
% PRINT: Variable is undefined: A.
% Execution halted at: ON_ERROR_EX   3
%                 $MAIN$
```

直接執行 ON_ERROR_EX 程序，並宣告引數選項為 0。錯誤發生時，讓程式停留在錯誤發生的位置。

```
IDL> .RESET_SESSION
IDL> ON_ERROR_EX, 2
% PRINT: Variable is undefined: A.
% Execution halted at: $MAIN$
```

先重新啟動 IDL，然後執行 ON_ERROR_EX 程序，並宣告引數選項為 2。錯誤發生時，讓程式回到主程式的位置。

  除了 CATCH 和 ON_ERROR 程序外，IDL 提供 ON_IOERROR 程序來處理資料輸入和輸出的錯誤。ON_IOERROR 程序的語法中，接續的引數宣告跳躍的位置，當錯誤發生時，程式的執行會跳躍至宣告的位置，因而避開可能會繼續發生錯誤的位置，讓程式的執行順利繼續進行。

副程式程序 on_ioerror_ex.pro 的內容：

```
PRO on_ioerror_ex
  flag = 0
  WHILE flag EQ 0 DO BEGIN
    ON_IOERROR, err
    a = 1
    READ, 'Enter a number: ', a
    flag = 1
ERR:
IF flag EQ 0 THEN $
    PRINT, 'You entered a character.'
  ENDWHILE
  PRINT, a
RETURN
END
```

在 on_ioerror_ex.pro 中，定義 ON_IOERROR_EX 程序的表頭是沒有包含輸出或輸入變數。先設定旗標 flag 為 0，即可進入 WHILE 迴圈，ON_IOERROR 程序宣告錯誤發生時會跳到跳行標號 err 的所在位置，然後宣告變數 a 的資料型態為數字，READ 程序期待從視窗上的提示符號「:」輸入一個數字，如果是數字，旗標變為 1，即可離開迴圈，列印變數 a，但如果是字母時，則會發生錯誤，程式的執行會直接跳到標號 ERR 的所在位置，列印錯誤訊息告訴程式執行者輸入的是字母，且繼續迴圈，直到旗標變為 1 為止。

範例：

```
IDL> ON_IOERROR_EX
Enter a number: b
You entered a character.
Enter a number: 1
        1
```

直接執行 ON_IOERROR_EX 程序。視窗上會提示輸入一個數字，但如果輸入一個字母，則啓動 ON_IOERROR 程序，告訴執行者錯誤的輸入字母，再重新輸入一次。輸入數字後，即滿足輸入條件，程式繼續執行，列印輸入的數字至視窗上。

15.3.2 錯誤訊息的發送和查詢

　　表 15.3.3 列出特定錯誤訊息的發送指令和錯誤訊息置放的系統變數名稱。當錯誤發生時，系統變數 !ERROR_STATE.MSG 記錄著最新的錯誤訊息，亦即此系統變數會被新的錯誤訊息覆蓋。雖然 IDL 系統提供已經編寫的錯誤訊息，當特定錯誤發生時，特定的錯誤訊息則會出現在視窗上，然後使用者可以根據錯誤訊息來回應。程式設計者也可以呼叫 MESSAGE 程序傳送自己編寫的錯誤訊息給使用者，這指令與 PRINT 程序的功能類似，但 MESSAGE 程序會讓所列印的訊息看起來像系統所產生的錯誤訊息。

表 15.3.3 - IDL 錯誤訊息的發送和查詢

程序或系統變數	說明
MESSAGE	發送特定的錯誤訊息
!ERROR_STATE.MSG	此結構欄位記錄系統發生錯誤的訊息

範例：

IDL> PRINT, !ERROR_STATE.MSG	列印 !ERROR_STATE.MSG 系統變數。目前沒發生錯誤，所以是空白。
IDL> PRINT, var % PRINT: Variable is undefined: VAR. % EXECUTION halted at: $MAIN$	列印變數 var 至視窗上，目前此變數還沒定義，所以 IDL 系統顯示「變數沒定義」的錯誤訊息。
IDL> PRINT, !ERROR_STATE.MSG PRINT: Variable is undefined: VAR.	列印 !ERROR_STATE.MSG 系統變數，其內容是「變數沒定義」的錯誤訊息，與直接列印在視窗上的文字不同之處是訊息的最前面沒有「%」符號，且沒有程式停止位置的資訊。注意的是，如果新的錯誤發生，新的錯誤訊息會覆蓋上。
IDL> MESSAGE, 'File Not Found' % $MAIN: File Not Found % EXECUTION halted at: $MAIN$	製作自己編寫的錯誤訊息 'File Not Found'，讓視窗上所顯示的錯誤訊息看起來像是 IDL 系統自動產生的。

15.3.3 執行階層的轉變

當程式執行發生錯誤時，程式會停止在副程式中的某個位置，這時無法看到主程式階層中的變數名稱和內容，表 15.3.4 列出的指令可以幫忙系統回到上一個階層或到達主程式的階層，查詢相關變數的內容才可以偵錯，實際執行的方式是在提示符號「IDL>」上鍵入「RETALL」指令。在副程式中的末尾通常都會用到「RETURN」指令，以回到上一程式呼叫的地方，因副程式可能又會呼叫其它的副程式，一次的「RETURN」指令可能沒辦法直接回到主程式的階層，「RETALL」指令可以幫忙達到目的。

表 15.3.4 - 轉變執行階層的指令

指令	說明
RETURN	回到上一階層
RETALL	回到主程式的階層

第十六章 一般資料的存取

本章簡介

資料通常是以固定的格式儲存，儲存格式的選用因人而定，因此在傳送資料檔時需要註明儲存格式，接收者才能依據格式，選擇適當的指令來讀取檔案（file）中的內容，才能接著做資料處理（data processing）。資料格式（data format）包括一般的 ASCII 格式和二元格式，IDL 提供一些指令可存取這二種格式的資料。

本章的學習目標

認識 IDL 常用的資料格式

熟悉 IDL 存取檔案的程式

學習 IDL 存取檔案的執行方式

16.1 一般資料的介紹

了解資料的格式對資料的存取有很大的幫助，當資料讀取時，可以選擇適當的指令讀取。當儲存資料時，可以選擇適當的指令儲存，方便自己或他人做進一步的處理。

16.1.1 IDL 常用的資料格式

如表 16.1.1 所顯示，資料大致分成 ASCII 和 Binary 的格式，ASCII 格式可以用文字編輯器讀取或修改，且適用不同作業平台，又稱作 formatted 格式。Binary 格式是機器碼，用文字編輯器看是亂碼，各作業平台有自己的機器碼，不能跨平台使用，又稱做 unformatted 格式。SAVE 格式是 IDL 獨特的資料格式，它本身是一種 Binary 格式，因獨特的設計，可以跨電腦平台使用，方便資料共享，但只能用 IDL 軟體讀取。

表 16.1.1 - IDL 常用的資料格式

資料格式	說明
ASCII	易懂且易讀
Binary	機器碼，讀取速度快
SAVE	IDL 特有的格式，單一指令即可讀取

16.1.2 IDL 存取檔案的程式

如表 16.1.2 所顯示，IDL 存取檔案的程式分成二種，第一種是運用 IDL 內建的基本指令逐步地進行開啟檔案、存取資料以及關閉檔案的動作，第二種是運用進階指令存取檔

案，使用者不會感覺到逐步地在進行開啟檔案、存取資料以及關閉檔案的動作，但實際上，進階指令也是同樣執行這些動作。基本指令靈活，但耗費時間撰寫程式。進階指令方便，但使用時必須配合進階指令的操作流程。這些基本和進階指令的實施將在本章中陸續介紹。

表 16.1.2 - IDL 存取檔案的程式

種類	說明
基本程式（OPEN、READ、WRITE、CLOSE）	IDL 內建的基本存取指令，具靈活性
進階程式（READ_ASCII、READ_BINARY）	進階程式是由基本程式寫成，具方便性

16.2 存取資料的基本執行方式

存取檔案的基本方式是開啟檔案，接著是讀取檔案中的內容或寫入內容至檔案中，最後是關閉檔案，結束存取的動作。IDL 提供開啟檔案、輸入或輸出資料以及關閉檔案的程序，供讀者達到資料存取的目的。

16.2.1 IDL 開啟檔案的程序

表 16.2.1 列出 IDL 開啟檔案的指令和使用的語法，如果不想損毀原來的檔案，可以使用 OPENR 程序。如果想要改變原來檔案的內容，可以使用 OPENU 程序。如果需要建立一個新檔案，則使用 OPENW 程序，開啟檔案的指令執行後產生的檔案都置放在目前的工作目錄中。注意的是，當使用 OPENW 程序開啟一個現有的檔案時，檔案內的資料立刻被刪除。語法中的引數 Filename 為檔案名稱，引數 Unit 為檔案的識別碼，是唯一的號碼。當同時存取二個不同的檔案時，不同的識別碼可以提供檔案的區別。

表 16.2.1 - IDL 開啟檔案的程序

程序	功能
OPENR, Unit, Filename[, /GET_LUN]	開啟現有的檔案，只允許讀取，關鍵字 /GET_LUN 讓系統自動指定識別碼至引數 Unit
OPENW, Unit, Filename[, /GET_LUN]	開啟新的檔案，舊內容會被覆蓋
OPENU, Unit, Filename[, /GET_LUN]	更新現有的檔案

範例：

IDL> OPENR, 1, 'file.dat'　　　　　　　　開啟檔案 file.dat，設定此檔案的號碼為 1，因不希望此檔案被改變，使用 OPENR 程序。如果目前工作目錄中沒有此檔案時，系統則會顯示錯誤訊息。

IDL> OPENW, 2, 'file2.dat'	開啟檔案 file2.dat，設定此檔案的識別碼為 2。此檔案可以是新的檔案，也可以是現有的檔案，但檔案中的內容立刻被刪除。
IDL> OPENU, 3, 'file3.dat'	開啟檔案 file3.dat，設定此檔案的識別碼為 3。此檔案必須是現有的檔案，允許改變。
IDL> OPENR, unit, 'file4.dat', /GET_LUN IDL> PRINT, unit 100	使用關鍵字 /GET_LUN 讓系統自動指定識別碼，從數字100開始，所以變數unit的內容是100。

16.2.2 IDL 關閉檔案的程序

　　檔案開啟之後，經過資料存取的過程，最後需要關閉檔案，結束整個資料存取的過程。沒有關閉檔案時，如果再度使用同樣的識別碼開啟檔案，系統會回傳檔案已開啟的錯誤訊息。表16.2.2 列出 IDL 關閉已開啟檔案所需的指令和執行語法。

表 16.2.2 - IDL 關閉檔案的程序

程序	功能
CLOSE, Unit	關閉已打開的檔案，Unit 為檔案的識別碼

範例：

IDL> CLOSE, 1	關閉識別碼為 1 的檔案 file.dat。
IDL> CLOSE, 2, 3, unit	關閉識別碼為 2、3 和 100 的對應檔案。

16.2.3 EOF 函數的語法

　　開啟檔案後，接著可以讀取檔案中的內容，如果檔案內容已經讀到底部時，繼續讀下去則會招致「End of file encountered」錯誤訊息。表16.2.3 列出的 EOF 函數，可用來判斷檔案的底部位置，到底部時變數 Result 回傳1，否則為0。最後使用 CLOSE 程序關閉檔案。

表 16.2.3 - EOF 函數的語法

程序	功能
Result = EOF(Unit)	判斷檔案是否到底，Unit 為檔案的識別碼

範例：

IDL> OPENR, 1, 'file.dat'	開啟檔案 file.dat，設定此檔案的識別碼為1。
IDL> info = EOF(1)	檢查檔案是否到底？因才剛剛開啟檔案，不會到底，所以一定回傳否，亦即0，除非開啓的檔案是空檔案。其結果放入變數 info 中。
IDL> CLOSE, 1	關閉識別碼為1的檔案，亦即 file.dat。

16.2.4 IDL 讀取資料的程序

　　資料可以用格式化（formatted）或非格式化（unformatted）的方式儲存，格式化資料是屬於 ASCII 格式，以行（line）或記錄（record）為單位，資料以行的順序連續排列，讀取時按照行的順序。非格式資料是屬於 Binary 格式，以位元組為單位，資料以位元組的順序連續排列，讀取時按照位元組的順序。如表16.2.4所顯示，依據資料的格式不同，讀取資料的程序也就隨著不同，讀者必須選擇適當的程序，以避免產生錯誤的訊息或讀到錯誤的資料。

表16.2.4 - IDL 讀取資料的程序

程序	功能
READ, Var1, ..., VarN	從工作視窗或指令列讀取變數內容 Var1, ..., VarN：為一串列的變數名稱
READF, Unit, Var1, ..., VarN	讀取格式化的檔案，Unit：檔案的識別碼
READU, Unit, Var1, ..., VarN	讀取非格式化的檔案
READS, Input, Var1, ..., VarN	從變數 Input 中讀取字元

檔案 file.dat 的內容：

1.5 2.5 3.5	三個浮點數，各個數字以空白隔開。

範例：

IDL> a =1 IDL> READ, a : 2 IDL> HELP, a A INT = 2	先宣告變數 a 為整數，再從工作視窗或指令列讀取輸入的資料至變數 a。當「READ」指令鍵入時，輸入的提示符號「：」則會出現在工作視窗上，等待輸入的資料。等資料輸入後，再按返回鍵時，輸入的數字 2，立即放入變數 a 中。
IDL> READ, a, PROMPT='Enter a Number' Enter a Number: 2	READ 程序加上 PROMPT 關鍵字，可以提示輸入的內容，增加程式的可用度。

```
IDL> OPENR, 1, 'file.dat'
IDL> a = 1. & b = 1. & c = 1.
IDL> READF, 1, a, b, c
IDL> CLOSE, 1
IDL> PRINT, a, b, c
      1.50000      2.50000      3.50000
```

開啟檔案 file.dat 且設定檔案的識別碼為 1。為在讀取資料時避免混淆，必須先宣告變數 a、b 和 c 的資料型態，都是浮點數。使用 READF 程序時，需要註明檔案的識別碼和欲讀入資料的變數名稱。注意的是，讀完後需要關閉檔案，以後才能重複使用識別碼。

```
IDL> subdir = ['examples', 'data']
IDL> file = FILEPATH('worldelv.dat', $
IDL>    SUBDIRECTORY=subdir)
```

檔案 worldelv.dat 的內容是一幅世界地圖影像，儲存在 IDL 系統目錄中。

```
IDL> OPENR, 2, file
IDL> image = BYTARR(360, 360)
IDL> READU, 2, image
IDL> CLOSE, 2
IDL> HELP, image

IMAGE      BYTE      = Array[360, 360]
```

檔案 worldelv.dat 是 binary 格式，必須要使用 READU 程序讀取，但需要事先知道影像的尺寸，讀完後需要關閉檔案。如果尺寸已經設定正確，但讀出來的數值仍然不對，這是因為不同的電腦硬體有不同的機器碼儲存方式，這時需要在 OPENR 程序後加上關鍵字 /SWAP_ ENDIAN。注意的是，在讀取二維以上的陣列時，先讀第一維的元素，然後再讀第二維的元素，以此類推至陣列的最高維元素。

```
IDL> WINDOW, XSIZE=360, YSIZE=360
IDL> TV, image
```

開啟一個 360 × 360 的視窗，然後將影像顯示在視窗上，如圖 16.2.1 所顯示。

圖 16.2.1

```
IDL> d = 'Program Testing'
IDL> e = ' '
IDL> READS, d, e
IDL> PRINT, e
Program Testing
```

設立字串變數 d 的內容為 'Program Testing'，且定義變數 e 為字串變數，然後使用 READS 程序，將變數 d 的整個內容讀到變數 e 內，最後列印變數 e 的內容至視窗上。

16.2.5 IDL 寫入資料的程序

表16.2.5 列出三個 IDL 寫入資料的程序，PRINT 和 PRINTF 是寫入格式化資料的程序，但資料寫入的目的地不同，分別是螢幕上和檔案中。WRITEU 是寫入非格式化資料的程序，只能寫到檔案中。文字編輯器可以讀取格式化的資料，但無法查看非格式化的資料。因格式化的檔案需要多餘的位元組來記錄格式的資訊，其檔案大小通常會比非格式化的檔案來得大。讀者可以依照工作需求來決定採用格式或非格式化的檔案。

表16.2.5 - IDL 寫入資料的程序

程序	功能
PRINT [, Expr1, ..., ExprN]	寫入格式化的資料至螢幕上
PRINTF, Unit [, Expr1, ..., ExprN]	寫入格式化的資料至檔案
WRITEU, Unit [, Expr1, ..., ExprN]	寫入非格式化的資料至檔案

（Unit為檔案的識別碼， Expr1, ..., ExprN 為一串列的變數名稱）

範例：

例16.2.1
OPENW, 2, 'file2.dat'
a = BINDGEN(3)
PRINTF, 2, a
CLOSE, 2
END

在例16.2.1中，開啟新檔案 file2.dat，寫入內容為下標的變數 a，然後關閉檔案。在目前工作目錄中，即產生一個 file2.dat 的檔案，其檔案大小為 13 個位元組，內容如下：

　0　1　2

執行例 16.2.1 後，得到 file2.dat 檔案。

例16.2.2
OPENW, 3, 'file3.dat'
a = BINDGEN(3)
WRITEU, 3, a
CLOSE, 3
END

在例16.2.2中，開啟新檔案 file3.dat，寫入內容為下標的變數 a，然後關閉檔案。在目前工作目錄中，即產生一個 file3.dat 的檔案，其檔案大小卻只有 3 個位元組，用非格式化的資料格式寫入會節省硬碟空間，但無法用文字編輯器查看內容。

執行例 16.2.2 後，得到 file3.dat 檔案。

16.2.6 IDL 讀取與寫入程序共用的關鍵字

如表16.2.6 所顯示，關鍵字 FORMAT 適用在 IDL 各個讀取與寫入的程序或函數中，可宣告欄位格式碼（format code），來讀取或寫入不同資料型態的資料。由於這個關鍵字的引進，讀者可以更靈活地安排資料的形式。

表16.2.6 - IDL 讀取與寫入程序共用的關鍵字

關鍵字	說明
FORMAT=value	定義欄位格式

範例：

| IDL> a = 1 & b = 2. & c = '3' | 定義純量變數 a、b 和 c。變數 a 是整數，b 是浮點數，c 是字元。 |

| IDL> PRINT, a, b, c
        1   2.000003 | 列印變數 a、b 和 c 至視窗上。因變數 c 中字元之前沒有空格，所以不容易分辨與前面數字的差別。 |

| IDL> PRINT, a, b, c, FORMAT='(I2, F4.1, A2)'
 1 2.0 3 | 如果在列印變數 a、b 和 c 使用關鍵字 FORMAT，則可避免數字和字元連接在一起。格式碼 I2 是將變數 a 用二位整數列印。格式碼 F4.1 是將變數 b 用四位浮點數列印，小數點後只有一位。格式碼 A2 是將變數 c 用二位字元列印，因為從右邊只填一個字元，剩下左邊的空格。進階的格式碼使用將會在接續的小節介紹示範。注意的是，格式碼必須放在小括號內。 |

| IDL> d = 'Program Testing'
IDL> e = ' '
IDL> READS, d, e, FORMAT='(A7)'
IDL> PRINT, e
Program | 設定字串變數 d 的內容為 'Program Testing'，且定義變數 e 為字串變數，然後使用宣告 FORMAT 的 READS 程序，將變數 d 的內容以格式 A7 讀到變數 e 內，最後列印變數 e 的內容至視窗上，視窗上只顯示前 7 個字元 'Program'。 |

16.2.7 IDL 欄位格式碼的寫法

表 16.2.7 列出的是格式碼的寫法通式。上節已經示範過了格式碼和寬度的使用，在這節中將示範重複數目 n 的使用，由於重複數目參數的引進，使得格式編排碼變得更簡潔。「+」符號可以讓正數的正前方加上加號。預設文字的排列是靠右，在欄位格式碼上宣告「–」符號後，文字的排列則改為靠左。

表 16.2.7 - IDL 欄位格式碼的寫法

寫法	說明
[n]FC[+][–][width]	n 為重複的數目，FC 為格式碼，width 為寬度

範例：

| IDL> a = INDGEN(4) | 定義內容為下標的變數 a。此變數的元素總共 4 個。 |

IDL> PRINT, a, FORMAT='(4I3)' 0 1 2 3	在視窗上列印變數 a。每個元素的列印格式是 I3，佔 3 個空格，從最右邊空格填起，剩餘的部分是空格。變數a包含 4 個元素，因此宣告的格式是4I3。
IDL> PRINT, a, FORMAT='(4F6.1)' 0.0 1.0 2.0 3.0	先以格式4F6.1列印變數 a，每個元素各佔6個空格，其中一空格是小數點，小數點後位數佔一位。變數a有 4 個元素，所以宣告的格式是4F6.1。
IDL> PRINT, a, FORMAT='(4F–6.1)' 0.0 1.0 2.0 3.0	格式中加上負號後變為靠左排列。
例 16.2.3 OPENW, 4, 'file4.dat' PRINTF, 4, a, FORMAT='(4F5.1)' CLOSE, 4 END	在例 16.2.3 中，若列印變數所使用的指令是 PRINTF程序，代表列印的目的地是檔案，而不是在視窗上。 執行例 16.2.3 後，得到 file4.dat 檔案。

16.2.8 IDL 的常用格式碼

表 16.2.8 列出常用的格式碼。其中 I、F 和 A 格式碼已經介紹示範過了，在本節中將會示範 E、G、H 和 X 格式碼的使用。由於這些格式碼，格式化資料的編排變得更靈活。 格式碼 G 具有列印浮點數的靈活性，系統會自動判斷，若適用 E 格式，則以 E 格式取代，否則以 F 格式取代。

表 16.2.8 - IDL 的常用格式碼

格式碼	說明
A	定義字元格式
F、E、G	定義浮點數格式
I	定義整數格式
H、quoted String	定義字元格式
X	定義空白格式

範例：

IDL> a = 100.0 IDL> PRINT, a, FORMAT='(E7.1)' 1.0e+02 IDL> PRINT, a, FORMAT='(F7.1)' 100.00	先定義變數 a 的數值，然後以格式 E7.1 列印變數 a，格式碼 E 是以科學記號的方式表現浮點數。注意的是，在Windows電腦平台中，科學記號的指數部分有 3 位，即1.0E+002，但因整個字串有8位，7位不足以列印，所以結果是*******。接著再以格式 F7.1 列印變數 a，格式碼F是宣告固定數的方式。

IDL> PRINT, a, FORMAT='(E7.2)' *******	當使用格式 E7.2 宣告小數點後面二位時，7 個空格不足以使用科學記號的表示式，系統則列印出 7 個 * 符號。
IDL> PRINT, a, FORMAT='(G7.2)' 1.0E+02	當改變格式碼為 G 時，系統會自動判斷 E 或 F 格式，結果是 E 格式。
IDL> PRINT, FORMAT='(2Hok, "ok")' okok	格式碼 2H 代表列印接續的二個字元 ok。列印字元的另一種選擇是使用單或雙引號，當格式中的小括號外是單引號時，則小括號內必須用雙引號來表示字元，反之亦然。
IDL> PRINT, FORMAT='(2Hok, 1X, "ok")' ok ok	寫入字元的二個 ok 中間沒有空格，為達此目的，則需要使用格式碼 1X，代表空一格。

16.2.9 讀取與寫入 IDL SAVE 資料格式的指令

表 16.2.9 的指令是用來讀取或寫入 IDL 專用的 SAVE 資料格式，它是一種 Binary 或 Unformatted 格式。使用 SAVE 程序寫入後，任何電腦平台只要配備 IDL 軟體，即可用 RESTORE 程序讀取，方便程式執行或資料分送的工作。執行上非常簡單，只要一個指令，即可上載在 SAVE 檔內的所有變數至工作區域。關鍵字 /ROUTINE 宣告只有程式進行封包，不包括資料部分。

表 16.2.9 - 讀取與寫入 IDL SAVE 資料格式的指令

指令	功能
SAVE [, Var1, ..., VarN]	以 IDL SAVE 格式儲存資料 Var1, ..., VarN
RESTORE	讀取已儲存的 SAVE 檔
RESOLVE_ALL	把與主程式相關的所有程式（包括 IDL 內建函數和程序）呼叫進入系統
SAVE, /ROUTINES	進行應用程式的封包作業

範例：

IDL> a = 1 & b = 1.	定義變數 a 和 b。
IDL> SAVE	儲存工作區的所有變數或特定變數至預設檔案 idlsave.dat，此檔案是一種 Binary 格式。
IDL> SAVE, a	當只儲存特定變數 a 時，則需要在 SAVE 程序後宣告變數 a 的名稱。
IDL> RESTORE	上載已儲存在 idlsave.dat 中的全部變數，不能像 SAVE 一樣，只上載特定變數。
IDL> SAVE, FILENAME='file5.sav'	儲存工作區的所有變數至檔案 file5.sav。
IDL> RESTORE, 'file5.sav'	上載在 file5.sav 中的全部變數。

除了儲存資料外，SAVE 程序也可儲存程式，方便應用程式的封包和分送的作業，當讀者拿到應用程式的 SAVE 檔後，即可 RESTORE 此 SAVE 檔，接續執行主應用程式。

主程式 main.pro 的內容：

``
PRO main
  sub1
  sub2
RETURN
END
``
	主程式也可以是個副程式程序，開頭是 PRO。在主程式 main.pro 中，呼叫二個副程式 sub1.pro 和 sub2.pro。

副程式程序 sub1.pro 的內容：

``` PRO sub1 PRINT, 'Calling sub1.pro' RETURN END ```	副程式 sub1.pro 的執行結果是列印 Calling sub1.pro 訊息，當看到這個訊息時，代表 sub1.pro 已經執行過了。

副程式程序 sub2.pro 的內容：

``` PRO sub2 PRINT, 'Calling sub2.pro' RETURN END ```	副程式 sub2.pro 的執行結果是列印 Calling sub2.pro 訊息，當看到這個訊息時，代表 sub2.pro 已經執行過了。

範例：

``` IDL> main % Compiled module: MAIN. % Compiled module: SUB1. Calling sub1.pro % Compiled module: SUB2. Calling sub2.pro ```	編譯且執行主程式 main.pro。在這範例中，由主程式呼叫二個副程式程序 sub1.pro 和 sub2.pro。在編譯主程式的同時，會把副程式程序也一併編譯且執行，且列印「Calling sub1.pro」和「Calling sub2.pro」訊息。
``` IDL> RESOLVE_ALL % Compiled module: RESOLVE_ALL ```	透過 RESOLVE_ALL 程序把與主程式相關的所有程式（包括 IDL 內建函數和程序）呼叫進入系統。如果沒鍵入此程序，在執行時可能會發生指令找不到的錯誤訊息。
``` IDL> SAVE, /ROUTINES, FILENAME='file6.sav' IDL> EXIT ```	把已經在系統的所有程式打包至 file6.sav，準備分送給大眾使用。儲存完後離開 IDL 系統。
``` IDL> RESTORE, 'file6.sav' ```	當讀者拿到打包程式後，即可使用 RESTORE 程序來恢復檔案中 file6.sav 中的所有程式。

```
IDL> main
Calling sub1.pro
Calling sub2.pro
```

直接執行主程式 main.pro，因為 file6.sav 內的副程式已經編譯過了，所以不需要再編譯，直接執行。

16.3 讀取資料的進階執行方式

IDL 的進階指令是由一系列的基本指令所發展，在讀取檔案方面有 READ_ASCII 函數和 READ_BINARY 函數，分別是讀格式化和非格式化資料的指令，適當地引用可讓程式更簡潔。

16.3.1 READ_ASCII 程序的語法

IDL 提供一個進階的 READ_ASCII 函數，其語法敘述在表 16.3.1。這個函數可以讓讀者省下許多撰寫程式的麻煩，但是讀者需要花時間熟悉此函數的作業流程及其關鍵字。

表 16.3.1 - READ_ASCII 函數的語法

語法	說明
Result = READ_ASCII([Filename])	讀取檔案 Filename 的內容至變數 Result

檔案 file.dat 的內容：

1.5 2.5 3.5   三個浮點數，各個數字以空白隔開。

範例：

```
IDL> var = READ_ASCII('file.dat')
IDL> HELP, var, /STRUCTURE
FIELD1          FLOAT          Array[3]
IDL> PRINT, var.field1
      1.50000      2.50000      3.50000
```

使用 READ_ASCII 函數讀取 file.dat 的內容至結構變數 var。此結構變數包含一個欄位 field1，其資料型態是浮點數，長度為 3。最後列印欄位的數值。

16.3.2 READ_ASCII 程序的關鍵字

表 16.3.2 列出 READ_ASCII 程序的關鍵字，可以改變資料讀取的格式，這些關鍵字讓此程序的功能更靈活，以適用多變的工作需求。

表 16.3.2 - READ_ASCII 程序的關鍵字

關鍵字	說明
COUNT=variable	讀取資料的行數
DATA_START=lines_of_skip	跳掉行數
HEADER=variable	取出表頭
NUM_RECORDS=value	預設資料讀取的總行數
RECORD_START=index	設定資料讀取的開始行數

COMMENT_SYMBOL=string	定義註解的符號
DELIMITER=string	各個欄位的區隔符號
MISSING_VALUE=value	無資料時的指定值
TEMPLATE=value	資料排列版型，由ASCII_TEMPLATE程序決定

檔案file5.dat的內容：

Header Line 1
Header Line 2
1.1 1.2 1.3
2.1 2.2 2.3
3.1 3.2 3.3

總共5行，前二行是表頭，後三行是資料。

範例：

```
IDL> name = 'file5.dat'
IDL> data = READ_ASCII(name, COUNT=num, $
IDL>    DATA_START=2, HEADER=head)
IDL> PRINT, head
Header Line 1 Header Line 2
IDL> PRINT, num
       3
IDL> PRINT, data
{     1.10000      1.20000      1.30000
      2.10000      2.20000      2.30000
      3.10000      3.20000      3.30000
}
```

使用 READ_BINARY 函數讀 file5.dat。定義前面二行是表頭資訊，將會儲存至變數 head。從第三行開始至最後一行是資料，儲存至結構變數 data，而變數 num 記錄著資料的行數。

```
IDL> data = READ_ASCII(name, $
IDL>    RECORD_START=3, NUM_RECORDS=2)
IDL> PRINT, data
{     2.10000      2.20000      2.30000
      3.10000      3.20000      3.30000
}
```

使用 READ_BINARY 函數讀 file5.dat。RECORD_START=3 代表資料讀取從第四行開始，讀取 2 行資料。

　　資料檔內可能會有解說，一般是在每一行解說之前加註一個特別符號，當系統讀到這個特別符號時，後面的數字或文字都被視為解說。這個特別符號需要使用COMMENT_SYMBOL關鍵字來定義。資料欄位的預設區隔符號是空格，但也可以使用關鍵字DELIMITER 來改變區隔符號。有時候讀取到與資料型態不符的資料，可以使用關鍵字MISSING_VALUE 來指定數值，其預設數值是 NaN。另外一種讀取的方式是使用 ASCII_TEMPLATE 對話框（dialog）來製造一個格式樣版，當使用 READ_ASCII 函數讀取時，即可使用關鍵字 TEMPLATE輸入此樣版格式，關於TEMPLATE 的使用方式，讀者可以參閱IDL 線上查詢系統。

16.3.3 READ_BINARY函數的語法

表 16.3.3 列出 READ_BINARY 函數的語法，與 READ_ASCII 函數相同，READ_BINARY 函數也是個進階讀取檔案的指令，但讀取的是非格式化的資料。非格式化的資料無法用文字編輯器查看內容，所以必須先知道資料的型態和維度，否則有可能讀取到錯誤的資料值。

表 16.3.3 - READ_BINARY函數的語法

語法	說明
Result = READ_BINARY([Filename])	輸入檔名 Filename，輸出變數是 Result

範例：

```
IDL> subdir = ['examples', 'data']
IDL> file = FILEPATH('worldelv.dat', $
IDL>     SUBDIRECTORY=subdir)
```

檔案 worldelv.dat 的內容是一幅世界地圖影像，儲存在 IDL 系統目錄中，其檔案格式是 binary 格式。

```
IDL> image = READ_BINARY(file)
IDL> HELP, image
IMAGE       BYTE      = Array[129600]
```

如果沒宣告任何引數，READ_BINARY 函數以短整數向量來讀取資料，所以變數 image 是一維的陣列。

```
IDL> image2 = REFORM(image, 360, 360)
IDL> HELP, image2
IMAGE       BYTE      = Array[360, 360]
```

短整數向量 image 必須先使用 REFORM 函數轉變為二維短整數矩陣 image2，才能接續使用 IDL 的 TV 程序繪圖，因為 TV 程序的輸入引數必須是二維的矩陣。

16.3.4 READ_BINARY函數的關鍵字

表16.3.4 列出一些關鍵字可讓 READ_BINARY 函數的讀取資料功能更靈活。宣告資料開始的位元組、資料的型態以及資料的大小和維度是正確讀取非格式資料的關鍵。注意的是，與 ASCII 格式不同，如果不知道非格式檔案內資料的資訊，很難讀取出裡面的正確內容。一般來說，非格式檔案的提供者，也會提供檔案內的資訊，讓讀者在讀取 Binary 檔案之前，能夠仔細研讀格式資訊，才能正確地宣告 READ_BINARY 函數的關鍵字來讀取檔案中的內容。

表 16.3.4 - READ_BINARY函數的關鍵字

關鍵字	說明
DATA_START=value	開始讀取資料的位元組，亦即跳掉的位元組數目
DATA_TYPE=type_codes	資料的型態碼
DATA_DIMS=array	資料的維度
TEMPLATE=template	資料排列版型，由 BINARY_TEMPLATE 函數決定
ENDIAN=string	設立資料位元組在記憶體中的排列方式

範例：

IDL> image3 = READ_BINARY(file, $
IDL>   DATA_DIMS=[360, 360])
IDL> HELP, image3
IMAGE3   BYTE   = Array[360, 360]

IDL> image4 = READ_BINARY(file, $
IDL>   DATA_TYPE=2)
IDL> HELP, image4
IMAGE4   INT   = Array[64800]

延續上例，使用 READ_BINARY 讀取 binary 檔，同時宣告影像image3的維度，系統就會直接把影像轉成正確的維度，不需要再使用其它程式轉換。

表16.3.5列出關鍵字 DATA_TYPE 的各種資料型態碼，其預設值是 1，代表短整數型態，每個資料只需要一個位元組來表示。在這個範例中關鍵字DATA_TYPE設置為 2，代表整數型態，需要二個位元組來表示，與變數image3比較，變數 image4元素的總數目減半。

表16.3.5 - 資料型態碼（type code）

型態碼	資料型態
0	UNDEFINED
1	BYTE
2	INT
3	LONG
4	FLOAT
5	DOUBLE
6	COMPLEX
7	STRING
8	STRUCT
9	DCOMPLEX
10	POINTER
11	OBJREF
12	UINT
13	ULONG
14	LONG64
15	ULONG64

　　一種讀取非格式化資料的特別方式是使用 BINARY_TEMPLATE 函數來製造一個樣版，當使用 READ_BINARY 函數讀取時，可使用關鍵字 TEMPLATE輸入此樣版。關鍵字ENDIAN 宣告檔案內位元組的儲存順序，當在不同作業平台共享資料時，必須注意不同電腦所使用的位元組儲存順序。關鍵字DATA_START宣告跳掉的位元組數目。

第十七章 特定資料格式的存取

本章簡介

除了一般的ASCII格式和二元的Binary格式外,各領域的使用者會根據其特定的工作需求來制定資料格式,來增加檔案執行或傳輸的效率。IDL提供一些指令可讀取、儲存和查詢這些特定資料格式的檔案,以幫助讀者達到網路傳輸、照片儲存以及專業繪圖的工作需求。

本章的學習目標

認識IDL特定的資料格式
熟悉IDL存取特定資料格式檔的程序
學習IDL查詢特定資料格式檔的資訊

17.1 特定資料格式的種類

關於IDL支援的特定資料格式,大致上可分成二類,第一類是影像處理方面,市面上的大部分繪圖軟體都有支援,第二類是科學應用方面,需要特別的軟體才能讀取。

17.1.1 特定影像的資料格式

市面上的特定影像格式有很多種,表17.1.1僅列出常用的資料格式,包括PNG、JPEG和TIFF格式,這些資料格式都有特定的用途,分別適用在網路傳輸、照片儲存以及專業繪圖上。

表17.1.1 - 影像處理的資料格式

資料格式	說明
PNG (Portable Network Graphics)	網路傳輸的資料格式
JPEG (Joint Photographic Experts Group)	照片儲存的資料格式
TIFF (Tagged Image File Format)	專業繪圖的資料格式

17.1.2 科學應用的資料格式

IDL提供一些指令來存取表17.1.2列出的資料格式,適用不同的領域和用途。這些資料格式可以跨電腦平台,方便資料的分送和推廣。CDF是通用的資料格式,美國NASA的太空資料庫採取CDF格式。HDF是分層式的資料格式,可儲存不同種類的資料,包括影像、調色盤、多維資料、表格以及文字說明,適用遙測影像處理和地理資訊系統。醫療界

廣為使用DICOM的資料格式。IDL的內建指令不支援FITS格式，但其提供者通常會提供存取FITS格式的IDL程式，方便讀者在IDL中存取FITS檔。

表17.1.2 - 科學應用的資料格式

資料格式	說明
CDF (Common Data Format)	通用性資料格式，適用不同系統平台
netCDF (Network Common Data Format)	網路式的通用性資料格式，方便分送
HDF (Hierarchical Data Format)	分層式資料格式，組織性明確
HDF5 (Hierarchical Data Format 5)	新版的分層式資料格式
HDF–EOS (HDF–Earth Observing System)	專門給地球觀測系統的分層式格式
DICOM (Digital Imaging and Communications in Medicine)	醫學影像和病患資訊交換的資料格式，廣泛被醫院使用
FITS (Flexible Image Transport System)	天文研究的資料格式，資料檔內包含校正的資訊

17.2 存取特定影像格式的實施

PNG是一種適合網路傳輸的影像格式，其功用可以取代具有專利權的GIF（Graphics Interchange Format）影像格式。因PNG和GIF圖檔的體積小，可以在網路上傳輸快速，是網頁設計者的首選。IDL提供存取PNG影像格式的程序或函數，方便讀者操作，讀取後可對影像中的像素做進一步的處理和分析。

17.2.1 IDL存取PNG影像格式的操作

表17.2.1顯示WRITE_PNG的語法，可以只寫入影像Image至檔案Filename中，不包括RGB的顏色表單，寫入後，即可用點選方式開啟影像檔，當不包括顏色表單時，儲存入檔案中的影像以黑白系列的顏色來呈現。

表17.2.1 - WRITE_PNG程序的語法

語法	說明
WRITE_PNG, Filename, Image[, R, G, B]	寫入PNG影像檔

範例：

IDL> image = FINDGEN(216, 216)	建立一個216 × 216的影像。
IDL> image = BYTSCL(image)	將影像數值轉變至 [0, 255] 範圍。
IDL> LOADCT, 5	上載第5號顏色表單至IDL系統。
IDL> HELP, image	影像image是216 × 216的短整數陣列。
IMAGE BYTE = Array[216, 216]	

| IDL> TVLCT, r, g, b, /GET | 從已上載的顏色表單拿取三原色，並個別儲存紅、綠和藍至變數r、g和b。 |

| 例17.2.1
file = 'image.png'
WRITE_PNG, file, image, r, g, b
END | 在例17.2.1中，設定輸出檔案名稱，png是副檔名。將影像image寫至image.png檔案內，並包含原來的顏色表單。也可以不宣告後面三個顏色變數，不宣告的結果會變成黑白影像。執行例17.2.1後，得到image.png圖檔。 |

　　表17.2.2顯示READ_PNG函數的語法。讀取檔案時，宣告檔案的名稱Filename，若檔案內包含顏色表單，也可以透過引數R、G和B拿出。讀取後，可以對影像Result作進一步的處理和分析。

表17.2.2 - READ_PNG函數的語法

語法	功能
Result = READ_PNG (Filename [, R, G, B])	讀取PNG影像檔

範例：

| IDL> image2 = READ_PNG(file, r, g, b) | 接續上例。讀取已建立的image.png，將影像讀至變數image2，且將三原色表單讀至變數r、g和b。執行之後，即可使用TVLCT程序上載顏色表單和使用TV程序顯示影像。 |

| IDL> HELP, image2
IMAGE2　　　BYTE　　= Array[216, 216] | 與影像image相同，影像image2是216 × 216的短整數陣列。 |

　　表17.2.3顯示QUERY_PNG程序的語法。可以使用此程序查詢影像的資訊info，其影像的資訊包括格式、數目、維度、顏色以及像素型態等，以結構的資料型態儲存。引數Filename是影像檔名，變數Result記錄查詢的狀態，查詢成功時為1，否則為0。

表17.2.3 - QUERY_PNG函數的語法

語法	說明
Result = QUERY_PNG(Filename [, info])	查詢PNG影像檔的資訊

範例：

| IDL> Result = QUERY_PNG(file, info) | 接續上例。查詢已建立的image.png檔的格式資訊，並將資訊儲存至結構變數info。當使用HELP程序查詢變數info資訊時，需要加上關鍵字/STRUCTURE。 |

| IDL> PRINT, Result | 列印變數 Result 至視窗上，查詢成功時，此變數 |
| 1 | 內容為1，否則為0。 |

表17.2.4列出READ_PNG函數和WRITE_PNG程序共用的關鍵字。IDL的預設顯像順序是由下而上，亦即影像第二維下標較小的像素先顯像，關鍵字 /ORDER 的設定會讓顯像順序變成由上而下，因此影像最後的位置是上下顛倒。

表17.2.4 - READ_PNG函數和WRITE_PNG程序所共用的關鍵字

關鍵字	說明
/ORDER	改變影像顯示的順序

17.2.2 IDL存取TIFF影像格式的操作

TIFF是專業繪圖的影像格式，可以儲存照片和美工圖案，最早的應用是在掃描機的圖檔。TIFF檔的表頭除了記錄格式、數目、維度、顏色以及像素型態，也同時記錄著影像的指向、位置以及解析度等資訊。此種格式一般在編輯和儲存後沒有失真的疑慮，為追求高品質影像的首選，但體積大，不適合網路傳輸。IDL 提供存取TIFF影像格式的程序或函數，方便讀者操作，執行後可對影像中的像素做進一步的處理和分析。

表17.2.5列出WRITE_TIFF程序的語法，此語法與WRITE_PNG程序類似，引數順序為輸出檔案名稱Filename和輸入的影像Image，另外再加上幾個顏色關鍵字RED、GREEN、BLUE和指向關鍵字ORIENTATION，即可製造一個TIFF檔，然後以點擊的方式開啟。此程序也有關鍵字可進行資料壓縮（data compression）或改變解析度，讀者可以參閱IDL的線上查詢系統。

表17.2.5 - WRITE_TIFF程序的語法

語法	說明
WRITE_TIFF, Filename, Image	寫入TIFF影像檔

範例：

例17.2.2
file = 'image.tif'
WRITE_TIFF, file, image, $
   RED=r, GREEN=g, BLUE=b
END

在例17.2.2中，設定輸出檔案名稱為image.tif，tif是副檔名，也可以設定成tiff。將第17.2.1節所建立的image影像以TIFF的格式寫入變數file所對應的檔案，並將三原色顏色表單寫入變數r、g和b內。也可以不宣告顏色關鍵字，輸出的影像會以灰階呈現。執行之後，工作目錄會增加一個image.tif檔，即可用相關軟體顯像。寫入的軟體將會是上下顛倒，只要是TIFF檔的顯像方式是由上至下，只要在指令敘述上宣告ORIENTATION=0即可解決問題。執行例17.2.2後，得到image.tif圖檔。

表17.2.6顯示READ_TIFF函數的語法。讀取檔案時，宣告檔案的名稱Filename，若檔案內包含顏色表單，也可以透過引數R, G, B拿出。輸出影像儲存至變數Result中。

表17.2.6 - READ_TIFF函數的語法

語法	功能
Result = READ_TIFF(Filename [, R, G, B])	讀取TIFF影像檔

範例：

IDL> image2 = READ_TIFF(file, r, g, b)	接續上例。讀取已建立的image.tif，將影像讀至變數image2，且將三原色表單讀至變數r、g和b。執行之後，即可使用TVLCT程序上載顏色表單和使用TV程序顯示影像。
IDL> HELP, image2 IMAGE2 BYTE = Array[216, 216]	與影像image相同，影像image2是216 × 216的短整數陣列。

表17.2.7顯示QUERY_TIFF程序的語法。此程序可以查詢影像的資訊Info，包括格式、數目、維度、顏色、像素型態、指向、位置以及解析度等，亦即讀者在讀取圖檔之前可以對影像有些基本的瞭解。引數Filename是影像檔名，變數Result記錄著查詢的狀態，成功為1，失敗為0。

表17.2.7 - QUERY_TIFF程序的語法

語法	說明
Result = QUERY_TIFF (Filename [, Info])	查詢TIFF影像檔的資訊

範例：

IDL> Result = QUERY_TIFF(file, info)	接續上例。查詢已建立的image.tif檔的格式資訊，並將資訊儲存至結構變數info。當使用HELP程序顯示變數info的資訊時，需要關鍵字/STRUCTURE。
IDL> PRINT, Result 1	列印變數Result至視窗上，查詢成功時，此變數內容為1，否則為0。

17.2.3 IDL存取JPEG影像格式的操作

JPEG是儲存照片的影像格式，具有壓縮的功能，檔案尺寸較小，廣泛地被數位相機採用，而且市面上的繪圖軟體通常有讀取或修改照片的功能，更增加JPEG格式的普遍性。IDL也具有存取JPEG格式的指令，再配合IDL影像處理和分析的功能，以達到工作

或研究的需求。

　　表17.2.8顯示READ_JPEG程序的語法。讀取影像時，宣告讀取檔案名稱Filename和影像名稱Image，取出影像的變數具有三維的結構，色彩的交織維度在第一維，欲改變交織維度可使用關鍵字TRUE。另外也可透過引數Colortable將顏色表單拿出，取出的影像變數具有二維的結構，影像變成灰階，相當於使用關鍵字 /GRAYSCALE，必須用顏色索引值的方式宣告顏色，否則色彩會失真。

表17.2.8 - READ_JPEG程序的語法

語法	說明
READ_JPEG, Filename, Image [, Colortable]	讀取JPEG影像檔

範例：

IDL> sub = ['examples', 'data'] IDL> file = FILEPATH('rose.jpg', \$ IDL>　　SUBDIRECTORY=sub)	設定副路徑變數 sub，解析 IDL 內建圖檔 rose.jpg 所在的路徑。
IDL> READ_JPEG, file, image	讀取 rose.jpg 圖檔至影像變數 image。
IDL> HELP, image IMAGE　　BYTE　　= Array[3, 227, 149]	顯示影像變數的資訊。此變數是三維的陣列，顏色的交織位置在第一維。
IDL> WINDOW, XSIZE=227, YSIZE=149 IDL> TV, image, TRUE=1	開啟一個 227 × 149 的視窗來顯示影像。因為影像 image 的顏色交織位置在第一維，當使用 TV 程序時，關鍵字 TRUE 需要設定為 1，最後的圖形是圖17.2.1。

圖17.2.1（原圖為彩色）

IDL> READ_JPEG, file, image2, ct	另外一種讀 JPEG 影像的方法是宣告顏色表單變數 ct，影像變數的維度會轉變成二維。
IDL> HELP, image2, ct IMAGE2　　BYTE　　= Array[227, 149] CT　　　　BYTE　　= Array[252, 3]	顯示影像變數和顏色變數的資訊。此影像變數是二維的矩陣，此顏色變數的維度與 PNG 和 TIFF 所使用的一維顏色變數不同，系統已將原來的三個一維的顏色變數轉變成一個二維的顏色變數。

| IDL> TVLCT, ct | 顯示影像時，必須先將顏色表單 ct 上載至 IDL 系統，此指令的寫法與「TVLCT, r, g, b」指令不同，它們之間的差別在於顏色表單變數的維度不同。 |

| IDL> TV, image2 | 顯示影像於視窗上，如圖 17.2.2 所顯示。 |

圖 17.2.2（原圖為彩色）

| IDL> READ_JPEG, file, image3, /GRAYSCALE | 宣告關鍵字 /GRAYSCALE 時，影像的維度會從原先的三維轉變成二維。因沒有設定顏色引數，檔案內建的顏色表單不會下載至任何變數，所以顯示黑白的影像。 |

| IDL> HELP, image3
IMAGE   BYTE   = Array[227, 149] | 顯示影像變數的資訊，維度是二維。 |

　　表 17.2.9 列出 WRITE_JPEG 程序的語法，此語法與 WRITE_TIFF 程序類似，引數順序為輸出檔案名稱 Filename 和輸入的影像 Image，另外再加上幾個關鍵字 QUALITY、TRUE 和 ORDER 分別來控制品質、交織性以及顯像順序，其中關鍵字 QUALITY 宣告寫入的品質，範圍是 0（最差）至 100（最好），預設值是 75，選擇較好的品質會造成較大的檔案尺寸。

表 17.2.9 - WRITE_JPEG 程序的語法

語法	說明
WRITE_JPEG, Filename, Image	寫入 JPEG 影像檔

範例：

| IDL> image4 = TRANSPOSE(image, [1,2,0]) | 接續上例，將原先的第一維交織的影像轉置成第三維交織的影像。 |

| IDL> HELP, image, image4
IMAGE   BYTE   = Array[3, 227, 149]
IMAGE4   BYTE   = Array[227, 249, 3] | 顯示變數 image 和 image4 的資訊，都是三維的變數，但維度順序已經改變了。 |

例 17.2.3
file = 'image.jpg'
WRITE_JPEG, file, image4, TRUE=3
END

在例17.2.3中，設立輸出檔案名稱為image.jpg，其副檔名也可以是jpeg。將影像image4儲存至目前工作目錄的image.jpg檔。離開IDL系統後，在檔案系統中找到此檔，點選後即可開啓。執行例17.2.3後，得到image.jpg圖檔。

　　表17.2.10顯示QUERY_JPEG程序的語法。此程序可以查詢影像的資訊Info，影像的資訊包括格式、數目、維度、顏色以及像素型態等。當加上引數Info時，相關資訊會儲存至此引數所指的結構變數中。引數Filename是影像檔名，輸出變數Result記錄著查詢的狀態，成功為1。

表 17.2.10 - QUERY_JPEG 程序的語法

語法	說明
Result = QUERY_JPEG (Filename [, Info])	查詢JPEG影像檔的資訊

範例：

IDL> file = 'image.jpg' 　　　　　　　　　　設定影像的檔名。

IDL> Result = QUERY_JPEG(file, info) 　　　接續上例。查詢已建立的image.jpg檔的格式資訊，並將資訊儲存至結構變數info。當使用HELP程序顯示變數資訊時，需要關鍵字 /STRUCTURE。

IDL> PRINT, Result 　　　　　　　　　　列印變數Result至視窗上，查詢成功時，此
　　　1 　　　　　　　　　　　　　　　　變數內容為1，否則為0。

17.2.4 IDL 視窗影像的擷取

　　當使用IDL的繪圖指令時，所繪製的圖形將會傳送至視窗上，除非宣告繪圖裝置為PS裝置。如果要將視窗上的圖形儲存至PNG、TIFF和JPEG檔，則需要TVRD函數，擷取影像儲存至變數Result中，其語法列在表17.2.11中，而TVRD函數的關鍵字列在表17.2.12中。注意的是，如果擷取出來的影像是雜亂無章的影像，則需要先改變視窗的設定狀況，亦即執行「DEVICE, RETAIN=2」指令，當移開其它視窗時，則可以恢復原來在視窗上的圖形。如果關鍵字RETAIN=2的設定仍然沒有效果，則需要先使用「SET_PLOT, 'Z'」指令把圖形畫在記憶體的緩衝區上，然後再使用TVRD函數擷取影像，關於Z緩衝區的用法，讀者可以參考第11章。

表 17.2.11 - TVRD 函數的語法

語法	說明
Result = TVRD([x0 [, y0 [, nx [, ny]]]])	將視窗內的圖形儲存至變數中，其中 (x0, y0) 是欲儲存區域的左下角座標，nx 和 ny 是欲儲存區域的長和寬

範例：

IDL> WINDOW, XSIZE=216, YSIZE=162
IDL> PLOT, [0, 1]
IDL> image = TVRD( )
IDL> ERASE
IDL> TV, image

以PLOT程序在216×162視窗上繪製二資料點的連結。將視窗上的圖形擷取至影像變數image後擦掉，然後使用TV程序把影像image再度顯示在視窗上，如圖17.2.3。

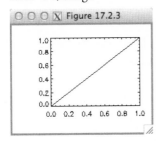

圖17.2.3

IDL> image2 = TVRD(0, 0, 108, 108)
IDL> ERASE
IDL> TV, image2

將視窗上的部分圖形擷取至影像變數image2，（0，0）是原先圖形的左下角，以這點為圓點擷取長和寬分別為108和108的方形區域。顯像時先擦掉原先在視窗上的圖形，再畫上影像image2，如圖17.2.4所顯示。

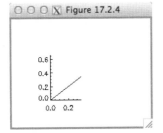

圖17.2.4

表17.2.12 - TVRD 函數的關鍵字

關鍵字	說明
/ORDER	改變影像顯示的順序為由上而下
TRUE={1 | 2 | 3}	定義真實色彩影像的格式

範例：

IDL> image3 = TVRD(/ORDER)

因使用關鍵字 /ORDER，擷取的影像image3是影像image的上下顛倒之影像。

IDL> image4 = TVRD(TURE=3)

因使用關鍵字 TRUE=3，擷取影像image4會以三維變數表示，顏色交織的維度是在第三維。

17.3 科學資料格式的相關資訊

除了一般的資料格式，各行業會自己定義適合自己領域的科學資料格式，然後發展適合自己資料格式的各式軟體，以適用各種電腦平台，方便其專業領域的應用。各種資料格式有自己的官方網頁和應用領域。

17.3.1 各類科學資料格式的官方網頁

表17.3.1列出各類科學資料格式的官方網頁，提供各個科學資料格式的相關資訊，以供讀者查詢。讀者可以根據自己工作的性質，選擇適當的科學資料格式，關於在IDL系統上的實際操作方式，讀者可以參閱IDL的線上查詢系統。其中IDL不支援FITS資料格式，但採用此資料格式的天文學界已經發展一些在IDL系統中處理和分析FITS檔的指令，需要者可以進入FITS官方或其它網頁瀏覽或下載。注意的是，官方網頁的網址有時候會更新，當網址找不到時，可以在網頁搜尋欄位中輸入資料格式的名稱，即可找到更新的網址。

表17.3.1 - 各類科學資料格式的相關網頁

資料格式	網頁
CDF	http://cdf.gsfc.nasa.gov/cdf_home.html
netCDF	http://www.unidata.ucar.edu/packages/netcdf/
HDF、HDF5	http://www.hdfgroup.org/HDF5
HDF–EOS	http://hdfeos.org
DICOM	http://dicom.nema.org
FITS	http://fits.gsfc.nasa.gov

17.3.2 各類科學資料格式的應用領域

表17.3.2列出各類科學資料格式的應用領域。每個領域依照自己的工作性質發展出特定的科學資料格式，以滿足工作需求，通常都會有許多已發展的支援軟體，方便讀者的操作。這些資料格式可以跨領域使用，但自己必須發展適用軟體。

表17.3.2 - 各類科學資料格式的應用領域

資料格式	應用領域
CDF	太空科學，NASA為主要用戶
netCDF	大氣科學、海洋科學
HDF、HDF5	遙測應用、地理資訊系統
HDF–EOS	遙測應用、地理資訊系統
DICOM	醫學影像的處理、儲存、列印、分送
FITS	天文科學

第三篇　數學運算

第十八章 微積分的計算

本章簡介

微積分（Calculus）是一門研究極限的學科，在科學和工程方面都有廣泛的應用。微積分包含微分和積分，變化程度的計算是微分的具體應用，而積分可幫助做長度和面積的計算。差分的極限是微分，IDL提供一些計算差分和積分的函數，供讀者進行差分、一維或多維積分的運算。

本章的學習目標

認識IDL差分的計算
熟悉IDL一維積分的函數
學習IDL二維以上積分的函數

18.1 差分的計算

微分的具體實施方式是差分（differentiation），差分的計算方式一般是由二個網格點的差值求得，或者對其差值除以二點之間的距離。IDL除了提供一般計算差分的方式，也提供特別的差分函數，供讀者運用。不同的差分方式會得到不同的結果，讀者需要仔細評估其適用性，才能得到準確的結果。

18.1.1 一般計算差分的方式

差分不管是前一點減去中間一點、中間一點減去前一點或是其它的組合都可實施，一般的做法是以迴圈對各個網格點做計算。另外一種方式是採用表18.1.1列出的SHIFT函數，來平移向量中的元素，然後互相相減。一般來說，這二種方式都能得到相同的結果，區別在於前者比較直接，且容易實施，但後者需掌握實施技巧，所得到的執行效率較高。

表18.1.1 - SHIFT函數的語法

語法	說明
SHIFT(A, c)	平移向量A中元素的順序，c代表平移量

範例：

IDL> y = [3, 2, 5, 7]	定義向量y的內容。
IDL> FOR i=0,2 DO PRINT, Y[i+1] – Y[i] 　　–1 　　3 　　2	利用迴圈計算後一點減去中間一點的差值，同時在每個迴圈步驟中列印差分值。

IDL> PRINT, y – SHIFT(y, 1) 　 –4　 –1　 3　 2	先把變數y的內容往右平移一個位置，然後計算原來的值減去平移後的值，這相當於後一點的值減去中間一點的差值，注意的是，除了最前一個差值之外，使用SHIFT函數計算出來的差值與使用迴圈計算出來的差值相同。
IDL> PRINT, y – SHIFT(y, –1) 　 1　 –3　 –2　 4	除了後一點減去中間一點，也可以前一點減去中間一點。執行方式是先把變數y的內容往左平移一個位置，然後計算原來的值減去往左平移後的值，這相當於前一點的值減去中間一點的差值，注意的是，最後一個差值是不能用的。

18.1.2 計算差分的特別函數

　　表18.1.2列出計算差分的DERIV函數語法，其演算法是運用三點Lagrangian內插，得出一個二次函數曲線，然後計算其微分值Result，代表其變化的程度。當只使用Y引數時，X引數的內容假設各點的等間距為1。

表18.1.2 - DERIV函數的語法

語法	說明
Result = DERIV([X,] Y)	用三點Lagrangian內插來計算數值差分

範例：

IDL> y = [3, 2, 5, 7]	定義向量y的內容。
IDL> PRINT, DERIV(y) 　 –3.00000　 1.00000　 2.50000　 1.50000	使用DERIV函數來計算差分，得到的結果與使用SHIFT函數得到的結果有些差距。當沒宣告引數X時，則代表X各點的間距為1。
IDL> x = [0, 1, 2, 3] & y = 3 * x + 2	另外定義向量x和y的內容，向量x的各點為等間距，向量y是向量x的線性函數。
IDL> PRINT, DERIV(x, y) 　 3.00000　 3.00000　 3.00000　 3.00000	因向量 x 和 y 之間的關係是線性，使用三點Lagrangian內插的結果仍然是線性函數，各點的y對x的變化率是直線的斜率，都是3。

　　如果引數X和Y帶有誤差值Sigx和Sigy時，則可以使用表18.1.3列出的DERIVSIG函數計算DERIV函數輸出的誤差值，儲存至變數Result。通常誤差值是由資料點的標準差代表，可由STDDEV函數計算。

表 18.1.3 - DERIVSIG 函數的語法

語法	說明
Result = DERIVSIG([X, Y, Sigx,] Sigy)	計算 DERIV 函數所導出差分值的誤差

範例：

IDL> sigy = REPLICATE(0.5, 4)	定義向量 sigy 的內容，代表向量 y 的誤差量。
IDL> PRINT, DERIVSIG(sigy) 　1.27475　0.353553　0.353553　1.63936	使用 DERIVSIG 函數計算各點的誤差，因為邊緣效應，前後二點的誤差較大。
IDL> sigx = sigy	假設向量 x 和 y 的各點誤差值都是 0.5。
IDL> PRINT, DERIVSIG(x, y, sigx, sigy) 　1.65831　1.11803　1.11803　1.65831	使用 DERIVSIG 函數時，宣告向量 x 和 y 的誤差值，在邊緣二點的誤差值仍然較大。

18.2 一維積分的計算

一維積分（integration）可以由很多方法計算，本節將介紹 Romberg 和 Simpson 方法。在 IDL 計算積分的函數中，QROMB 和 QROMO 函數是採取 Romberg 方法，而 QSIMP 函數是採用 Simpson 方法。各個函數執行步驟類似，都是需要先定義一個積分的函數。這些方法的理論基礎在書籍 *Numerical Recipes in C: The Art of Scientific Computing* 中有詳細的介紹。

18.2.1 QROMB 函數的語法與關鍵字

表 18.2.1 列出積分函數 QROMB 的語法，此函數是採取 Romberg 的演算方法，讀者需要先定義一個函數 func，代表積分值的變化，然後再宣告積分範圍 [A, B] 進行積分，其中 A 是下邊界，B 是上邊界。積分的結果儲存至 Result 中。

表 18.2.1 - QROMB 函數的語法

語法	說明
Result = QROMB(Func, A, B)	用 Romberg 方法計算封閉積分

副程式函數 linear.pro 的內容：

`FUNCTION linear, x`
`　y = 2 * x + 1`
`RETURN, y`
`END`
	函數 linear 是計算 y = 2 x + 1 的函數。

副程式函數hcircle.pro的內容：

```
FUNCTION hcircle, x
    y = SQRT(1 - x^2)
RETURN, y
END
```

函數hcircle是計算$y = SQRT(1 - x^2)$的函數。

範例：

```
IDL> PRINT, QROMB('linear', 0, 2)
    6.00000
```

函數linear是計算$y = 2x + 1$的函數，積分的範圍是從0至2。注意的是，呼叫QROMB函數之前需要先編譯linear函數，除非函數名稱與檔案名稱相同。

```
IDL> PRINT, QROMB('hcircle', -1, 1)
    1.57066
```

函數hcircle是計算$y = SQRT(1 - x^2)$的函數，積分的範圍是從 -1 至1。此函數的目的是計算半徑為1的半圓面積，等於 $\pi / 2$ =1.57080，與QROMB函數的計算值接近。

　　表18.2.2列出QROMB函數的關鍵字，用來改變計算的參數，以增加計算的精確度，但不適當的參數設定會造成無法計算的困境，系統因而回傳錯誤訊息。關鍵字EPS定義迭代（iteration）收斂的誤差容許值，預設值是10^{-6}，當設定關鍵字 /DOUBLE，變成10^{-12}。關鍵字JMAX用來定義迭代的最多次數2^{JMAX-1}，預設值是20。在Romberg方法中關鍵字K為5，但在K為2時，Romberg方法會變成Simpson方法。

表18.2.2 - QROMB函數的關鍵字

關鍵字	說明
/DOUBLE	以雙精度計算數值
EPS=value	設定迭代收斂的誤差容許度
JMAX=value	設定迭代的最多次數
K=value	設定Romberg方法的K參數

範例：

```
IDL> func = 'hcircle'
IDL> a = QROMB(func, -1, 1, /DOUBLE)
QROMB:Too many steps in routine qromb
```

沿用第18.2.1節的hcircle函數。呼叫QROMB函數時增加 /DOUBLE關鍵字，結果得到錯誤訊息。當宣告關鍵字 /DOUBLE時，關鍵字EPS的預設值變成1.0E-12，這個誤差容許度太小，所以會出現錯誤訊息。

IDL> PRINT, QROMB(func, –1, 1, /DOUBLE, \$ IDL>　　EPS=1.E–10) 　　　1.5707963	為避免在宣告關鍵字 /DOUBLE 發生錯誤，解決之道是同時增大 EPS 值，改變後計算出來的數值是 1.5707963，更接近理論值 1.57080。
IDL> PRINT, QROMB(func, –1, 1, JMAX=9) 　　　1.57066	關鍵字 JMAX 的預設值是 20，所以迭代的最多次數是 2^{19}，在這個積分中，JMAX 可以改變至 9。注意的是，太小的 JMAX 值會產生錯誤。

18.2.2 QROMO 函數的語法與關鍵字

　　表 18.2.3 列出 QROMO 函數的語法，此函數比 QROMB 函數的應用範圍更大，其積分範圍 [A, B] 的 B 可以是無限大，非常適合在無限大時會收斂的函數，其實施是藉由關鍵字 /MIDEX 的宣告，此關鍵字宣告後，上邊界引數 B 則省略。引數 Func 是積分函數，變數 Result 是積分結果。

表 18.2.3 - QROMO 函數的語法

語法	說明
Result = QROMO(Func, A [, B])	用 Romberg 方法計算開放積分

副程式函數 inverse.pro 的內容：

```FUNCTION inverse, x y = 1 / x^2 RETURN, y END```	函數 inverse 是計算 $y = 1 / x^2$ 的函數。

範例：

IDL> PRINT, QROMO('inverse', 1, 2) 　　　0.500000	函數 inverse 是計算 $y = 1 / x^2$ 的函數，積分的範圍是從 1 至 2。

　　表 18.2.4 列出 QROMO 函數的關鍵字，其中 EPS 和 JMAX 宣告迭代的誤差容許度和最多次數。關鍵字 /DOUBLE 宣告雙精度計算。在 Romberg 方法中關鍵字 K 為 5，但在 K 為 2 時，Romberg 方法會變成 Simpson 方法。

表 18.2.4 - QROMO 函數的關鍵字

關鍵字	說明
/DOUBLE	以雙精度計算數值
EPS=value	設定迭代收斂的誤差容許度
JMAX=value	設定迭代的最多次數

K=value	設定 Romberg 方法的 K 參數
/MIDEXP	引數 B 是無限大

範例:

IDL> func = 'inverse'　　　　　　　　　　　　積分的範圍是從 1 至 ∞。關鍵字
IDL> PRINT, QROMO(func, 1, /MIDEXP)　　　　/MIDEXP 宣告後,引數 B 因此省略。
　　0.929593

IDL> PRINT, QROMO('inverse', 1, 2, /DOUBLE)　　呼叫 QROMO 函數做積分時,同時宣
　　0.50000000　　　　　　　　　　　　　　告關鍵字 /DOUBLE,計算出來的數
　　　　　　　　　　　　　　　　　　　　　值是 0.50000000。

IDL> PRINT, QROMO('inverse', 1, 2, EPS=1.E–10)　呼叫 QROMO 函數做積分時,同時宣
　　0.500000　　　　　　　　　　　　　　　告關鍵字 EPS,計算出來的數值是
　　　　　　　　　　　　　　　　　　　　　0.500000。

IDL> PRINT, QROMO(func, 1, 2, JMAX=5)　　　關鍵字 JMAX 的預設值是 20,所以迭
　　0.500000　　　　　　　　　　　　　　　代的最多次數是 2^{19},在這個積分
　　　　　　　　　　　　　　　　　　　　　中,JMAX 可以改變至 5。注意的
　　　　　　　　　　　　　　　　　　　　　是,太小的 JMAX 值會產生錯誤。

18.2.3 QSIMP 函數的語法與關鍵字

　　表 18.2.5 顯示 QSIMP 函數的語法,其積分演算法是 Simpson 方法,具體的實施步驟與 QROMB 相同,也是需要先定義積分的函數 Func,然後再宣告積分範圍 [A, B]。注意的是,此函數的積分範圍必須是有限的數值。最後積分的結果儲存至變數 Result 中。

表 18.2.5 - QSIMP 函數的語法

語法	說明
Result = QSIMP(Func, A, B)	用 Simpson 方法計算封閉積分

IDL> PRINT, QSIMP('hcircle', –1, 1)　　　沿用第 18.2.1 節的 hcircle 函數,積分的範圍是
　　1.57080　　　　　　　　　　　　　從 –1 至 1。此 hcircle 函數的目的是計算半徑為
　　　　　　　　　　　　　　　　　　1 的半圓面積,等於 $\pi / 2 = 1.57080$,與
　　　　　　　　　　　　　　　　　　QSIMP 函數的計算值相同。

　　表 18.2.6 列出 QSIMP 函數的關鍵字,這些關鍵字與 QROMB 函數的關鍵字相同,用來設定迭代收斂和精確度的狀態。注意的是,關鍵字的不當設定會造成無法計算的問題,例如過多的迭代步驟會讓積分計算發生錯誤,讀者必須謹慎小心。

表 18.2.6 - QSIMP 函數的關鍵字

關鍵字	說明
/DOUBLE	以雙精度計算數值
EPS=value	設定迭代收斂的誤差容許度
JMAX=value	設定迭代的最多次數

範例：

```
IDL> func = 'hcircle'
IDL> a = QSIMP(func, -1, 1, EPS=1.E-5)
IDL> PRINT, a
      1.57079
```

沿用第18.2.1節的 hcircle 函數，呼叫 QSIMP 函數時增加 EPS 關鍵字。EPS 的預設值是 1.0E-06，當改變為更大時，得到的結果是 1.57079，比理論值 1.57080差一點。

```
IDL> PRINT, QSIMP('hcircle', -1, 1, /DOUBLE, $
IDL>    EPS=1.E-8)
      1.5707963
```

為避免在宣告關鍵字 /DOUBLE 發生錯誤，解決之道是同時增大 EPS 值，改變後計算出來的數值是 1.5707963，更接近理論值 1.57080。

```
IDL> PRINT, QSIMP(func, -1, 1, JMAX=15)
      1.57080
```

關鍵字 JMAX 的預設值是20，所以迭代的最多次數是 2^{19}，在這個積分中，JMAX 可以改變至15。注意的是，太小的 JMAX 值會產生錯誤。

18.3 二維以上積分的計算

目前為止，已經示範 IDL 在一維積分計算的實施，二維以上的積分將在本節中介紹。IDL 提供 INT_2D 和 INT_3D 函數，分別做二維和三維的積分，其實施的語法與一維積分函數的語法類似，都是先要定義積分的函數，然後再宣告積分範圍，不同的是，二維和三維的積分需要多宣告一次或二次積分範圍。注意的是，這二個函數的積分範圍必須是有限的數值。

18.3.1 INT_2D 函數的語法和關鍵字

表18.3.1顯示 INT_2D 函數的語法，引數 Fxy 定義積分的函數，其值可以是1或是與 x 和 y 有關的函數。引數 AB_Limits 定義在 x 方向的積分範圍，而引數 PQ_Limits 定義在 y 方向的積分範圍。引數 Pts 宣告變換點的數目，可以是6、10、20、48或96，數目越大，計算的精確度越大，但所需的計算時間越長。此函數使用 Iterated Gaussian Quadrature 方法。最後積分的結果儲存至 Result 中。

表18.3.1 - INT_2D 函數的語法

語法	說明
Result = INT_2D(Fxy, AB_Limits, PQ_Limits, Pts)	用二次高斯方法計算封閉積分

副程式函數 fxy.pro 的內容：

```
FUNCTION fxy, x, y
  f = 1
RETURN, f
END
```

函數 fxy 是計算 f(x, y) = 1 的函數。

副程式函數 pq.pro 的內容：

```
FUNCTION pq, x
    y = [0.0, SQRT(1 - x^2)]
RETURN, y
END
```

函數 pq 定義 y 方向的積分範圍。

範例：

```
IDL> ab = [-1, 1]
IDL> PRINT, INT_2D('fxy', ab, 'pq', 48)
    1.57080
```

函數 fxy 是計算 f(x, y) = 1 的函數，積分的面積是個半徑為 1 的半圓。因為 fxy = 1，所以此積分是相當於計算半圓的面積，理論值是 $\pi / 2 = 1.57080$。ab 向量是 x 方向的積分範圍，而 pq 函數定義 y 方向的積分範圍，從 0.0 積分至 SQRT($1 - x^2$)，最後的結果與理論值相同。函數 f 可以變得更複雜，只要到 fxy 函數改變回傳的 f 值即可。

```
IDL> PRINT, INT_2D('fxy', ab, 'pq', 6)
    1.57386
```

改變引數 Pts 的數值至 6，亦即使用更少的變換點，結果得到更差的數值。

　　表 18.3.2 列出 INT_2D 函數的關鍵字，關鍵字 /DOUBLE 可以改變積分計算的精確度，而關鍵字 /ORDER 可以改變積分的順序，預設的順序是先 dy 後 dx，當設定 /ORDER 關鍵字時，其順序是先 dx 後 dy。

表 18.3.2 - INT_2D 函數的關鍵字

關鍵字	說明
/DOUBLE	以雙精度計算數值
/ORDER	設定積分的順序

範例：

```
IDL> ab = [-1, 1]
IDL> PRINT, INT_2D('fxy', ab, 'pq', 48, /DOUBLE)
    1.5708035
```

沿用第 18.3.1 節的範例，宣告雙精度計算，以得到更精確的結果。

```
IDL> ab = [-1, 1]
IDL> PRINT, INT_2D('fxy', ab, 'pq', 48, /ORDER)
    1.57080
```

沿用第 18.3.1 節的範例，宣告 dx 和 dy 積分順序的改變，先積 dx 後 dy，得到的結果與先積 dy 後 dx 的結果相同。

18.3.2 INT_ 3D的語法與關鍵字

表 18.3.3顯示INT_3D函數的語法，引數Fxyz定義積分的函數，其值可以是1或是與x、y和z有關的函數。引數AB_Limits定義在x方向的積分範圍，而引數PQ_Limits定義在y方向的積分範圍，在三維積分中多了一個維度，因此引數UV_Limits定義在z方向的積分範圍。引數Pts宣告變換點的數目，可以是6、10、20、48或96，數目越大，計算的精確度越大，但所需的計算時間越長。與INT_2D相同，此函數也是使用Iterated Gaussian Quadrature演算法。最後積分的結果儲存至Result中。

表 18.3.3 - INT_3D 函數的語法

語法	說明
Result = INT_3D(Fxyz, AB_Limits, PQ_Limits, UV_Limits, Pts)	用二次高斯方法計算封閉積分

副程式函數fxyz.pro的內容：

```
FUNCTION fxyz, x, y, z
    f = 1
RETURN, f
END
```
函數fxyz是計算f(x, y, z) = 1的函數。

副程式函數pq.pro的內容：

```
FUNCTION pq, x
    y = [0.0, SQRT(1 − x^2)]
RETURN, y
END
```
函數pq定義y方向的積分範圍。

副程式函數uv.pro的內容：

```
FUNCTION uv, x, y
    a = SQRT(1 − x^2 − y^2)
    z = [−a, a]
RETURN, f
END
```
函數uv定義z方向的積分範圍。

範例：

```
IDL> ab = [−1, 1]
IDL> PRINT, INT_3D('fxyz', ab, 'pq', 'uv', 48)
    2.09440
```
函數fxyz是計算f(x, y, z) = 1的函數，積分的體積是個半徑為1的半球。因為fxyz=1，此積分相當於計算半球的體積，其理論值是 $2\pi / 3 = 2.09440$。ab向量是X方向的積分範圍，而pq函數定義Y方向的積分範圍，從0.0積分至$SQRT(1 − x^2)$，uv函數定義Z方向的積分範圍，從$−SQRT(1 − x^2 − y^2)$ 積分至$SQRT(1 − x^2 − y^2)$，最後得到的結果與理論值相同。

表18.3.4列出 INT_3D 函數的關鍵字，關鍵字 /DOUBLE 可以改變積分計算的精確度，得到結果的小數點後位數更多位，對於要求高精確度計算的讀者可以宣告。

表 18.3.4 - INT_3D 函數的關鍵字

關鍵字	說明
/DOUBLE	以雙精度計算數值

範例：

```
IDL> ab = [-1, 1]
IDL> PRINT, INT_3D('fxy', ab, 'pq', 'uv', 48, $
IDL>    /DOUBLE)
    2.0943985
```

沿用上例，但宣告雙精度計算，小數點後的位數更多位。

第十九章 線性代數的執行

本章簡介

　　線性代數（Linear Algebra）包含矩陣和行列式的數學運算，它們通常用來幫忙求解聯立方程組，其應用的範圍涵蓋統計學、經濟學、電腦科學以及物理學等領域。IDL 提供一些矩陣運算的基本和進階函數，其語法簡單且呼叫方便。本章將介紹 IDL 矩陣運算的實施方式，透過實例的演練，讓讀者能夠輕鬆掌握矩陣運算的技巧。

本章的學習目標

　　認識 IDL 建立特別矩陣的函數
　　熟悉 IDL 矩陣的運算和函數
　　學習 IDL 矩陣運算的應用

19.1 矩陣的建立

　　矩陣是二維的陣列，包括行和列，一個 n × m 的矩陣是由 n 行 m 列所構成的矩形陣列，矩陣內包含 n × m 個元素。矩陣可分成一般矩陣和特別矩陣，一般矩陣的元素之間沒有規則性，特別矩陣的元素之間有規則性，IDL 都有對應的指令或方式來建立矩陣。

19.1.1 不規則矩陣的建立

　　一般矩陣的元素之間沒有規則性，IDL 不規則矩陣的建立由中括號來完成，矩陣內的元素可以直接填入特殊排列的中括號內，最外層的中括號內包含 m 對的中括號，代表 m 列，每一對中括號內包含 n 個元素，代表 n 行，最後把所有的中括號和填入元素指定至一個變數，即可完成一個 n × m 矩陣的建立。注意的是，IDL 矩陣的行列順序與數學矩陣所定義的行列順序相反。

範例：

```
IDL> a = [[4, 1, 3]]
IDL> PRINT, a
      4       1       3
IDL> b = [2, 5, 0]
IDL> PRINT, b
      2       5       0
```

建立一個 3 × 1 矩陣 a，最外層的中括號內包含一對中括號，代表此矩陣只有一列，這一列有 3 個元素，其內容是不規則的整數。另外建立一個 3 × 1 矩陣 b，因矩陣 b 只有一列，也可以把其中一對中括號省略。

```
IDL> c = [a, b]
IDL> PRINT, c
     4     1     3     2     5     0
```

將矩陣 a 和 b 在行的方向合併，結果得到一個 6 × 1 的矩陣 c。

```
IDL> d = [[a], [b]]
IDL> PRINT, d
     4     1     3
     2     5     0
```

將矩陣 a 和 b 在列的方向合併，結果得到一個 3 × 2 的矩陣 d。

```
IDL> e = [[4, 1, 3], [2, 5, 0]]
IDL> PRINT, e
     4     1     3
     2     5     0
```

建立一個 3 × 2 矩陣 e，最外側的中括號包含二對中括號，分別代表矩陣的第一列和第二列，其內容是不規則的整數。注意的是，雖然使用的方式不同，變數 e 和變數 d 的內容卻相同。

19.1.2 規則矩陣的建立

　　IDL 提供許多建立規則矩陣的函數指令，如表 19.1.1 所顯示的函數，可建立內容為零、內容皆為一個特定數值以及內容為下標的矩陣，其建立的方式比建立不規則矩陣簡單，一個指令即可完成。

表 19.1.1 - IDL 建立規則矩陣的函數（n × m 為矩陣的維度）

函數	功能
INTARR(n, m)	建立內容為零的整數矩陣
REPLICATE(value, n, m)	建立內容皆為特定數值的矩陣
INDGEN(n, m)	建立以下標順序為內容的整數矩陣

範例：

```
IDL> x = INTARR(3, 2)
IDL> PRINT, x
     0     0     0
     0     0     0
```

建立一個 3 × 2 矩陣 x，裡面的內容皆為 0。

```
IDL> y = REPLICATE(5, 3, 2)
IDL> PRINT, y
     5     5     5
     5     5     5
```

建立一個 3 × 2 矩陣 y，裡面的內容皆為 5。

```
IDL> z = INDGEN(3, 2)
IDL> PRINT, z
     0     1     2
     3     4     5
```

建立一個 3 × 2 矩陣 z，裡面的內容為下標。注意的是，IDL 在記憶體中儲存矩陣時，先儲存第一列的元素，再儲存第二列的元素，其下標就是儲存的順序，第一個的下標為 0，第二個的下標為 1，以此類推，所以在 i 行 j 列元素的下標為 $(j - 1) \times 3 + (i - 1)$。對於 n × m 矩陣下標的計算公式是 $(j - 1) \times n + (i - 1)$。

表 19.1.2 列出 IDL 建立特別矩陣的 IDENTITY 函數，來建立一個 n × n 的單位矩陣，亦即正方矩陣，引數 n 代表正方矩陣的維度，其對角線的元素皆為 1。在線性代數的運算中，經常會用到單位矩陣來輔助運算。

表 19.1.2 - IDL 建立特別矩陣的函數

函數	功能
IDENTITY(n)	建立 n × n 單位矩陣

範例：

IDL> a = IDENTITY(2)
IDL> PRINT, a
   1.00000   0.00000
   0.00000   1.00000
	建立一個 2 × 2 單位矩陣 a，矩陣內的斜對角元素皆為 1。

IDL> b = IDENTITY(3)
IDL> PRINT, b
   1.00000   0.00000   0.00000
   0.00000   1.00000   0.00000
   0.00000   0.00000   1.00000
	建立一個 3 × 3 單位矩陣 b，矩陣內的斜對角元素皆為 1。

IDL> TVLCT, 255 * IDENTITY(3), 1	設置對應紅綠藍三種顏色的三個下標，從 1 開始，1 代表紅色，2 代表綠色，3 代表藍色。

19.2 矩陣的運算

矩陣的運算由矩陣運算子和矩陣運算函數來實施，其運算不外乎一個矩陣內的各個元素之間有規則性的計算或二個矩陣內的元素做加減乘除，每個運算子和運算函數都有其特定的規則。

19.2.1 IDL 矩陣的基本運算子

如表 19.2.1 顯示，IDL 定義二個基本的矩陣運算子，以符號「#」和「##」表示，代表二個矩陣 A 和 B 的運算，前者是將矩陣 A 的各個行元素乘以矩陣 B 的各個列元素後相加，而後者是將矩陣 A 的各個列元素乘以矩陣 B 的各個行元素後相加。函數 MATRIX_MULTIPLY(A, B) 的運算功能與運算子 # 的功能相同。注意的是，運算規則有個例外，當矩陣 A 和矩陣 B 是向量時，亦即矩陣的第二個維度為 1 時，矩陣運算 A # B 等於 A # TRANSPOSE(B)，矩陣運算 A ## B 等於 TRANSPOSE(A) ## B，在做這些矩陣運算之前，會先對其中一個矩陣做轉置，所以才不會因二個矩陣的維度不配合，而無法運算。

表 19.2.1 - 矩陣的基本運算子

運算子	說明
A # B	將矩陣A的行元素乘以矩陣B的列元素後相加
A ## B	將矩陣A的列元素乘以矩陣B的行元素後相加
MATRIX_MULTIPLY(A, B)	與A # B矩陣運算相同

範例：

```
IDL> x = INDGEN(3, 2)
IDL> PRINT, x
      0      1      2
      3      4      5
```
建立一個 3 × 2 矩陣 x，然後將矩陣的內容列印在視窗上。

```
IDL> y = INDGEN(2, 3)
IDL> PRINT, y
      0      1
      2      3
      4      5
```
建立一個 2 × 3 矩陣 y，然後將矩陣的內容列印在視窗上。

```
IDL> z = INDGEN(3, 3)
IDL> PRINT, z
      0      1      2
      3      4      5
      6      7      8
```
建立一個 3 × 3 矩陣 z，然後將矩陣的內容列印在視窗上。

```
IDL> PRINT, x # y
      3      4      5
      9     14     19
     15     24     33
```
將矩陣 x 的行元素乘以矩陣 y 的列元素後相加，變成一個 3 × 3 矩陣。

```
IDL> PRINT, x ## y
     10     13
     28     40
```
將矩陣 x 的列元素乘以矩陣 y 的行元素後相加，變成一個 2 × 2 矩陣。

```
IDL> PRINT, x ## z
     15     18     21
     42     54     66
```
將矩陣 x 的列元素乘以矩陣 z 的行元素後相加，變成一個 3 × 2 矩陣。

```
IDL> PRINT, x # z
% Operands of matrix multiply have incompatible
dimensions: X, Z.
```
在這個運算中，矩陣 x 的行元素個數（二個）和矩陣 z 的列元素個數（三個）不合，所以無法進行相乘，因此錯誤訊息出現在視窗上。

```
IDL> a = INDGEN(3) & b = [1, 3, 2]
IDL> PRINT, a, b
    0    1    2
    1    3    2
```
建立內容為三個元素的向量a和b，3 × 1的矩陣，其中向量a是個規則向量，向量b是不規則向量。

```
IDL> PRINT, a # b
    0    1    2
    0    3    6
    0    2    4
IDL> PRINT, a # TRANSPOSE(b)
    0    1    2
    0    3    6
    0    2    4
```
列印矩陣運算a # b的結果至視窗上，得到一個3 × 3矩陣。按照原始的運算規則，二個3 × 1的矩陣是不能做 # 運算，關鍵在於第二個矩陣在運算前先做轉置，實際的矩陣運算是a # TRANSPOSE(b)。

```
IDL> PRINT, a ## b
    0    0    0
    1    3    2
    2    6    4
IDL> PRINT, TRANSPOSE(a) ## b
    0    0    0
    1    3    2
    2    6    4
```
列印矩陣運算a ## b的結果至視窗上，得到一個3 × 3矩陣。按照原始的運算規則，二個3 × 1的矩陣是不能做 ## 運算，關鍵在於第一個矩陣在運算前先做轉置，實際的矩陣運算是 TRANSPOSE(a) ## b。

19.2.2 IDL矩陣運算的函數

表19.2.2列出IDL的矩陣運算函數，其功能包括任意矩陣的轉置（transpose）、向量的內積（dot product）和外積（cross product）、正方矩陣的行列式值（determinant）、跡值（trace）和反矩陣（inverse matrix）的計算以及對角線元素（diagonal elements）的擷取等，各個函數都有其運算規則，最後的結果是得到另外一個矩陣或數值。

表19.2.2 - 矩陣運算的函數

函數	功能
TRANSPOSE(A)	計算矩陣A的轉置矩陣
TRANSPOSE(B) # C 或 B ## TRANSPOSE(C)	計算向量B和C的內積
CROSSP(B, C)	計算B和C的外積，B和C是三個元素的向量
DETERM(D)	計算正方矩陣D的行列式值
INVERT(D, Status)	計算正方矩陣D的反矩陣，Status是執行狀態
TRACE(D)	計算正方矩陣D的跡值
MATRIX_POWER(D, k)	計算正方矩陣D的乘方，k代表相乘次數
DIAG_MATRIX(A, k)	取出矩陣A的第k個對角線元素

範例：

IDL> a = INDGEN(3, 2)
IDL> PRINT, a
    0   1   2
    3   4   5

建立一個 3 × 2 矩陣 a，其內容為下標。

IDL> x = a[*, 0] & y = a[*, 1]
IDL> PRINT, x,
    0   1   2
IDL> PRINT, y
    3   4   5

將矩陣 a 切成二個內容各為三個元素的向量 x 和 y，然後個別列印出來。

IDL> PRINT, TRANSPOSE(x) # y
   14
IDL> PRINT, x ## TRANSPOSE(y)
   14

計算向量 x 和 y 的內積，二種運算的方式得到相同的結果。注意的是，被轉置的矩陣不同，對於 # 運算子，在第一個矩陣做轉置，而對於 ## 運算子，在第二個矩陣做轉置。

IDL> z = CROSSP(x, y)
IDL> PRINT, z
   –3   6   –3

向量 z 是向量 x 和 y 的外積，從幾何的角度來說，向量 z 垂直於向量 x 和向量 y。CROSSP 函數只適用於內容為三個元素的向量。

IDL> b = [[2, 0, 1], [0, –1, –2], [3, 1, –2]]
IDL> PRINT, b
    2   0   1
    0   –1   –2
    3   1   –2

建立一個 3 × 3 正方矩陣 b，其內容是不規則的數字。

IDL> PRINT, DETERM(b)
   11.0000

列印正方矩陣 b 的行列式值至視窗上，運算的結果是以浮點數的型態表示。

IDL> PRINT, DETERM(a)
% DETERM: Input array must be square.

矩陣 a 不是正方矩陣，不能運算，所以產生錯誤訊息。

IDL> c = INVERT(b, status)
IDL> PRINT, b # c
   1.0000   0.0000   0.0000
   0.0000   1.0000 –5.96046e–08
   0.0000   0.0000   1.0000
IDL> PRINT, status
    0

計算正方矩陣 b 的反矩陣 c，變數 status 反映運算狀態，數值 0 代表正確。矩陣與其反矩陣相乘會得到單位矩陣。注意的是，有些矩陣沒有反矩陣，稱作奇異矩陣，引數 status 的數值回傳為 1，代表得到的反矩陣是不能使用的。

IDL> PRINT, TRACE(b) 　　-1.00000	列印正方矩陣的跡值至視窗上,亦即對角線元素的總和。
IDL> PRINT, MATRIX_POWER(b, 3) 　　14.0000　　-1.00000　　5.00000 　　6.00000　　7.00000　　-16.0000 　　15.0000　　8.00000　　-4.00000	列印正方矩陣 b 的三次方至視窗上,此運算相當於 b # b # b 或 b ## b ## b。
IDL> PRINT, DIAG_MATRIX(b, -2) 　　3 IDL> PRINT, DIAG_MATRIX(b, -1) 　　0　　1 IDL> PRINT, DIAG_MATRIX(b, 0) 　　2　　-1　　-2 IDL> PRINT, DIAG_MATRIX(b, 1) 　　0　　-2 IDL> PRINT, DIAG_MATRIX(b, 2) 　　1	列印矩陣 b 的各對角線元素至視窗上。矩陣可分成上三角和下三角,上三角對角線的 k 值是正數,而下三角對角線的 k 值是負數,k 值的選擇導致不同對角線的選擇,正對角線的 k 值為 0,正對角線上方的第一條平行對角線的 k 值為 1,以此類推,直到對角線中的元素剩下一個為止。正對角線下方的第一條平行對角線的 k 值為 -1,以此類推,直到對角線中的元素剩下一個為止。

19.3 矩陣的應用

　　矩陣計算在科學和工程上應用很廣,解決聯立方程組可以使用矩陣幫忙做運算,非常有效率,其數學表示式具有簡潔性,一般的程式語言都有矩陣程式庫支援計算。矩陣的本徵值和本徵函數在不同領域有著不同的意義,在本章中,提供計算本徵值和本徵函數的範例,讀者可以按照範例的實施方式來應用。

19.3.1 聯立方程組的求解

假設一個聯立方程組是由 n 個變數 x_n 和 n 個方程式組成

$$a_{11} x_1 + a_{21} x_2 + ... + a_{n1} x_n = b_1$$
$$a_{12} x_1 + a_{22} x_2 + ... + a_{n2} x_n = b_2$$
$$...$$
$$a_{1n} x_1 + a_{2n} x_2 + ... + a_{nn} x_n = b_n$$

整個聯立方程組可以寫成矩陣形式

$$AX = B$$

其中A是n × n矩陣，B是1 × n矩陣，聯立方程組的解X也是1 × n矩陣，經過運算，得到

X = A^{-1} B

其中A^{-1}是A的反矩陣。

IDL提供求解聯立方程式組的指令，表19.3.1列出CRAMER函數的語法，這函數是採用Cramer的演算法，引數A是n × n的矩陣，引數B是n個元素的向量，引數A和B必須是浮點數的型態。另外也可以使用反矩陣的方式計算。範例中，將使用二種方式來示範求解下列方程式：

$2 x_1 + 0 x_2 + 1 x_3 = 1$
$0 x_1 - 1 x_2 - 2 x_3 = 3$
$3 x_1 + 1 x_2 - 2 x_3 = 2$

表19.3.1 - 求解聯立方程式組的函數

函數	說明
CRAMER(A, B)	用Cramer的方法計算n × n線性方程組

範例：

IDL> a = [[2, 0, 1], [0, -1, -2], [3, 1, -2]] IDL> b = [[1], [3], [2]]	建立一個3 × 3正方矩陣a，其內容為聯立方程組等號左邊各變數x$_n$前的係數，矩陣b是等號右邊的各數值，其維度是1 × 3。
IDL> a = FLOAT(a) & b = FLOAT(b) IDL> PRINT, CRAMER(a, b) 0.818182 -1.72727 -0.636364	在CRAMER函數中，引數a和b必須是浮點數或雙精度浮點數，所以先以FLOAT函數做轉換，再呼叫CRAMER函數。如果使用DOUBLE函數做轉換，得到的解是以雙精度浮點數表示。

IDL> c = INVERT(a)
IDL> PRINT, c ## b
    0.818182
    -1.72727
    -0.636364
	先計算矩陣a的反矩陣c，根據本節一開始的討論，其解相當於 c ## b，得到的結果與用CRAMER函數得到的結果相同。

19.3.2 本徵值和本徵函數的計算

表19.3.2列出與計算本徵值和本徵函數相關的指令，其中的TRIQL程序、HQR和EIGENVEC函數是主要計算本徵值和本徵函數的指令，但它們的輸入矩陣必須是特別形式的矩陣，所以需要先用TRIRED程序和ELMHES函數轉換。注意的是，這些程序會共用引數。

表 19.3.2 - 矩陣轉換的指令

指令	說明
TRIRED, A, D, E	用 Household 的方法把一個矩陣 A 轉變成一個實對稱矩陣，此對稱矩陣包含對角元素 D 和非對角元素 E
TRIQL, D, E, A	輸入對角元素 D 和非對角元素 E，得到本徵值 D 和本徵向量 A
H = ELMHES(A)	轉變一個實非對稱矩陣 A 至上 Hessenberg 矩陣 H
Eval = HQR(H)	從上 Hessenberg 矩陣 H 計算本徵值 Eval
Evec = EIGENVEC(A, Eval)	用 Inverse Subspace 迭代法去計算實非對稱矩陣 A 的本徵向量 Evec

範例：

```
IDL> a = [[ 3.0,  1.0, -4.0], $
IDL>      [ 1.0,  3.0, -4.0], $
IDL>      [-4.0, -4.0,  8.0]]
```
建立一個任意的矩陣 a。

```
IDL> TRIRED, a, d, e
IDL> TRIQL, d, e, v
```
經過 TRIRED 轉換，矩陣 a 變成一個實對稱矩陣，變數 d 是此對稱矩陣的對角元素，變數 e 是此對稱矩陣的非對角元素。程序 TRIQL 的輸入矩陣是實對稱矩陣，包括對角元素和非對角元素，所以需要先經過 TRIRED 程序轉換。執行 TRIQL 程序後，對角元素 d 變成原始矩陣 a 的本徵值，非對角元素 e 為無用的變數，輸出矩陣 v 是以列順序排列的本徵向量。

```
IDL> PRINT, d
     2.00000  2.38419e-07   12.0000
IDL> PRINT, v
     0.707107    -0.707107    0.00000
    -0.577350    -0.577350   -0.577350
    -0.408248    -0.408248    0.816497
```
列印原始矩陣 a 的本徵值 d。列印原始矩陣 a 的本徵向量 v，是個 3 × 3 矩陣，矩陣 v 的第一列是第一個本徵值的本徵向量，矩陣 v 的第二列是第二個本徵值的本徵向量，以此類推第三個本徵向量。

```
IDL> a = [[ 3.0,  1.0, -4.0], $
IDL>      [ 1.0,  3.0, -4.0], $
IDL>      [-4.0, -4.0,  8.0]]
```
因經過 TIRED 和 TRIQL 轉換後，原始的矩陣 a 已經被改變了，所以需要重新設置，才能繼續示範其它計算本徵值和本徵函數的方式。

```
IDL> h = ELMHES(a)
```
函數 ELMHES 是將矩陣 a 轉成上 Hessenberg 矩陣 h。

```
IDL> d2 = HQR(h)
```
透過 HQR 函數，計算上 Hessenberg 矩陣 h 的本徵值 d2。

IDL> PRINT, d2
(12.0000,   0.00000)
(2.00000,   0.00000)
(7.86764e-07,   0.00000)

列印矩陣 a 的本徵值 d2，此本徵值是複數型態，實數部分與用 TIRED 和 TRIQL 函數計算出的三個本徵值相同，但順序不同。

IDL> v2 = EIGENVEC(a, d2)

執行 EIGENVEC 函數後，輸出矩陣是本徵向量 v2，與用 TIRED 和 TRIQL 函數計算出的三個本徵值相同，但順序不同。

IDL> PRINT, REAL_PART(d2)
      12.0000   2.0000   7.86764e-7

矩陣 d2 是複數，所以運用 REAL_PART 函數只顯示實數部分。

IDL> PRINT, REAL_PART(v2)
     −0.408248   −0.408248   0.816497
      0.707107   −0.707107   −0.00000
      0.577350   0.577350   0.577350

輸出矩陣 v2 是複數，所以運用 REAL_PART 函數只顯示實數部分。與用 TIRED 和 TRIQL 函數計算出的三個本徵向量類似，但順序不同。注意的是，計算出的本徵向量只能代表指向，向量的真正箭頭方向可能是與此本徵向量相反。

第二十章 統計值的估計

本章簡介

統計學（Statistics）的應用很廣泛，包含科學、工程、政治以及商業等領域。統計值不僅可以幫忙分析資料的集中和離散程度，也可以幫忙分析兩種不同資料之間的關聯程度。IDL提供許多與統計相關的指令，方便讀者估計統計學的各種參數，以擷取資料中隱含的資訊。

本章的學習目標

熟悉IDL基本的統計函數
認識IDL直方圖密度的計算
學習IDL錯誤桿的繪製

20.1 統計的函數

統計值可以幫忙做評估資料分布的特性，以了解實際的狀況，例如資料的集中離散程度和二種資料的關聯性，如果資料的離散程度過大，代表得到的平均值不可靠，如果二種資料的相關係數大，代表二種資料的關聯性大，但不一定表示因果關係。

20.1.1 基本的統計函數

表20.1.1列出基本的統計函數，最常用的是平均值（mean）和標準差（standard deviation），標準差代表資料散亂的程度，數值越大資料越散亂。標準誤差（standard deviation of the mean）可以從標準差除以資料個數的開根號求得，代表平均值計算的誤差，標準誤差會隨著資料個數的增加而減少，亦即資料越多，得到的平均值越可信，而標準差代表資料的分散程度，比較不會受到資料個數的影響。標準差是由變異數（variance）的開根號求出。

其它統計值包括資料分布的偏度（skewness）、峰度（kurtosis）、平均絕對偏差（mean absolute deviation）以及中值（median）。偏度是計算資料分布的對稱程度，數值越接近零，代表分布越對稱。峰度是評估分布高聳或扁平的程度，正值代表高聳的程度，而負值代表扁平的程度。變異數是與平均值的偏差之平方和之後再除以個數減一，平均絕對偏差是與平均值的絕對偏差，使用平均絕對偏差的好處是可以避免異常值主宰平均絕對偏差值。中值是資料的中間值，一組資料大於此值的數目與小於此值的數目相同，中值的使用可以避免異常值主宰平均值的狀況。

函數MOMENT整合MEAN、STDDEV、VARIANCE、SKEWNESS和KURTOSIS統計函數成為單一函數，讀者不需要個別執行。這些統計函數都包含關鍵字 /DOUBLE，讓最

後的結果以雙精度浮點數表示。大部分的統計函數可使用關鍵字 /NAN，以避開無法計算的數或無限大，才不會得到錯誤的結果。

表 20.1.1 - 基本的統計函數（計算向量 A 中所有元素的統計值）

函數	功能
MEAN(A)	計算平均值
VARIANCE(A)	計算變異數
STDDEV(A)	計算標準差
SKEWNESS(A)	計算偏度
KURTOSIS(A)	計算峰度
MOMENT(A)	計算上列統計值的整合函數
MEANABSDEV(A)	計算平均絕對差
MEDIAN(A)	計算中值
N_ELEMENTS(A)	計算總數目（total number）
TOTAL(A)	計算總和（sum）
PRODUCT(A)	計算總乘積（product）

範例：

```
IDL> x = FINDGEN(50)                          建立一個內容為下標的浮點數向量 x。

IDL> PRINT, MEAN(x), STDDEV(x)                列印向量 x 中所有元素的平均值和標準差。
      24.50000      14.5774

IDL> PRINT, VARIANCE(x)                       列印向量 x 中所有元素的變異數。對變異數開
      212.500                                 根號是等於標準差。

IDL> PRINT, SKEWNESS(x)                       列印向量 x 中所有元素的分布偏度，偏度為 0
      0.00000                                 代表資料的分布是對峰值的位置對稱，沒有偏
                                              左或偏右。

IDL> PRINT, KURTOSIS(x)                       列印向量 x 中所有元素的分布峰度，負值代表
      -1.27220                                其峰度是比標準分布的峰度扁平。

IDL> PRINT, MEANABSDEV(x)                     列印向量 x 中所有元素的平均絕對差，此值比
      12.5000                                 標準差小。

IDL> PRINT, MOMENT(x)                         函數 MOMENT 把部分統計函數整合，其輸出
   24.5000   212.500   0.00000   -1.27220     是個向量，第一個元素是平均值，接下來是變
                                              異數和偏度，最後一個元素是峰度，計算的結
                                              果與個別函數計算的結果相同。

IDL> PRINT, MEDIAN(x)                         列印向量 x 中所有元素的中值。
      25.0000
```

```
IDL> PRINT, N_ELEMENTS(x), TOTAL(x)
      50        1225.00
```
分別列印向量 x 中所有元素的個數和總和。此
總和除以個數得到 24.5，與呼叫 MEAN 函數得
到的平均值相同。

```
IDL> x[2: 5] = !VALUES.F_NAN
IDL> PRINT, MEAN(x)
        NaN
IDL> PRINT, MEAN(x, /NAN)
      26.3261
```
將向量 x 下標為 2 至 5 位置的元素變成無法定
義的數，亦即 NaN。因向量 x 的內容包含
NaN，使用 MEAN 函數計算的結果是 NaN，
這個時候需要使用關鍵字 /NAN，把內容為
NaN 的元素去除，然後再做平均。

```
IDL> a = [2, 3, 4]
IDL> PRINT, PRODUCT(a)
      24.000000
```
變數 a 包含三個元素 2、3 和 4，它們的總乘積
是 24。

20.1.2 計算關聯性的函數

表 20.1.2 列出計算二種變數之間線性相關係數（correlation coefficient）的函數，相關係
數是介於 –1 和 1 之間，負值代表反相關，正值代表正相關。相關係數的絕對值高時，只是
代表二種變數的關聯性大，並不一定能代表二種變數有著特定的因果關係。相關係數接近
於零時，並不一定代表二種變數的相關性（correlation）差，也有可能它們之間存在著非
線性的關係，因為用線性的相關性分析並無法把非線性關係解析出來。

表 20.1.2 - 計算關聯性的函數

函數	功能
CORRELATE(X, Y)	計算二個向量之間的相關係數
A_CORRELATE(X, Lag)	計算一個向量在相差距離為 Lag 的自相關（auto correlation）性
C_CORRELATE(X, Y, Lag)	計算二個向量之間的交叉相關（cross correlation）性，引數 Lag 為相差的距離

範例：

```
IDL> x = FINDGEN(50) & y = 2 * x + 1
IDL> PRINT, CORRELATE(x, y)
      1.00000
```
建立二個變數 x 和 y，它們之間的函數關係是 y
= 2 x + 1，它們之間的相關係數是 1。

```
IDL> PRINT, A_CORRELATE(x, 0)
      1.00000
IDL> PRINT, A_CORRELATE(x, 1)
      0.940000
IDL> PRINT, A_CORRELATE(x, 2)
      0.880096
```
延遲量是 0，代表變數 x 與自己做相關分析，
沒有任何延遲，得到的相關係數是 1。當延遲
變量變大時，相關係數變小，除非變數 x 的變
化具有週期的運動。

```
IDL> x = FINDGEN(360) * !DTOR
IDL> y1 = SIN(x) & y2 = COS(x)
IDL> PRINT, C_CORRELATE(y1, y2, 0)
      -1.16726e-08
IDL> PRINT, C_CORRELATE(y1, y2, 90)
      -0.747222
IDL> PRINT, C_CORRELATE(y1, y2, -90)
      0.752778
```

變數 y1 是正弦波的函數,而變數 y2 是餘弦波的函數,當二者在沒有延遲量時的相關係數是接近零。注意的是,這係數在不同電腦上得到的值可能會不同,當讀者遇到這種情況時,不需要覺得計算有問題。各種電腦有它們自己的計算精確度,所以有一點小差別,但都是接近零。當二者做相關的延遲量是 –90 或 90 度時,相關係數的絕對值變大,因為正弦波和餘弦波的相位差為 90 度。

20.1.3 統計檢定的函數

統計檢定是檢查二種機率分布差別的顯著性,一般做法是先做虛無假設(null hypothesis),假設二種機率分布沒有顯著的差別,再以實際機率分布作驗證,如果虛無假設被推翻,則代表二種機率分布有顯著的差別。表 20.1.3 列出統計檢定的函數,CHISQR_CVF 和 F_CVF 函數決定統計顯著與否的臨界值,如果二種機率分布的卡方檢定值和 F 檢定值大於臨界值,則二種機率分布有顯著的差別,其中卡方檢定值是檢驗一種觀測機率分布和理論機率分布的差別,而 F 檢定值檢驗二種觀測機率分布的差別。CHISQR_PDF 和 F_PDF 函數功用相反,由機率分布的檢定值計算小於或等於這個臨界值的累積機率。在這些函數中,引數 p 是隨機誤差的比例,一般是設定 0.05,亦即有 95% 的統計顯著性。引數 df 是自由度,一般設定為比資料點個數少一個,有了引數 p 和 df,顯著性的臨界值可以透過檢定函數計算出來,隨機誤差的值越低代表檢定標準越高,所得出來的臨界值越高,如果得到的檢定值大於這個臨界值,則推翻虛無假設,因此可以推論二種機率分布有很大的差別,否則代表沒有差別。F 檢定是比卡方檢定多一種觀測的機率分布,所以需要多一個自由度引數,其 F 檢定值是二種觀測機率分布的卡方檢定值之比值,引數 dfn 代表分子位置的自由度,引數 dfd 代表分母位置的自由度。

表 20.1.3 - 統計檢定的函數

函數	說明
CHISQR_CVF(p, df)	估計卡方檢定的臨界值
CHISQR_PDF(v, df)	估計卡方檢定的累積機率
F_CVF(p, dfn, dfd)	估計 F 檢定的臨界值
F_PDF(v, dfn, dfd)	估計 F 檢定的累積機率

範例:

```
IDL> PRINT, CHISQR_CVF(0.05, 5)
      11.0705
```

資料點有 6 個,代表 5 個自由度,選擇 95% 的統計顯著性,因此得到的臨界值是 11.0705。當資料的卡方檢定值大於這個臨界值時,代表虛無假設的推翻,亦即觀測的機率分布和理論的機率分布有很大的差別。

IDL> PRINT, CHISQR_PDF(11.0705, 5) 　　0.950000	反過來說，卡方檢定值11.0705代表其對應的累積機率是95%，亦即有0.05的隨機誤差。如果卡方檢定值越小，隨機誤差越大。
IDL> PRINT, F_CVF(0.05, 5, 10) 　　3.32584	假設第一種觀測機率分布的自由度是5，第二種觀測機率分布的自由度是10，同樣地選擇95%的統計顯著性，所得到的臨界值是3.32584，如果F檢定值小於臨界值，代表二種觀測機率分布沒有差別。
IDL> PRINT, F_PDF(3.32584, 5, 10) 　　0.950000	反過來說，如果資料的F檢定值是3.32584，其對應的累積機率是95%，亦即有0.05的隨機誤差。

20.2 直方圖的製作和應用

直方圖（histogram）是一種表示資料值分布的圖形，製作方法是將資料值依據數值大小分成不同的組別，然後計算每個組別的個數，最後依照資料值順序來連結個數。從直方圖中可得知分布的峰值和分散程度，即可了解資料的最大可能值和平均值的可信度。HISTOGRAM函數是IDL製作直方圖的指令。

20.2.1 HISTOGRAM函數的語法與關鍵字

表20.2.1列出HISTOGRAM函數的語法，其引數Array是輸入資料，輸出變數Result是直方化之後的數值，如果沒有宣告任何關鍵字，系統會根據資料的最大值和最小值選定分組的範圍來計算直方值，其中每組的區間大小是1，可以透過關鍵字改變。

表20.2.1 - HISTOGRAM 函數的語法

語法	說明
Result = HISTOGRAM(Array)	計算陣列的直方密度函數

範例：

IDL> a = RANDOMN(3L, 100)	建立一個包含100個元素的常態亂數向量y，其數值會呈現常態分布，固定種子參數為3L是為了要每次都得到相同的亂數。亂數函數的種子參數雖然固定，但在不同IDL版本中會得到不同的亂數，因而影響後面計算的參數值。

```
IDL> h = HISTOGRAM(a)
IDL> PLOT, h
```

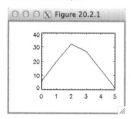

圖 20.2.1

呼叫 HISTOGRAM 函數,但不宣告任何關鍵字,系統根據資料的最小值和最大值決定組別的範圍,而且區間大小的預設值是 1。 執行 HISTOGRAM 函數後得到 6 個區間,再呼叫 PLOT 程序繪製直方圖,如圖 20.2.1,其分布是類似常態的分布。

表 20.2.2 列出 HISTOGRAM 函數的關鍵字,包括設定區間大小和數目、資料直方化的最小值和最大值。呼叫後可回傳區間範圍至 LOCATIONS 所指向的變數,也可回傳資料直方化後的最小值和最大值分別至 OMIN 和 OMAX 所指向的變數,供後續分析或繪圖用。

表 20.2.2 - HISTOGRAM 函數的關鍵字

關鍵字	說明
BINSIZE=value	設定直方化區間的大小
LOCATIONS=variable	記錄每個直方化區間的開始值
MAX=value	設定資料直方化的最大值
MIN=value	設定資料直方化的最小值
NBINS=value	設定直方化區間的數目
OMAX=variable	回傳資料直方化後的最大值
OMIN=variable	回傳資料直方化後的最小值

範例:

```
IDL> h = HISTOGRAM(a, OMIN=oi, $
IDL>    OMAX=oa, LOCATIONS=lo)
IDL> PRINT, oi, oa
   -2.82560     2.76923
IDL> PRINT, lo
   -2.82560    -1.82560    -0.825597
    0.174403    1.17440     2.17440
IDL> PLOT, lo, h, XTITLE='A', YTITLE='H'
```

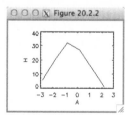

圖 20.2.2

使用上例的變數 a,呼叫 HISTOGRAM 函數,且宣告關鍵字 OMIN、OMAX 和 LOCATIONS,執行後系統會輸出資料的最小值、最大值和區間開始值,分別至變數 oi、oa 和 lo,有了區間開始值,才能畫出正確的區間範圍。得到的常態分布大致是以原點為對稱軸,如圖 20.2.2 所顯示。

```
IDL> h = HISTOGRAM(a, BINSIZE=0.5, $
IDL>    MIN=-3, MAX=3, LOCATIONS=lo)
IDL> PLOT, lo, h
```

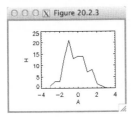

圖 20.2.3

再呼叫 HISTOGRAM 函數，這次宣告區間大小為 0.5，最小值為 -3 和最大值為 3，系統會從 -3 開始，每隔 0.5 取一區間，直到 3 為最後一個區間的開始，亦即最後一個區間的範圍是 [3, 3.5]，所以總共 13 個區間。因區間大小變小，得到的直方分布的變化較大，如圖 20.2.3 所顯示。如果把 BINSIZE=0.5 改成 NBINS=13，得到的結果是相同的。

20.2.2 HISTOGRAM 函數的應用

函數 HISTOGRAM 除了幫忙製作直方圖之外，也可以幫忙做資料分組和計算個別分組的統計值。在本節中將示範計算各個分組平均值的方式，計算過程需要表 20.2.3 列出的關鍵字 REVERSE_INDICES 的協助，此關鍵字回傳的變數，記錄著每個直方化區間中資料的下標。

表 20.2.3 - HISTOGRAM 函數的特別關鍵字

關鍵字	說明
REVERSE_INDICES=variable	回傳每個直方化區間中資料的下標

範例：

```
IDL> h = HISTOGRAM(a, MIN=-3, $
IDL>    MAX=3, REVERSE_INDICES=ri)
IDL> PRINT, h
       4      16      34      28
      15       3       0
```

使用上例的變數 a，執行 HISTOGRAM 函數時，加上關鍵字 REVERSE_INDICES=ri，變數 ri 記錄著各區間中資料的下標，它的個數是 108 個。因區間大小的預設值是 1，區間的最小值和最大值分別是 -3 和 3，總共有 7 個區間，需要 8 個元素記錄著區間範圍，所以變數 ri 的前八個元素記錄著 7 個區間在變數 ri 中的位置，後 100 個儲存資料的下標。列印變數 h 至視窗上，表示每個區間內資料的個數。

```
IDL> PRINT, ri[0: 7]
       8      12      28      62
      90     105     108     108
```

列印變數 ri 的前八個元素至視窗上，相鄰二個元素的差剛好是變數 h 的內容。

```
IDL> PRINT, ri[ri[0]: ri[1]-1]
      14      29      65      90
```

列印第一區間 [-3, -2] 中資料點的下標，總共 4 個元素。

IDL> PRINT, a[ri[ri[0]: ri[1]−1]] −2.11091 −2.15515 −2.02730 −2.82560	列印第一區間 [−3, −2] 中資料點的數值,都是介於 −3 至 −2 之間。
IDL> PRINT, ri[ri[5]: ri[6]−1] 6 21 72	列印第六區間 [2, 3] 中資料點的下標,總共 3 個元素。
IDL> PRINT, a[ri[ri[5]: ri[6]−1]] 2.76923 2.03960 2.06191	列印第六區間 [2, 3] 中資料點的數值,都是介於 2 至 3 之間。
IDL> PRINT, MEAN(a[ri[ri[0]: ri[1]−1]]) −2.27974	列印第一區間 [−3, −2] 中資料點的平均值。以此類推,可以計算和列印各個區間的平均值,必要時可以使用迴圈。
IDL> PRINT, STDDEV(a[ri[ri[0]: ri[1]−1]]) 0.367745	列印第一區間 [−3, −2] 中資料點的標準差。以此類推,可以計算和列印各個區間的標準差,必要時可以使用迴圈。
IDL> PRINT, MEDIAN(a[ri[ri[0]: ri[1]−1]]) −2.11091	列印第一區間 [−3, −2] 中資料點的中值。以此類推,可以計算和列印各個區間的中值,必要時可以使用迴圈。

20.3 錯誤桿的製作

錯誤桿的製作經常應用在科學和工程圖形上,除了平均值以曲線的形式表示,錯誤桿的長短表示標準差和標準誤差的大小,其中的標準差表示資料點散亂的程度,標準誤差表示平均值的誤差。IDL 提供繪製錯誤桿的 PLOTERR 和 ERRPLOT 程序,二者畫出來的錯誤桿形式有點不同。另外一個繪製錯誤桿的方式是先計算錯誤桿的位置,再利用 PLOT 和 OPLOT 程序把這些位置連接起來,雖然耗時,但可以變換錯誤桿的形式。

20.3.1 PLOTERR 程序的語法與關鍵字

表 20.3.1 列出 PLOTERR 程序的語法,與 PLOT 程序的語法相似,除了引數 X 和 Y 外,還多了一個引數來表示錯誤桿的長度 Error,長度越大代表誤差越大。繪製時資料以打點的方式呈現,可以改變資料點的符號。

表 20.3.1 - PLOTERR 程序的語法

語法	說明
PLOTERR, [X,] Y, Error	繪製 Y 的錯誤桿

範例：

IDL> x = FINDGEN(9) + 1.0 & y = 3 * x + 4
IDL> s = SQRT(y)

設定變數 x 和 y 的內容，它們之間的函數關係
是 y = 3 x + 4，誤差 s 是變數 y 的開根號。

IDL> PLOTERR, x, y, s

呼叫 PLOTERR 函數繪製錯誤桿，如圖 20.3.1
所顯示。資料點的預設符號是「×」符號，錯
誤桿以垂直線表示，越長代表誤差越大。

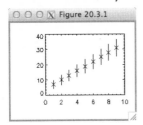

圖 20.3.1

　　表 20.3.2 列出 PLOTERR 程序的關鍵字 PSYM，可以改變資料點的符號形式。另外一個
關鍵字是 TYPE，可以改變座標軸為對數軸。此程序有時無法滿足特定需求，例如無法繪
製標題。

表 20.3.2 - PLOTERR 程序的關鍵字

關鍵字	說明
PSYM=Integer	設定資料點的符號形式
TYPE={1 | 2 | 3 | 4}	設定座標軸的型態，一般軸或對數軸

範例：

IDL> PLOTERR, x, y, s, PSYM=1

呼叫 PLOTERR 函數繪製錯誤桿的同時，宣告
關鍵字 PSYM 為 1，亦即以「+」符號標示，如
圖 20.3.2 所顯示。

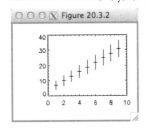

圖 20.3.2

IDL> PLOTERR, x, y, s, PSYM=1, TYPE=3

呼叫 PLOTERR 函數繪製錯誤桿的同時，除宣
告關鍵字 PSYM=1 外，也宣告關鍵字 TYPE=3
來改變 X 和 Y 軸為對數座標軸，如圖 20.3.3 所
顯示。關於關鍵字 TYPE 的選項，讀者可以參
閱線上查詢系統。

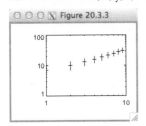

圖 20.3.3

20.3.2 ERRPLOT程序的語法與關鍵字

表20.3.3列出ERRPLOT程序的語法，可以繪製帶有橫桿的錯誤桿。與PLOTERR程序不同之處，是自己不建立座標系統，需要依賴PLOT程序所建立的座標系統，因此可以解決PLOTERR程序不能繪製標題的問題。引數X代表X軸的位置，Y的錯誤桿的長度範圍由 [Low, High] 宣告。

表20.3.3 - ERRPLOT 程序的語法

語法	說明
ERRPLOT, [X,] Low, High	在已繪製的圖形上繪製Y的錯誤桿

範例：

IDL> PLOT, x, y
IDL> ERRPLOT, x, y−s, y+s

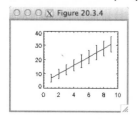

沿用上例的變數x、y和s。先用PLOT程序繪製曲線，再用ERRPLOT程序加上錯誤桿，執行後得到圖20.3.4。

圖 20.3.4

表20.3.4列出ERRPLOT程序的關鍵字WIDTH，可以設定錯誤桿上橫桿的寬度，其預設值是1%，但可以改變。因畫框是由PLOT程序畫出，其座標軸的形式和標示可以由PLOT程序的關鍵字來延伸其功能。

表20.3.4 - ERRPLOT 程序的關鍵字

關鍵字	說明
WIDTH=value	設定錯誤桿上橫桿的寬度

範例：

IDL> PLOT, x, y, XTITLE='X', YTITLE='Y'
IDL> ERRPLOT, x, y−s, y+s, WIDTH=0.05

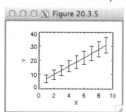

重新繪製圖形和錯誤桿，這次使用PLOT程序加上關鍵字XTITLE和YTITLE設置座標軸標示，使得圖形資訊更清楚。使用ERRPLOT程序時，改變錯誤桿上橫桿的寬度為5%，其結果是橫桿變寬，如圖20.3.5所顯示。

圖 20.3.5

第二十一章 擬合的實施

本章簡介

一般收集到的是離散資料,透過擬合(fitting)的技術,從這些離散的資料找出一個數學函數,來描述兩種資料之間的關係。此函數可以是多項式函數,也可以是非線性函數,完全是依照資料點的變化而定。IDL提供多項式和非線性的擬合函數,幫助讀者達到擬合的目的。

本章的學習目標

認識擬合的功用
熟悉IDL多項式擬合的實施
學習IDL非線性擬合的實施

21.1 擬合的功用

擬合是將一組資料點,透過數學的方法,找出一個函數可以代表資料點的變化,亦即找出一個函數 $y = f(x)$ 能夠適當地描述資料點中自變數 x 和因變數 y 之間的關係。自變數可以有很多個,但因變數只有一個。其數學方法是最小方差法,假設函數的形式,找出一組參數,讓資料值與計算值之間的差之平方和最小,這組參數和函數形式就構成最好描述二種資料點之間關係的函數。注意的是,擬合函數的形式決定擬合成敗的關鍵,無論假設任何函數形式,擬合都能從最小方差法找到一組參數,但不一定能最好代表資料點的變化。資料點的誤差也是決定擬合成敗的因素,誤差大時會模糊資料點之間的關係。表21.1.1列出擬合的種類,包括多項式(polynomial)和非線性(nonlinear)擬合,根據資料點的變化趨勢或理論的預測來決定擬合的種類,一般來說,多項式擬合可以用解析的方式求得擬合函數的參數,非線性擬合比較複雜,需要用數值的方式求解。不管多項式擬合或非線性擬合,都包含線性擬合(linear fitting)。

表21.1.1 - 擬合的種類

種類	說明
多項式擬合	使用多項式函數,包含線性函數
非線性擬合	使用非線性函數,包含線性函數

21.2 多項式擬合的實施

多項式擬合實施是根據觀測資料和擬合函數的差之平方和,找到一組參數,讓這個差

之平方和最小，得到的參數通常可以用解析的方式求解，實施比較容易，直接從解析解得到參數值。

21.2.1 POLY_FIT函數的語法

在IDL中實施多項性擬合的函數是POLY_FIT函數，其語法列在表21.2.1上，引數X是自變數，引數Y是因變數，引數Degree宣告多項式的項次，如果擬合的函數是直線，引數Degree是1，輸出變數Result是二個元素的向量，代表一次多項次的二個參數，如果是二次多項式，引數Degree是2，輸出變數則變成三個元素的向量。這些輸出變數可用來計算每個X對應的預測值，有了預測值之後，加上觀測值的配合，即可計算卡方值（chi-square value）χ^2，亦即觀測值和預測值的差之平方和。

表21.2.1 - POLY_FIT 函數的語法

函數	功能
Result = POLY_FIT(X, Y, Degree)	執行多項式擬合

範例：

```
IDL> n = RANDOMN(5L, 9)
IDL> x = FINDGEN(9) + 1
IDL> y = 2 * x + 1 + n
```

先建立常態分布的亂數向量n，代表變數y的變化量，然後建立變數x和y，使得 y = 2 x + 1 + n。注意的是，雖然在呼叫亂數函數時指定種子參數，在不同IDL版本下會得到不同的亂數，所以在範例中的擬合參數值會因執行版本的不同而不同。

```
IDL> PLOT, x, y, PSYM=1
IDL> r = POLY_FIT(x, y, 1)
IDL> PRINT, r
      0.608636
      2.01128
IDL> yf = r[1] * x + r[0]
IDL> OPLOT, x, yf
```

將資料點 (x, y) 以加號畫出，然後呼叫POLY_FIT函數，且設定多項式引數Degree為1，代表一次多項式，所以輸出的變數r包含二個元素，第一個元素是常數項的參數0.608636，接近原始值1，第二個元素是一次項的參數2.01128，很接近原始值2。若讀者在輸入範例中的指令後得到不同的參數值，不要馬上自己覺得做錯，有可能是使用不同版本亂數所造成的結果。有了這個變數r，才能計算擬合後的yf值，最後把擬合後的直線疊加在資料點，如圖21.2.1所顯示，擬合線和資料點很吻合。

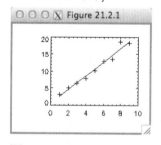

圖21.2.1

```
IDL> n = RANDOMN(5L, 9)
IDL> x = FINDGEN(9) + 1
IDL> y2 = 2 * x + 1 + 10 * n
```

先建立常態分布的亂數向量n，代表變數y的變化量，再建立變數x和y2，使得 y2 = 2 x + 1 + 10 n。注意的是，這裡使用10倍的亂數值。

```
IDL> PLOT, x, y2, PSYM=1
IDL> r2 = POLY_FIT(x, y2, 1)
IDL> PRINT, r2
      -2.91364
       2.11277
IDL> yf2 = r2[1] * x + r2[0]
IDL> OPLOT, x, yf2
```

將資料點 (x, y2) 以「+」符號顯示在視窗上，然後呼叫 POLY_FIT 函數，且設定多項式引數 Degree 為 1，輸出的變數 r 包含二個元素，可以計算擬合後的 yf2 值，最後把擬合後的直線疊加在資料點上，如圖 21.2.2，擬合線和資料點大致吻合。

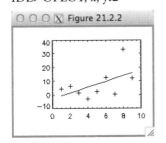

圖 21.2.2

```
IDL> n = RANDOMN(5L, 9)
IDL> x = FINDGEN(9) + 1
IDL> y3 = x^2 + 2 * x + 1 + n
```

先建立常態分布的亂數向量 n，代表變數 y 的變化量，然後建立變數 x 和 y3，使得 $y3 = x^2 + 2x + 1 + n$。

```
IDL> PLOT, x, y3, PSYM=1
IDL> r3 = POLY_FIT(x, y3, 2)
IDL> PRINT, r3
       1.61246
       1.46373
       1.05475
IDL> yf3 = r3[2] * x^2 + r3[1] * x + r3[0]
IDL> OPLOT, x, yf3
```

將資料點 (x, y3) 以加號畫出，然後呼叫 POLY_FIT 函數，且設定多項式引數 Degree 為 2，代表二次多項式，所以輸出的變數 r3 包含三個元素。有了這個變數 r3，才能計算擬合後的 yf3 值，最後把擬合後的二次線疊加在資料點上，如圖 21.2.3 所顯示。

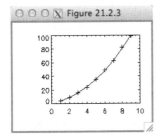

圖 21.2.3

21.2.2 POLY_FIT 函數的關鍵字

　　表 21.2.2 列出 POLY_FIT 函數的關鍵字，關鍵字 MEASURE_ERRORS 允許輸入各個原始資料 Y 值的誤差值。輸出變數包括擬合後的卡方值、各個擬合參數的誤差以及各個擬合出的 Y 值和標準差。如希望得到雙精度的計算結果，則加上關鍵字 /DOUBLE。資料的自由度由資料點數計算，約化卡方值（Reduced chi-square value）由卡方值除以自由度得到。

表 21.2.2 - POLY_FIT函數的關鍵字

關鍵字	說明
CHISQ=variable	回傳卡方分配的值
/DOUBLE	以雙精度計算數值
MEASURE_ERRORS=vector	輸入各個原始資料Y值的誤差
SIGMA=variable	回傳各個擬合參數的誤差
YBAND=variable	回傳各個擬合Y值的標準差
YFIT=variable	回傳各個擬合出的Y值

範例：

```
IDL> r = POLY_FIT(x, y, 1, SIGMA=rs, $
IDL>    YFIT=yf, YBAND=ys, CHISQ=chi)
IDL> num = N_ELEMENTS(x)
IDL> df = num – 1
IDL> rchi = chi / df
IDL> PRINT, df, rchi
        8      0.844971
```

沿用上例的變數x和y，這次呼叫函數POLY_FIT時加上關鍵字SIGMA、YFIT、YBAND和CHISQ，分別傳至變數rs、yf、ys和chi，其中的yf變數也可由變數r和x計算，變數chi可由變數y和yf計算，自由度是資料個數減一，χ^2值除以自由度即是約化χ^2值，最後將約化χ^2值傳至變數rchi。

```
IDL> schi = 'Reduced !7v!X!U2!N'
IDL> achi = ' = ' + STRING(chi, '(F4.2)')
IDL> title = schi + achi
IDL> PLOT, x, yf, TITLE=title
IDL> OPLOT, x, y, PSYM=1
```

將χ^2的字體對照碼寫入文字變數schi，也將計算的χ^2值以STRING函數解析成文字，加上「=」符號後儲存至文字變數achi，然後將二個文字變數合成一個文字變數title，再用程序PLOT程序畫線，且以關鍵字TITLE將標題加在畫框的上面位置，OPLOT程序則把資料點加上，如圖21.2.4所顯示。在這個範例中，每個資料點Y值的誤差相同，所以不需要設定關鍵字MEASURE_ERRORS。

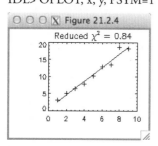

圖21.2.4

```
IDL> r2 = POLY_FIT(x, y2, 1, CHISQ=chi2)
```

沿用上例的變數x和y2，這次呼叫函數POLY_FIT時，同時加上關鍵字CHISQ，直接將χ^2值傳至變數chi2。

```
IDL> num = N_ELEMENTS(x)
IDL> df2 = num –1
IDL> rchi2 = chi2 / df2
IDL> PRINT, df2, rchi2
        8      84.4971
```

因其自由度為9 – 1 = 8，得到的約化χ^2值為84.4971，約化χ^2值可與檢定值比較，以評估擬合函數的可信度。

```
IDL> r3 = POLY_FIT(x, y3, 2, CHISQ=chi3)
IDL> num = N_ELEMENTS(x)
IDL> df3 = num − 2
IDL> rchi3 = chi3 / df3
IDL> PRINT, df3, rchi3
       7        0.833767
```

沿用上例的變數x和y3，這次呼叫函數POLY_FIT時，同時加上關鍵字CHISQ，直接將 χ^2 值傳至變數chi3。因為擬合函數是二次多項式，自由度需要減二個。得到的約化 χ^2 值為 0.833767。

21.2.3 擬合函數的檢定

在擬合中，不管選擇何種函數，都會得到一組參數，讓觀測值和預測值的最小方差最小，但不一定是最好的參數組合，需要進一步確認，確認的方法是使用統計檢定，以定量的方式檢查擬合函數是否接近母函數，且確認擬合函數值的變化並不是由隨機誤差所造成。表21.2.3列出卡方檢定（chi-square test）的函數，輸出每個檢定的臨界值，如果擬合函數的約化 χ^2 值小於臨界值，則擬合函數和母函數沒有顯著的差異，所以這個擬合函數的可信度高。

表 21.2.3 - 統計檢定的函數

函數	說明
CHISQR_CVF(p, df)	估計卡方檢定的臨界值

範例：

```
IDL> PRINT, CHISQR_CVF(0.05, 8)
      15.5073
```

變數y 和y2包含9個資料點，其擬合函數是一次多項式，因此自由度為8。一般選擇5%的隨機誤差，得到的臨界值是15.5073。變數y擬合的約化 χ^2 值是0.844971，小於此臨界值，所以此擬合函數的可信度高。變數 y2 擬合的約化 χ^2 值是 84.4971，大於此臨界值，所以擬合函數不可信，其變化由隨機誤差所造成。

```
IDL> PRINT, CHISQR_CVF(0.05, 7)
      14.0671
```

變數y3有9個資料點，其擬合函數是二次多項式，因此自由度為 7，選擇5%的隨機誤差的結果，得到的臨界值是14.0671。變數y3擬合的約化 χ^2 值是0.833767，遠小於此臨界值，所以此擬合函數的可信度高。

21.3 非線性擬合的實施

二個變數有時是呈現非線性的關係，如果硬要以多項式關係來擬合，一樣也可以得到多項式函數的參數，但不能確切表示真正的關係。不像多項式擬合的解析解方式，非線性擬合的實施比較複雜，需要先猜擬合參數可能的數值，然後以數值解的方式，找出最後的

參數，能讓觀測值和擬合值之間差的平方和最小，如果猜錯，也會得到一組參數，但不是最好的參數組，這是在做非線性擬合必須要注意的地方。

21.3.1 LMFIT函數的語法

　　IDL 也有指令可以實施非線性擬合，表21.3.1列出其中一個，引數X是自變數，引數Y是因變數，引數A是起始參數組，經過迭代計算，最後參數組會回傳至輸出變數Result，即大功告成，為確認擬合的正確與否，通常會以繪圖方式將資料點和擬合函數作比較。因函數形式是非線性的函數，需要另外建立一個副程式函數，回傳變數包含原始的函數值和對各個參數微分後的函數值。

表21.3.1 - LMFIT函數的語法

函數	功能
Result = LMFIT(X, Y, A)	執行非線性擬合

副程式函數 funct1.pro 的內容：

```
FUNCTION funct1, x, a
    y = [a[0]*EXP(a[1]*x), EXP(a[1]*x), $
        a[0]*x*EXP(a[1]*x)]
RETURN, y
END
```

建立副程式函數 funct1.pro，它要計算的函數是 $y = a_0 * EXP(a_1 * x)$。因擬合函數包含二個參數，回傳的變數 y 是三個元素的向量，包含原始的函數值、對第一個參數的微分值以及對第二個參數的微分值。

副程式函數 funct2.pro 的內容：

```
FUNCTION funct2, x, a
    dum = x - a[1]
    y0 = EXP(-(dum / a[2])^2)
    y = a[0] * y0
    y1 = -2 * y * dum / a[2]^2
    y2 = 2 * y * dum^2 / a[2]^3
RETURN, [y, y0, y1, y2]
END
```

建立副程式函數 funct2.pro，它要計算的函數是 $y = a_0 EXP(- ((x - a_1) / a_2)^2)$。因為擬合函數包含三個參數，回傳的變數 y 是四個元素的向量，包含原始的函數值、對第一、第二以及第三個參數的微分值。

範例：

```
IDL> x = FINDGEN(31) * 0.1 + 1
IDL> n = RANDOMN(3L, 31)
IDL> y = 100 * EXP(-2*x) + n
IDL> a = [100, -2]
IDL> yf = LMFIT(x, y, a, /DOUBLE, $
IDL>    FUNCTION_NAME='funct1')
```

首先建立變數 x 和 y，它們之間的函數關係是 $y = 100 EXP(-2 x)$，為模擬實際資料的變化，加上亂度變數 n。定義是起始的參數值 a 後，接著呼叫 LMFIT 函數。函數 funct1 定義擬合的函數，更新後的參數仍然儲存在變數 a，擬合後的函數值則儲存至變數 yf。當擬合計算無法收斂時，需要宣告關鍵字 /DOUBLE。

IDL> PLOT, x, y, PSYM=1
IDL> OPLOT, x, yf

接著將資料點和擬合曲線畫在一起，如圖21.3.1
所顯示。

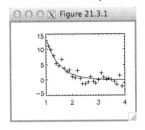

圖21.3.1

IDL> x = FINDGEN(31) * 2 – 30
IDL> n = RANDOMN(3L, 31)
IDL> y = 15 * EXP(–(x–5)^2 / 100) + n
IDL> a = [15, 5, 10]
IDL> yf = LMFIT(x, y, a, /DOUBLE, $
IDL>   FUNCTION_NAME='funct2')
IDL> PLOT, x, y, PSYM=1
IDL> OPLOT, x, yf

首先建立變數x和y，它們之間的關係是y = 15
EXP(– (x – 5)^2 / 100)，為模擬實際的資料，加上亂
度變數n。變數a是起始的參數值，採用原始的參
數值，接著呼叫LMFIT函數，這函數需要輸入函
數funct2，以計算擬合函數的相關資訊，更新後
的參數仍然儲存在變數a，擬合後的函數值儲存至
變數yf，最後將資料點和擬合曲線疊合，如圖
21.3.2所顯示。注意的是，當擬合計算無法收斂
時，可以嘗試宣告關鍵字 /DOUBLE。

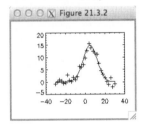

圖21.3.2

21.3.2 LMFIT函數的關鍵字

表21.3.2列出LMFIT函數的關鍵字，可輸入不允許變化的擬合參數。輸出變數包括擬
合後的卡方值、各個擬合參數的誤差以及各個擬合後的Y值和標準差。與多項式擬合不同
的地方，是需要把擬合函數建立成一個副程式函數，以數值計算的方式求解。如希望得到
雙精度的計算結果，則加上關鍵字 /DOUBLE。關鍵字MEASURE_ERRORS允許輸入各個
原始資料Y值的誤差。

表21.3.2 - LMFIT函數的關鍵字

關鍵字	說明
CHISQ=variable	回傳卡方分配的值
/DOUBLE	以雙精度計算數值
FITA=vector	設定不允許變化的擬合參數
FUNCTION_NAME=string	設定擬合的函數形式
MEASURE_ERRORS=vector	輸入各個原始資料Y值的誤差
SIGMA=variable	回傳各個擬合參數的誤差

範例：

IDL> fa = [1, 1, 1]

設定不允許變化的擬合參數fa，參數要固定不變時，設定為0，在這個範例中，三個擬合參數都允許變化，所以各設為1。

IDL> yf = LMFIT(x, y, a, /DOUBLE, $
IDL>   FUNCTION_NAME='funct1', $
IDL>   FITA=fa, CHISQ=chi, SIGMA=as)
IDL> num = N_ELEMENTS(x)
IDL> df = num − 3
IDL> rchi = chi / df
IDL> PRINT, df, rchi
    28   1.3888294

沿用上例的變數x、y和a，但使用關鍵字FITA，來決定可變化的參數，因變數fa的三個元素都是1，代表擬合的三個參數允許變化，如果是0，代表在擬合過程中保持固定。關鍵字CHISQ，把χ^2值存入變數chi。關鍵字SIGMA，讓擬合參數的誤差值儲存至變數as。最後計算自由度df和約化χ^2值rchi。在這個範例中，假設每個資料點Y值的誤差相同，所以不需要設定關鍵字MEASURE_ERRORS。

IDL> schi = 'Reduced !7v!X!U2!N'
IDL> achi = ' = ' + STRING(chi, '(F4.2)')
IDL> title = schi + achi
IDL> PLOT, x, y, TITLE=title, PSYM=1
IDL> OPLOT, x, yf

將χ^2的對照碼寫入文字變數schi，也將計算的χ^2使用STRING函數解析成文字，然後加上「=」符號後儲存至文字變數achi，最後將二個文字變數合成一個變數title，再用PLOT程序繪製資料點，且以關鍵字TITLE將標題加在畫框的上面位置，其約化χ^2值大約是1.39，最後將擬合曲線疊上，如圖21.3.3所顯示。

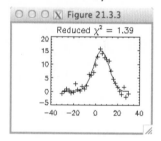

圖21.3.3

21.3.3 擬合函數的檢定

函數CHISQR_CVF也適用在非線性擬合的檢定上，根據隨機誤差值和自由度來計算顯著性的臨界值，如果約化χ^2值小於臨界值，則代表擬合函數接近母函數，因此擬合函數具有可信度。

範例：

IDL> PRINT, CHISQR_CVF(0.05, 28)
    41.3371

資料點有31個，因三個擬合參數減少三個自由度，所以自由度為28，一般選擇5%的隨機誤差，得到的臨界值是41.3371。變數y的約化χ^2值是1.39，小於此臨界值，所以此擬合函數的可信度高。

第二十二章 內插的運作

本章簡介

　　內插是由已知且離散的資料點去推知未知且可連續的資料點。資料通常都有空缺，當需要填補這些空缺時，則需要內插（interpolation）的協助，來從已知時間或空間的資料點推知範圍內的未知資料點數值。IDL提供一些內插實施的函數，以供讀者滿足內插工作的需求。

本章的學習目標

　　認識內插的功用
　　熟悉IDL線性內插的執行
　　學習IDL不規則網格內插的實施

22.1 內插的定義和應用

　　插值法包括內插和外插，內插是從已知資料點的範圍內進行插值，而外插是往範圍外插值，因往外插值的範圍未知，一般來說，其外插結果的誤差大，不在本章討論的範圍內。內插是從已知資料點以數學的方法去得到未知資料點，通常是從相鄰二至四個資料點來決定未知資料點的數值，一般期待內插的資料點具有還原已知資料點的能力，不同的內插方式可得到不同的結果，讀者需要謹慎小心。內插的方式包含線性、多項式以及曲線規內插，不同的內插方式適用於不同的資料點分布，原則上，線性內插適合呈線性關係的資料點，而多項式內插適用於呈非線性關係的資料點，曲線規內插適用任何關係的資料點。實際上，內插方式的選用是依照資料點的變化趨勢和誤差而定，讀者必須要實際測試，才能知道最適當的內插方式。

　　內插法廣泛地應用在科學和工程上，例如遺失資料的填補、資料解析度的增加、波形的還原以及影像的放大等都需要內插法的協助，內插法的選擇需要靠經驗和對資料背景知識的了解，最不希望看到的是內插後的影像失真或不能反映原始資料的變化。當遺失的資料或殘缺的波形範圍過大時，最好不要做任何內插，除非很了解資料或波形的變化，勉強修補會影響資料或波形的可信度，其中一個做法是填上無法定義的數（NaN），在IDL計算和繪圖中，這些NaN的數會被先處理掉，以免影響正常數值的計算和繪圖。

　　資料點依據時間或空間的間隔可分成二種，規則性和不規則性的資料點，規則性的資料點之間有著相同的間隔，但有時觀測儀器會不正常，導致資料在某個時間點遺失，因而造成資料的不規則，內插法可以幫忙把這些遺失的資料點補上而變成有規則性的資料點，例如IDL的FFT函數需要規則性的資料點做為輸入變數。另外一種狀況是觀測儀器分布的不均勻，因此得到的資料點在空間上不規則，為做進一步計算或繪圖，需要把這些資料點

變成有規則性，例如IDL的TV、CONTOUR和SURFACE程序需要規則性的資料點做為輸入變數。

22.2 一維和二維的內插

　　大部分的觀測資料是以一維或二維的方式呈現，單一觀測儀器得到的是一維的時間序列資料。在相同空間上，不同位置的多重觀測儀器得到的是二維的空間分布資料，這些時間序列和空間分布的資料常常呈現不規則性，所以需要插值法的協助，才能變成規則性的資料點。

22.2.1 一維內插的實施

　　一維線性（linear）內插是最簡單的內插，將內插點的相鄰二點連成一直線，與通過內插點的垂直X軸之直線相交的Y位置則是內插值。表22.2.1列出二種INTERPOL函數的語法，第一種是規則性的內插，輸入的資料點V，宣告內插的個數N，此函數會根據個數，在起始點和結束點之間產生N個規則性內插值。另一種是輸入的資料點V和X，引數Xout為內插點的X值，函數執行後得到變數Vout。

表22.2.1 - INTERPOL 函數的語法

語法	說明
Vout = INTERPOL(V, N)	執行一維規則內插點
Vout = INTERPOL(V, X, Xout)	執行一維不規則內插點

範例：

IDL> v = FLOAT([6, 2, 8, 9, 4, 3, 5, 1, 7])　　　　　建立不規則性變數v。

IDL> x = FINDGEN(9)　　　　　　　　　　　　　建立規則性變數x。

IDL> v2 = INTERPOL(v, 17)　　　　　　　　　　現在要在每二點間多出一點，總共17點。
　　　　　　　　　　　　　　　　　　　　　呼叫INTERPOL內插函數時輸入點數。

IDL> x2 = FINDGEN(17) / 2　　　　　　　　　　建立內插點v2的X座標。

IDL> PLOT, v　　　　　　　　　　　　　　　因變數v對應的X座標是有規則性，原始資
IDL> OPLOT, x2, v2, PSYM=1　　　　　　　　料點連線時不需要宣告X位置。同時把新
　　　　　　　　　　　　　　　　　　　　　內插點標出，來與原始資料點做比較，如
　　　　　　　　　　　　　　　　　　　　　圖22.2.1所顯示，在每二個轉折點之間多
　　　　　　　　　　　　　　　　　　　　　出一個點，亦即新內插點。

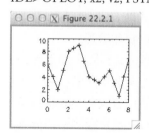

圖22.2.1

IDL> x3 = [2.3, 3.9, 4.5]	建立內容為不規則數字的變數x3。
IDL> v3 = INTERPOL(v, x, x3)	呼叫INTERPOL函數來計算對應變數x3的內插值變數v3。
IDL> PLOT, x, v IDL> OPLOT, x3, v3, PSYM=1	繪製原始資料點,然後內插點以「+」符號標示,如圖22.2.2所顯示。注意的是,變數x3的內容也可以是有規則性。

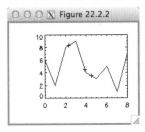

圖22.2.2

　　函數INTERPOL執行時,如果內插點的相鄰點中有一點無法定義的數,其輸出內插值是NaN。此函數的預設內插法是線性內插,表22.2.2列出INTERPOL函數的關鍵字,可以改變內插法,因而得到不同內插值,當設定關鍵字 /LSQUADRATIC時,系統會找相鄰的四個資料點做最小方差二次曲線內插,以二次擬合方式得到一個函數後,代入內插點而得到內插值。關鍵字 /QUADRATIC的設定是啟動二次曲線內插,系統會找相鄰的三個資料點,得到一個通過這三點的二次函數,然後代入內插點的X值即可得到內插值。IDL也提供曲線規內插,執行時需要宣告關鍵字 /SPLINE,系統會找相鄰四點做內插。

表22.2.2 - INTERPOL函數的關鍵字

關鍵字	說明
/LSQUADRATIC	設定最小方差二次曲線(least-squares quadratic)內插
/QUADRATIC	設定二次曲線(quadratic)內插
/SPLINE	設定曲線規(spline)內插

範例:

IDL> v[2:3] = !VALUES.F_NAN	沿用上例的變數v和x,然後將下標為2和3的元素改變為NaN。
IDL> x4 = [2.3, 3.9, 4.5]	建立內容為不規則數字的變數x4。
IDL> v4 = INTERPOL(v, x, x4)	呼叫INTERPOL函數來計算對應變數x4的內插值變數v4。

IDL> PLOT, x, v
IDL> OPLOT, x4, v4, PSYM=1

繪製原始資料點,然後內插點以「+」符號標示,如圖22.2.3所顯示,遭遇到NaN時,不做內插,其內插值仍為NaN,所以沒有連線。

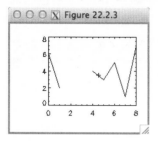

圖 22.2.3

IDL> v = FLOAT([6, 2, 8, 9, 4, 3, 5, 1, 7])
IDL> x = FINDGEN(9)
IDL> x5 = FINDGEN(8) + 0.5

重新建立變數v,且建立內容為下標的變數x,另外建立欲內插的變數x5。

IDL> v5ls = INTERPOL(v, x, x5, $
IDL>   /LSQUADRATIC)
IDL> PLOT, x, v
IDL> PLOT, x5, v5ls, LINESTYLE=2

呼叫 INTERPOL 函數時宣告關鍵字/LSQUADRATIC,得到內插值v5ls。再以實線繪製原始資料點,最後以虛線繪製內插點,內插點和原始資料點有些小差別,但大致趨勢是一致的,如圖22.2.4所顯示,小差別是內插過程中無法避免的。

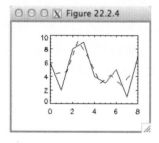

圖 22.2.4

IDL> v5q = INTERPOL(v, x, x5, /QUADRATIC)
IDL> PLOT, x, v
IDL> PLOT, x5, v5q, LINESTYLE=2

呼叫 INTERPOL 函數時宣告關鍵字/QUADRATIC,得到內插值v5q,然後以實線繪製原始資料點,最後再以虛線繪製內插點,整個變化的趨勢是類似原始資料點的變化,如圖22.2.5所顯示。

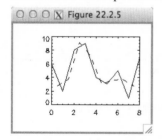

圖 22.2.5

```
IDL> v5s = INTERPOL(v, x, x5, /SPLINE)
IDL> PLOT, x, v
IDL> PLOT, x5, v5s, LINESTYLE=2
```

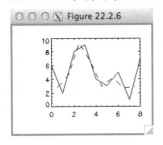

圖 22.2.6

這次呼叫 INTERPOL 函數時宣告關鍵字 /SPLINE，得到內插值 v5s。再以實線繪製原始資料點，最後以虛線繪製內插點，兩條曲線之間有些小差別，如圖 22.2.6 所顯示。

22.2.2 二維內插的實施

　　IDL 也有執行二維內插的指令，其中一個是 BILINEAR 雙線性函數，表 22.2.3 列出此函數的語法，引數 P 為二維資料點，輸出變數 Result 是內插後的結果，引數 IX 和 JY 是內插點的 X 和 Y 座標，引數 IX 和 JY 可以是一維或二維的變數，如果是一維的變數，系統會自動轉成二維的規則座標，內插點的數目將是二個維度的元素數目相乘，如果是二維的變數，二引數必須是相同維度。當內插值超過資料點的下標範圍時，函數會採取線性外插。注意的是，此函數的內插座標系統是以內插變數的下標為座標系統，與實際資料的座標不一定會符合，需要在內插前事先做轉換，讓起始的時間或位置為 0，即可符合 BILINEAR 函數的下標規則。

表 22.2.3 - BILINEAR 函數的語法

語法	說明
Result = BILINEAR(P, IX, JY)	執行二維不規則內插點的線性內插

範例：

```
IDL> pi = FINDGEN(3, 3)
IDL> PRINT, pi
      0.00000      1.00000      2.00000
      3.00000      4.00000      5.00000
      6.00000      7.00000      8.00000
```

建立二維變數 pi，做為二維的原始資料點，然後把變數 pi 的內容列印。變數 pi 對應的 X 和 Y 座標是它們的下標值，間隔是 1。

```
IDL> xi = [0.7, 1.9]
IDL> yi = [2.5, 0.8, 1.1]
IDL> po = BILINEAR(pi, xi, yi)
IDL> PRINT, po
      6.70000      6.90000
      3.10000      3.30000
      4.00000      4.20000
```

建立變數 xi 和 yi，宣告內插點的 X 和 Y 座標，因變數 xi 有 2 個元素，代表 2 行，變數 yi 有 3 個元素，代表 3 列，總共 6 個內插點，系統自動會把 6 個內插點的座標算出來，然後進行內插，因而得到 6 個內插值。其中變數 yi 的第一個元素超過變數 pi 的下標範圍，所以第一列是採取線性外插。

表 22.2.4 列出 BILINEAR 函數的關鍵字 MISSING，可以處理當內插點超出下標範圍時的狀況。有了這個關鍵字，系統會根據設定值來指定超出範圍內插點的數值，因此就可知道超出範圍的資料點。如果沒設定這個關鍵字，BILINEAR 函數會採用外插的方式來填補數值。

表 22.2.4 - BILINEAR 函數的關鍵字

關鍵字	說明
MISSING=value	設定內插點落在資料點的下標範圍外時的值

範例：

<table>
<tr><td>

```
IDL> po2 = BILINEAR(pi, xi, yi, $
IDL>     MISSING=99.9999)
IDL> PRINT, po2
      99.9999      99.9999
      3.10000      3.30000
      4.00000      4.20000
```

</td><td>

沿用上例的變數 pi、xi 和 yi，呼叫 BILINEAR 函數時宣告關鍵字 MISSING=99.99，此關鍵字的功能是設定特別值 99.9999 給超過下標範圍的內插值。因關鍵字 MISSING 的宣告，系統不做第一列的外插，而直接填上 99.9999。

</td></tr>
</table>

22.2.3 TRIANGULATE 程序的語法與關鍵字

內插法有很多種類，最簡單的方式是線性內插，比較特別的是 Delaunay 三角內插法，先用 TRIANGULATE 程序三角化資料點，然後再將這些三角化資料點輸入 TRIGRID 函數，得到規則性內插點（X, Y）的數值，其語法列在表 22.2.5 中。引數 Triangles 回傳三角化資料點的資訊，而引數 B 回傳資料邊界點的下標資訊，做為判斷內插或外插的準則。

表 22.2.5 - TRIANGULATE 程序的語法

語法	說明
TRIANGULATE, X, Y, Triangles [, B]	執行 Delaunay 三角化演算法

範例：

```
xi = RANDOMN(5L, 50)
yi = RANDOMN(6L, 50)
PLOT, xi, yi, PSYM=1
TRIANGULATE, xi, yi, tr, b
num = N_ELEMENTS(tr)
FOR i=0,num/3−1 DO BEGIN
   t = [tr[*, i], tr[0, i]]
   PLOTS, xi[t], yi[t]
ENDFOR
END
```

建立變數 xi 和 yi，然後以打點的方式標示資料點。經過 TRIANGULATE 函數的處理後，得到各個三角形的頂點座標，存入變數 tr，邊界點的下標記錄在變數 b。最後把各個三角形畫出。整個程式執行後得到圖 22.2.7。

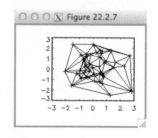

圖 22.2.7

表 22.2.6 列出 TRIANGULATE 程序的關鍵字 CONNECTIVITY，可以把每個節點相鄰點的下標傳至一個變數 conn。如果資料有 N 點，變數 conn 的前 N + 1 個元素記錄著各個相鄰點的下標範圍，然後可使用指令「PRINT, conn[conn[i]: conn[i+1] − 1]」列印第 i 個節點相鄰點的下標。

表 22.2.6 - TRIANGULATE 程序的關鍵字

關鍵字	說明
CONNECTIVITY=variable	回傳每個節點的相鄰點

範例：

<table>
<tr><td>

```
IDL> TRIANGULATE, xi, yi, tr, b, $
IDL>     CONNECTIVITY=conn
```
</td><td>沿用上例，這次呼叫 TRIANGULATE 函數時宣告關鍵字 CONNECTIVITY，把每個節點的相鄰點傳至 conn。</td></tr>
<tr><td>

```
IDL> PRINT, conn[0], conn[1]
      51      57
```
</td><td>列印第一資料點所相鄰點在變數 conn 中的下標範圍。</td></tr>
<tr><td>

```
IDL> PRINT, conn[51: 56]
   27    18     9    44    20     1
```
</td><td>列印第一資料點所相鄰點在變數 xi 和 yi 中的下標。</td></tr>
</table>

22.2.4　TRIGRID 程序的語法與關鍵字

表 22.2.7 列出 TRIGRID 函數的語法，除了輸入原始的資料點 X，Y 和 Z 外，還要輸入由程序 TRIANGULATE 產生的三角化資料點座標 Triangles。引數 GS 宣告各個網格點（grid）的間隔，引數 Limits 宣告資料點座標在 X 和 Y 方向的最小和最大範圍。變數 Result 是內插後的結果。

表 22.2.7 - TRIGRID 函數的語法

語法	說明
Result = TRIGRID(X, Y, Z, Triangles [, GS, Limits])	將不規則資料點內插成規則網格點

範例：

<table>
<tr><td>

```
IDL> zi = EXP(−(xi^2 + yi^2))
IDL> zo = TRIGRID(xi, yi, zi, tr)
IDL> SURFACE, zo
```
</td><td>沿用上例的 xi 和 yi 來建立變數 zi。呼叫 TRIGRID 函數，並輸入由函數 TRIANGULATE 產生的三角化變數 tr，得到規則性內插值，儲存至變數 zo，然後以 SURFACE 程序繪製，如圖 22.2.8 所顯示。注意的是，X 和 Y 軸網格點數目的預設值是 51 個，其網格的數目可以由引數 GS 和 limits 改變。SURFACE 函數需要規則性資料點為輸入變數，如果是不規則性資料點，則需要 TRIGRID 的協助，將不規則性資料點轉變成規則性資料點。</td></tr>
</table>

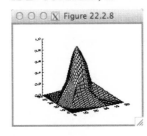

圖 22.2.8

```
IDL> gs = [1, 1]
IDL> lms = [-4, -5, 4, 5]
IDL> zo = TRIGRID(xi, yi, zi, tr, gs, lms)
IDL> SURFACE, zo
```

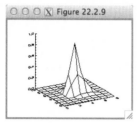

圖 22.2.9

設立網格點的座標間隔變數 gs，代表各個網格點的間隔為 1，另外設定資料範圍的變數 lms，代表資料點的 X 座標是由 -4 至 4，Y 座標是由 -5 至 5，所以在 X 軸是 9 個，Y 軸是 11 個。呼叫 TRIGRID 函數時同時宣告引數 gs 和 lms，並輸入由 TRIANGULATE 函數產生的三角化變數 tr，得到規則性內插值 zo，然後以 SURFACE 程序繪製內插值，如圖 22.2.9 所顯示。因網格點數變少，圖形的變化變粗略。

表 22.2.8 列出 TRIGRID 函數的關鍵字，其中 EXTRAPOLATE 設定外插資料點範圍外的網格點，而不是都設為零。關鍵字 MIN_VALUE 和 MAX_VALUE 設定 Z 值繪製的最小值和最大值，超過這個 Z 值範圍的資料點跳過不處理。關鍵字 MISSING 設定內插點落在資料點範圍外時的值。關鍵字 /QUINTIC 設定內插時採用 QUINTIC 內插模式，讓內插點的分布更加平滑，而關鍵字 XGRID 和 YGRID 讓網格點的 X 和 Y 座標回傳至變數。

表 22.2.8 - TRIGRID 函數的關鍵字

關鍵字	說明
EXTRAPOLATE=array	設定資料點的邊界網格點
MAX_VALUE=value	設定 Z 值繪製的最大值
MIN_VALUE=value	設定 Z 值繪製的最小值
MISSING=value	設定內插點落在資料點範圍外時的值
/QUINTIC	設定使用平滑的 Quintic 內插模式
XGRID=variable	回傳網格點的 X 座標
YGRID=variable	回傳網格點的 Y 座標

範例：

```
IDL> gs = [1, 1] & lms = [-4, -5, 4, 5]
IDL> zo = TRIGRID(xi, yi, zi, tr, $
IDL>     gs, lms, EXTRAPOLATE=b)
IDL> SURFACE, zo
```

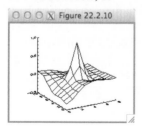

圖 22.2.10

沿用上例的變數，但宣告邊界點關鍵字 EXTRAPOLATE 來外插範圍外的網格點值，得到的變數 zo 以 SURFACE 程序繪製在視窗上，如圖 22.2.10 所顯示。與圖 22.2.9 比較，邊界外的內插值變成凹凸不平，代表做過外插。

IDL> zo = TRIGRID(xi, yi, zi, tr, $ IDL> gs, lms, XGRID=xg, YGRID=yg)	沿用上例的變數，但宣告網格點關鍵字 XGRID和YGRID來回傳內插網格點的X和 Y座標至變數xg和yg。
IDL> PRINT, xg, yg XG FLOAT = Array[9] YG FLOAT = Array[11]	X軸範圍是 [–4, 4] 且間隔為1，得到的網格 點是9個，而Y軸範圍是 [–5, 5] 且間隔為 1，得到的網格點是11個。
IDL> zo=TRIGRID(xi, yi, zi, tr, /QUINTIC)	呼叫TRIGRID函數時，宣告平滑內插值的 關鍵字 /QUINTIC。
IDL> SURFACE, zo	使用SURFACE程序繪製內插後的變數zo， 如圖22.2.11所顯示。與圖22.2.8比較，得 到的曲面變得比較平滑。

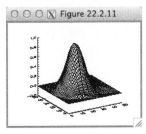

圖 22.2.11

22.3 三維內插的實施

　　資料的維度有時候是三維，例如三維空間的分布或二維空間分布隨時間的變化，當資料分布不足或分散時，則需要三維的內插，不僅讓資料點變成有規則性，也不會失去原來的分布狀況。 IDL也有提供三維內插的函數，來滿足讀者的需求。

22.3.1 INTERPOLATE函數的語法和關鍵字

　　表22.3.1列出INTERPOLATE函數的語法，此函數是採用線性的方式進行內插，它不僅適用三維的內插，也適用二維以下的內插。與BILINEAR函數不同的地方是，其預設狀況是不會製造規則性的網格點，其引數X、Y和Z必須包含相同的元素數目。引數P是規則性資料點，輸出變數Result儲存內插後的結果。

表22.3.1 - INTERPOLATE函數的語法

語法	說明
Result = INTERPOLATE(P, X [, Y [, Z]])	執行三維以下不規則內插點的線性內插

範例：

```
IDL> pi = FINDGEN(3, 4, 5)
IDL> xi = [0.7, 1.9]
IDL> yi = [2.5, 0.8]
IDL> zi = [2.0, 3.4]

IDL> po = INTERPOLATE(pi, xi, yi, zi)
IDL> PRINT, po
      32.2000      44.1000
```

建立三維變數 pi，做為三維的原始資料點。另外建立變數 xi、yi 和 zi，以宣告內插點的 X、Y 和 Z 座標。

呼叫 INTERPOLATE 函數來計算二個內插點（0.7, 2.5, 2.0）和（1.9, 0.8, 3.4）的內插值，呼叫 INTERPOLATE 函數後得到 32.2 和 44.1 二個數值。

表 22.3.2 列出 INTERPOLATE 函數的關鍵字，包含 /GRID 和 MISSING，當宣告關鍵字 /GRID 時，函數會根據輸入引數的元素數目製造規則性網格內插點，然後對每個內插點進行計算內插值。關鍵字 MISSING 所指定的數值是當內插點超過資料點的下標範圍時所宣告的數值。

表 22.3.2 - INTERPOLATE 函數的關鍵字

關鍵字	說明
/GRID	設定規則性內插的網格點
MISSING=value	設定內插點落在資料點範圍外時的值

範例：

```
IDL> xi = [0.7, 1.9]
IDL> yi = [2.5, 0.8]
IDL> zi = [2.0, 3.4]
IDL> po2 = INTERPOLATE(pi, xi, yi, zi, /GRID)
IDL> PRINT, po2
      32.2000      32.4000
      27.1000      27.3000

      49.0000      49.2000
      43.9000      44.1000
```

沿用上例的變數 pi、xi、yi 和 zi，呼叫 INTERPOLATE 函數時宣告關鍵字 /GRID，系統會根據變數 xi、yi 和 zi 的各個維度設立網格點。因三個變數的維度都是 2，所以得到 2 × 2 × 2 = 8 個網格點，因此得到 8 個內插值 po2。

22.3.2 GRID3 函數的語法和關鍵字

表 22.3.3 列出 GRID3 函數的語法，輸入變數是不規則性的資料點座標 xi、yi 和 zi，對應的資料值由變數 F 宣告。不設定網格點座標 Gx、Gy 和 Gz 時，最後得到規則性網格點的預設維度是 25 × 25 × 25。當設定網格點座標 Gx、Gy 和 Gz 時，最後得到的結果是不規則性的內插點，其中變數 Gx、Gy 和 Gz 的元素數目必須是一致，最後得到的內插點數與變數 Gx、Gy 和 Gz 的元素數目相同。變數 Result 儲存內插後的結果。

表 22.3.3 - GRID3 函數的語法

語法	說明
Result = GRID3(X, Y, Z, F[, Gx, Gy, Gz])	將不規則網格點內插成平滑的函數

範例：

IDL> xi = RANDOMU(5L, 300) IDL> yi = RANDOMU(6L, 300) IDL> zi = RANDOMU(7L, 300)	建立內容為均勻分布亂數的變數 xi、yi 和 zi。
IDL> fi = (xi–0.5)^2 + (yi–0.5)^2 + (zi–0.5)^2	根據變數 xi、yi 和 zi 計算變數 fi。
IDL> fo = GRID3(xi, yi, zi, fi)	呼叫 GRID3 內插函數後，得到規則性內插值變數 fo。
IDL> HELP, fo FO FLOAT = Array[25, 25, 25]	變數 fo 的維度是 25 × 25 × 25，這是沒宣告網格點數目的預設值。
IDL> s = FINDGEN(11) / 10.	建立新網格點的座標值變數 s。
IDL> fo2 = GRID3(xi, yi, zi, fi, s, s, s)	呼叫 GRID3 內插函數時設定三個軸網格點的座標都是變數 s，然後得到不規則性內插值變數 fo2。
IDL> HELP, fo2 FO2 FLOAT = Array[11]	變數 fo2 只有一個維度，包含 11 個元素。

　　表 22.3.4 列出 GRID3 函數的關鍵字，關鍵字 /GRID 讓變數 Gx、Gy 和 Gz 所得到的網格點變成規則性。規則性網格點的預設維度是 25 × 25 × 25，但可以透過關鍵字 START、NGRID 和 DELTA 改變規則性網格點的預設維度。

表 22.3.4 - GRID3 函數的關鍵字

關鍵字	說明
/GRID	設定規則性內插的網格點
START=[x, y, z]	設定規則性網格點的起始點
DELTA=scalar	設定規則性網格點的區間
NGRID=value	設定規則性網格點的數目

範例：

```
IDL> s = FINDGEN(11) / 10.
IDL> fo3 = GRID3(xi, yi, zi, fi, s, s, s, /GRID)
IDL> HELP, fo3
FO3        FLOAT      = Array[11, 11, 11]
```

建立網格點的座標值變數 s，呼叫 GRID3 函數時設定三個軸網格點的座標都是變數 s，且宣告關鍵字 /GRID，所以得到 11 × 11 × 11 規則性的三維網格點。

```
IDL> fo4 = GRID3(xi, yi, zi, fi, START=[0, 0, 0], $
IDL>     NGRID=11, DELTA=0.1)
IDL> HELP, fo4
FO4        FLOAT      = Array[11, 11, 11]
```

這次不宣告關鍵字 /GRID，而宣告關鍵字 START、NGRID 和 DELTA，得到的結果是一樣的 11 × 11 × 11 規則性的三維網格點。

第四篇　實務應用

第二十三章 時間序列資料的繪製

本章簡介

大部分的資料是以時間序列（time series）的方式排列，然而時間的慣用表示方式是不連續的表示法，所以會造成資料分析與繪圖的困難。一般的解決方式是以過去某一個特定時間點為基準來變換時間。IDL提供一些時間格式變換的指令，IDL也提供繪製時間軸所需的函數，方便時間序列資料的呈現。

本章的學習目標

認識IDL處理時間的指令

熟悉IDL繪製時間軸所需的函數

學習IDL設定日期時間格式的方式

23.1 時間格式的轉換

時間具有持續性和不可逆性，但時間的表示卻具有不連續性，例如小時是從0到23，過了23時之後，變成0時。分鐘是從0到59，過了59分之後，變成0分，這種不連續的特性會造成時間軸繪製的困難，所以必須先把日期時間轉換成連續的浮點數，才可以使用PLOT程序繪圖。表23.1.1列出IDL提供處理時間的指令，可以使用JULDAY函數把現行的日期時間轉變成以某一個特定時間為基準的萬年日（Julian date）。時間轉變之後，在這個特定的時間點以前的日期時間是負的數字，以後的日期時間是正的數字。讀者可以呼叫CALDAT程序把萬年日轉變回原來的日期時間，方便人們的認知。綜合來說，數字型式的日期時間適合繪圖，而文字型式的日期時間適合理解。IDL也有回傳現在時間的SYSTIME函數，其輸出可以是文字型式，也可以是數字型式，若輸出的是文字型式，則可以用BIN_DATE函數將時間字串轉換成數字。

表23.1.1 - IDL處理時間的指令

指令	功能
JULDAY	轉變日期時間至萬年日
CALDAT	轉變萬年日至日期時間
SYSTIME	回傳現在時間字串
BIN_DATE	轉換時間字串至數字

23.1.1 JULDAY函數的語法

JULDAY函數是IDL轉換日期時間至萬年日的指令，可以把現行的日期時間（Month, Day, Year, Hour, Minute, Second）轉變成以公元前4713年的1月1日中午12點為基準的萬年日，其資料型態為長整數或雙精度浮點數。時間轉換之後，後面的日期時間所對應的數字

會比前面的日期時間所對應的數字大。也可以不輸入時分秒，但時分秒的預設值是中午12時0分0秒。當日期時間轉變為數字時，很容易用來繪製時間軸。JULDAY函數的語法列在表23.1.2中。

表23.1.2 - JULDAY函數

函數	功能
JULDAY(Month, Day, Year, Hour, Minute, Second)	轉變日期時間至萬年日

範例：

IDL> y = 1997 & m = 09 & d = 15	設定日期為1997年9月15日。
IDL> h = 0 & i = 0 & s = 0	設定時間為00:00:00。
IDL> jd1 = JULDAY(m, d, y)	將年月日轉變為萬年日jd1，變數jd1為長整數，時分秒的預設值是中午12時0分0秒。
IDL> jd2 = JULDAY(m, d, y, h, i, s)	將年月日時分秒轉變為萬年日jd2，變數jd2為雙精度浮點數。
IDL> PRINT, jd1, jd2 2450707 2450706.5	列印萬年日jd1和jd2，因萬年日是以中午12時為基準，所以二者有0.5日的差距。
IDL> PRINT, JULDAY(1, 1, –4713) 0	公元前4713年1月1日中午12時對應的日期為0，其它的日期以這個日期為基準做換算。

23.1.2 CALDAT程序的語法

CALDAT程序是JULDAY函數的反轉換，可以將萬年日Julian轉換回日期時間，其它按照順序的引數是Month, Day, Year, Hour, Minute, Second。CALDAT程序的語法列在表23.1.3中。

表23.1.3 - CALDAT程序的語法

函數	功能
CALDAT, Julian, Month, Day, Year, Hour, Minute, Second	轉變萬年日至日期時間

範例：

IDL> CALDAT, jd1, mm, dd, yy	延續上列，現在將萬年日jd1轉變為日期。
IDL> PRINT, mm, dd, yy 9 15 1997	列印日期變數的內容，其結果與原先輸入的日期相同。
IDL> CALDAT, jd2, mm, dd, yy, hh, ii, ss	將萬年日jd2轉變為日期和時間。

| IDL> PRINT, mm, dd, yy, hh, ii, ss | 列印日期和時間變數的內容，除了秒數有個可 |
| 9 15 1997 0 0 4.0233135e-05 | 以忽略的差距外，其結果與原先輸入的日期和時間相同。 |

23.1.3 SYSTIME 函數的語法

　　IDL 提供回傳現在時間的 SYSTIME 函數，其語法列在表23.1.4中，如果不宣告任何關鍵字，其輸出是當地的現在時間，以字串的資料型態表示，其內容的順序為星期、月日、時分秒、年。

表 23.1.4 - SYSTIME 函數的語法

函數	功能
String = SYSTIME()	回傳現在時間的字串 String

範例：

| IDL> a = SYSTIME() | 呼叫 SYSTIME 函數，將現在的時間以字串的型式傳給變數 a。 |
| IDL> HELP, a
A   STRING = 'Wed Jun 12 14:32:14 2013' | 顯示變數 a 的內容，內容的順序為星期、月日、時分秒、年。 |

23.1.4 SYSTIME 函數的關鍵字

　　SYSTIME 函數的預設輸出是現在的地方時，但可使用表23.1.5列出的關鍵字來改變時間的輸出資料型態為萬年日或萬年秒。注意的是，萬年秒是以1970年1月1日午夜12時為基準，而萬年日是以公元前4713年的1月1日中午12點為基準。如果希望輸出的現在時間是世界時，則宣告關鍵字 /UTC，世界各地的世界時都是一樣的時間，就是英國格林威治的地方時，但地方時會隨太陽的位置而變動，不同地方會有不同的地方時。SYSTIME 函數的其中一個應用是程式執行時間的計算，具體做法是在程式的最前面先用「SYSTIME(/SECONDS)」指令顯示現在時間，代表起始時間，然後在程式的最後面也用「SYSTIME(/SECONDS)」指令來顯示現在時間，代表結束時間，執行時間則是結束時間和起始時間的差值。

表 23.1.5 - SYSTIME 函數的關鍵字

關鍵字	功能
/JULIAN	把現在的時間以萬年日的型態輸出
/SECONDS	把現在的時間以萬年秒的型態輸出
/UTC	輸出現在的世界時

範例：

| IDL> b = SYSTIME(/JULIAN) | 當呼叫 SYSTIME 函數時，宣告關鍵字 /JULIAN，變數 b 的內容是萬年日。 |

| IDL> c = SYSTIME(/UTC) | 當呼叫SYSTIME函數時，宣告關鍵字 /UTC，變數c的內容是現行時間的字串，但此時間是世界時，而不是地方時。 |

| IDL> d = SYSTIME(/SECONDS) | 宣告關鍵字 /SECONDS時的輸出是萬年秒，與萬年日不同的地方是以1970年1月1日午夜12時的世界時為基準。 |

23.1.5 BIN_DATE函數的語法

　　SYSTIME 函數的輸出是以字串的型態表示，有時會造成計算上的困擾，因此需要 BIN_DATE函數，將時間字串轉變為數字型態，例如月份字串 'Jun' 轉變為數字6。表 23.1.6顯示BIN_DATE函數的語法，引數String為SYSTIME函數的輸出。

表23.1.6 - BIN_DATE函數

函數	功能
BIN_DATE(String)	轉換時間字串至數字

範例：

| IDL> e = BIN_DATE(a) | 變數a的內容是來自SYSTIME函數輸出的時間字串，其結果傳遞至變數e。 |

| IDL> HELP, e
E　　　　LONG　　　 = Array[6] | 變數e的資料型態是長整數，內容是6個元素的向量，按照順序，儲存年月日時分秒資訊。 |

23.2 時間軸的繪製

　　當使用 PLOT 程序繪製時間序列的資料時，通常會指定其中一個座標軸是時間軸，標準的做法是先將日期時間轉變為數字型態的萬年日，然後再使用PLOT程序。如果繪製後的時間軸是以數字來做標記，很難理解其代表的時間，因此需要把數字時間軸轉變成容易理解的文字型態。在本節中將會介紹二種繪製時間軸的方式，一種是 IDL 軟體提供的方式，按照步驟操作即可，不需要明白運作原理，另外一種方式是自己製造時間標記，放在時間座標軸上。

23.2.1 IDL 繪製時間軸的方式

　　當資料各點之間的時間間隔不固定時，則需要製造時間間隔固定的時間點，才能運用 IDL的內插函數，把各個時間點對應的資料值內插出來，然後繪製資料對時間的變化圖。 IDL提供TIMEGEN函數，用來製造固定時間間隔的時間點，以萬年日來表示，其語法顯示在表23.2.1中，其中引數n是欲製造的時間點數，變數Result是輸出的各個時間點。

表 23.2.1 - TIMEGEN 函數的語法

函數	功能
Result = TIMEGEN(n)	建立連續時間的陣列

範例：

IDL> a = TIMEGEN(3)	運用 TIMEGEN 函數產生 3 個時間點，因沒有宣告任何關鍵字，變數 a 的內容是從 0 開始，時間間隔是 1 個萬年日。
IDL> PRINT, a 　2.2204460e-16　1.0000000　2.0000000	列印變數 a 的內容至視窗上，因雙精度浮點數表示的限制，第一個元素是趨近於 0。

　　表 23.2.2 列出常用的關鍵字，適當運用這些關鍵字會讓 TIMEGEN 函數更具有彈性，其中可以用關鍵字 YEAR 宣告開始年份。用關鍵字 START 和 FINAL 定義開始和最後的日期時間，然後再依據時間點數做分割。用關鍵字 STEP_SIZE 宣告時間間隔，其單位由關鍵字 UNITS 定義，其選項為 'Years'、'Months'、'Days'、'Hours'、'Minutes'、'Seconds'。另外也可使用關鍵字 MONTHS、DAYS、HOURS、MINUTES、SECONDS 固定特定的時間。

表 23.2.2 - TIMEGEN 函數的關鍵字

關鍵字	說明
FINAL=value	最後的日期時間
DAYS=vector	固定日數
HOURS=vector	固定小時
MINUTES=vector	固定分鐘
MONTHS=vector	固定月份
SECONDS=vector	固定秒數
START=value	開始的日期時間
STEP_SIZE=value	日期時間累進的大小
UNITS=string	日期時間的單位
YEAR=value	開始年份

範例：

IDL> b = TIMEGEN(3, YEAR=1997) IDL> PRINT, b 　2450450.0　2450451.0　2450452.0	運用 TIMEGEN 函數產生 3 個時間點，讓變數 b 的內容是從 1997 年 1 月 1 日對應的萬年日開始，時間間隔是 1 個萬年日。
IDL> c = TIMEGEN(3, YEAR=1997, $ IDL>　STEP_SIZE=2) IDL> PRINT, c 　2450450.0　2450452.0　2450454.0	運用 TIMEGEN 函數產生 3 個時間點，關鍵字 STEP_SIZE 定義時間間隔為 2 個萬年日。

IDL> s = JULDAY(1, 1, 1997)
IDL> f = JULDAY(1, 3, 1997)
IDL> d = TIMEGEN(3, START=s, FINAL=f)
IDL> PRINT, d
  2450450.0   2450451.0   2450452.0

設定開始和最後日期所對應的萬年日，然後運用 TIMEGEN 函數產生 3 個時間點，讓關鍵字 START=s 和 FINAL=f 界定開始和最後日期。列印變數 d 的內容至視窗上，其結果與變數 b 的內容相同。

IDL> e = TIMEGEN(3, UNITS='Months')
IDL> PRINT, e
  2.2204460e-16   31.000000   60.000000

運用 TIMEGEN 函數產生 3 個時間點，並宣告關鍵字 UNITS，以月份為單位，結果是以各月份的天數為時間間隔。

IDL> g = TIMEGEN(3, DAYS=1)

運用 TIMEGEN 函數產生 3 個時間點，並宣告關鍵字 DAYS 為 1，代表以每個月的 1 日來定時間點。變數 g 的內容和變數 e 的內容相同。

LABEL_DATE 函數是 IDL 標示時間軸（label date）的函數，必須要配合 PLOT 程序才能使用，其語法和關鍵字分別顯示在表 23.2.3 和表 23.2.4 中，關鍵字 DATE_FORMAT 定義時間軸標記的格式，其選項列在表 23.2.5 中。輸出變數 Result 是無用的變數。

表 23.2.3 - LABEL_DATE 函數的語法

函數	功能
Result = LABEL_DATE( )	與 PLOT 程序配合繪製日期時間軸

範例：

IDL> p = FINDGEN(25)

設定變數 p 的數值。

IDL> xmin = JULDAY(9, 15, 1997, 0, 0, 0)

設定起始萬年日 xmin。

IDL> xmax = JULDAY(9, 16, 1997, 0, 0, 0)

設定結束萬年日 xmax。

IDL> jd = TIMEGEN(25, START=xmin, $
IDL>   FINAL=xmax, UNITS='Hours')

設定變數 p 對應的萬年日 jd，關鍵字 START 設定起始的萬年日為 xmin，關鍵字 FINAL 設定結束的萬年日為 xmax，相鄰萬年日的時間差距是以小時為單位，變數 jd 中總共有 25 個萬年日。

IDL> dummy = LABEL_DATE( )

定義時間標記為標準格式，亦即同時列出日期和時間，其順序為星期、月日、時分秒、年，變數 dummy 為無用的變數。

```
IDL> PLOT, jd, p, XSTYLE=1, $
IDL>    XTICKFORMAT='LABEL_DATE', $
IDL>    XTICKS=3, XRANGE=[xmin, xmax]
```

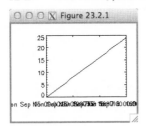

圖 23.2.1

變數 jd 為萬年日，變數 p 為對應的參數，使用 PLOT 程序繪製變數 p 對時間的變化，X 軸是時間軸，其時間格式是依照由 LABEL_DATE 函數定義的格式。因時間的標準格式很長，各個時間標記會重疊在一起，如圖 23.2.1 所顯示，為解決問題，在使用 LABEL_DATE 函數定義時間的標記格式時，不要使用標準格式，這時需要使用表 23.2.4 所列出的關鍵字 DATE_FORMAT。

表 23.2.4 - LABEL_DATE 函數的關鍵字

關鍵字	說明
DATE_FORMAT=string/string_array	設定日期時間的格式

範例：

```
IDL> dummy = LABEL_DATE( $
IDL>    DATE_FORMAT='%H:%I')
IDL> PLOT, jd, p, XSTYLE=1, $
IDL>    XTICKFORMAT='LABEL_DATE', $
IDL>    XTICKS=3, XRANGE=[xmin, xmax]
```

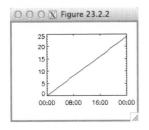

圖 23.2.2

日期時間的標準格式過長時，會造成時間軸標記的重疊，為解決此問題，可以使用關鍵字 DATE_FORMAT 把時間標記的格式定義為較短的「時：分」，如圖 23.2.2 所顯示。變數 dummy 仍然是無用的變數。同樣地，定義時間格式後，具體的做法是使用 PLOT 程序的關鍵字 XTICKFORMAT 中宣告 LABEL_DATE，系統會按照所定義的時間格式繪製時間軸。表 23.2.5 列出 LABEL_DATE 函數中 DATE_FORMAT 關鍵字的選項，讀者可以依照工作需求選擇適合的時間格式。

表 23.2.5 - LABEL_DATE 函數中 DATE_FORMAT 關鍵字的選項

選項	說明
%M	月份的名稱
%N	月份的二位數目
%D	日數的二位數目
%Y	年份的四位數目
%Z	年份的最後二位數目
%W	星期的天數
%A	AM 或 PM
%H	小時的二位數目

%I	分鐘的二位數目
%S	秒數的二位數目
%%	代表%符號

23.2.2 繪製時間軸的其它方式

IDL提供的繪製時間軸的方式簡單方便，讀者甚至可以在不明瞭時間軸標記的原理下繪製時間軸。另外一種繪製方式是由已知的起始和結束時間計算每個時間標記對應的萬年日，然後使用CALDAT程序把這些萬年日轉換回容易理解的「年月日時分秒」標記，最後再使用PLOT程序的關鍵字XTICKNAME設置這些標記。

範例：

IDL> xticks = 3

設定X軸的主要標記區間為3，亦即4個主要標記。

IDL> del = FINDGEN(xticks + 1)
IDL> del = del* (xmax-xmin)/xticks + xmin

設定3 + 1個主要時間標記。因已知起始萬年日xmin和結束萬年日xmax，即可計算每個時間標記對應的萬年日。

IDL> CALDAT, del, mm, dd, yy, hh, ii, ss

轉換萬年日對應的日期和時間。

IDL> ahh = STRING(hh, '(I2.2)')
IDL> aii = STRING(ii, '(I2.2)')
IDL> timlbl = ahh + ':' + aii

將資料型態為數值的小時和分鐘轉變成文字型態，然後將文字型態的小時、冒號以及分鐘以加號連結，其結果儲存至變數timlbl。

IDL> PLOT, jd, p, XSTYLE=1, $
IDL>   XTICKNAME=timlbl, XTICKS=xticks, $
IDL>   XRANGE=[xmin, xmax]

現在即可使用PLOT程序繪製變數p對時間變數jd的變化圖，與前例不同的地方是關鍵字XTICKNAME的運用，前例則是使用關鍵字XTICKFORMAT。其繪製結果顯示在圖23.2.3中，雖然繪圖方式不同，圖23.2.3和圖23.2.2卻相同。

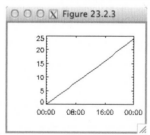

圖 23.2.3

第二十四章 頻譜的分析

本章簡介

任何複雜的訊號都可透過頻譜分析（spectrum analysis）的技術，將其分解成不同頻率的簡單訊號。一般來說，訊號是在時域中獲得，透過頻譜分析，可將訊號轉成對應不同頻域的振幅和相位，因而得到更多關於訊號的資訊。IDL提供簡單的頻譜分析程序，讓讀者更能集中在問題的解決上，而不是轉換技術的實施。

本章的學習目標

認識IDL頻譜分析的函數
熟悉IDL實施頻譜分析的方式
學習IDL頻譜分析的濾波功能

24.1 頻譜分析所需的函數

訊號在空間中會隨著時間的變化，所以訊號通常是時間和空間的函數，如果訊號的變化呈現週期性，亦即以波動的方式呈現，則可以使用頻率或波數來表示訊號中的波動特性。藉由頻譜分析，訊號中的頻率或波數可以被解析出來，IDL提供一些頻譜分析的函數，來解析訊號中的週期資訊。

24.1.1 時頻域轉換的函數

表24.1.1列出IDL中時頻域轉換的函數，包括快速傅立葉轉換（Fourier transform）和希伯特轉換（Hilbert transform）函數，FFT函數對陣列執行快速傅立葉轉換，當對時間域的訊號轉換後，得到頻率域的資訊，當對空間域的訊號轉換後，得到波數域的資訊。訊號點的個數可以是任意個，但最好是2的次方，才能得到最好的轉換效率。注意的是，不管何種訊號，執行FFT函數時都會得到結果，但需要仔細分析，才能判斷轉換結果的正確性。訊號時間的採樣率（sampling rate）必須要大於實際波動頻率的二倍，否則會得到虛假的頻率。希伯特轉換是另外一種數學轉換，可將時間或空間域的訊號轉換成相位差為90度的時間或空間域的訊號，但HILBERT函數的實施需要FFT函數的協助才能完成。

表24.1.1 - 時頻域轉換的函數

函數	功能
FFT	對陣列執行快速傅立葉轉換
HILBERT	對陣列執行希伯特轉換

24.1.2 訊號濾波的函數

　　表 24.1.2 列出 IDL 中訊號濾波的函數，包含 HANNING 和 BUTTERWORTH 函數，這二個函數是在做快速傅立葉轉換需要用到的函數，目的是減少傅立葉轉換實施時的誤差。HANNING 函數一般是應用在時間或空間域的訊號，因訊號的二端點通常不一致，其結果是引進一些誤差，所以在原始訊號乘以 HANNING 函數後，會讓訊號的二端點一致，最後的轉換結果不會影響到頻率的解析，但因 HANNING 函數的執行會減少訊號的波動振幅值，波動的功率因此而被低估，所以如果讀者關心的是波動的功率，HANNING 函數就要避免使用。當需要做高通濾波（high-pass filter）或低通濾波（low-pass filter）的時候，BUTTERWORTH 函數可協助濾掉低頻或高頻的波動，一般的做法是先用 FFT 函數把時間或空間域的訊號轉到頻率或波數域，接著運用 BUTTERWORTH 函數，設定高通或低通的臨界值，讓高頻或低頻的波譜部分留下，最後再運用反傅立葉轉換轉回時間或空間域，而得到剩下高頻或低頻的波動。

表 24.1.2 - 訊號濾波的函數

種類	說明
HANNING	Hanning 或 Hamming 窗函數
BUTTERWORTH	低通或高通濾波核心

24.1.3 相關的函數

　　表 24.1.3 列出 DIST 函數的語法，這個函數是用來建立 n × m 矩陣，輸出變數是 Result，其值是中間高周圍低的函數值。因為 FFT 函數轉換後的頻率是對稱的分布，頻率部分中間高周圍低，剛好可以應用在濾波上。如果引數 m 省略，則產生 n × n 矩陣。注意的是，在製造 BUTTERWORTH 濾波核心時，需要 DIST 函數的協助才能產生。

表 24.1.3 - DIST 函數的語法

語法	說明
Result = DIST(n [, m])	建立其值為正比於頻率的函數

24.2 頻譜分析的實施

　　IDL 的頻譜分析主要由 FFT 函數實施，時間或空間域的訊號透過此函數轉換至頻率或波數域，轉換後的頻率或波數是對稱的分布，可以只截取一半的分布來解析頻率或波數峰值的位置。雖然原始訊號提供了一些相關的訊息，讀者可以利用頻譜分析更了解原始訊號的波動特性。

24.2.1 FFT 函數的語法與關鍵字

　　表 24.2.1 列出 FFT 函數的語法，其輸入引數包含原始訊號陣列，可以是一維或二維的陣列，另外一個引數是宣告傅立葉轉換的方向，可以不宣告，不宣告的時候代表正向傅立

葉轉換，由時間或空間域轉至頻率或波數域，也可以宣告為 –1，轉換回來時宣告其值為 1，亦即從頻率或波數域轉回時間或空間域。輸出變數 Result 是轉換後的訊號值，其資料型態是複數。

表24.2.1 - FFT函數的語法

語法	說明
Result = FFT(Array [, Direction])	當正向傅立葉轉換時，引數 Direction 為 –1，反向時為 1

範例：

```
IDL> dn = 64
IDL> dt = 0.5
IDL> wt = dt * FINDGEN(dn)
IDL> wf1 = 0.2
IDL> wf2 = 0.4
IDL> wu = SIN(2 * !PI * wf1 * wt) + $
IDL>    SIN(2 * !PI * wf2 * wt)
```

設定時間序列訊號的點數 dn 和時間解析度 dt，因此整個時間序列對應的時間 wt 可以計算出來。然後假設此訊號是二個正弦波的合成，它們的頻率分別是 wf1 和 wf2，而振幅 wu 由 SIN 函數計算。

```
IDL> PLOT, wt, wu, XTITLE='T (sec)'
```

繪製由週期為5秒和2.5秒的合成波動。因訊號的總長度為32秒，所以此波動訊號包含6.4個週期，如圖24.2.1所顯示。

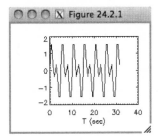

圖 24.2.1

```
IDL> wv = FFT(wu, –1)
IDL> ww = ABS(wv[0: dn/2])^2
IDL> rf = FINDGEN(dn/2+1) / (dn*dt)
IDL> PLOT, rf, ww, XTITLE='F (Hz)'
```

呼叫 FFT 函數執行傅立葉轉換，將時間域的變數 wu 轉成頻率域的複數變數 wv，它的絕對值的平方就是波的功率，儲存至變數 ww。根據波動訊號的時間解析度和訊號的點數，計算訊號可能的頻率範圍，回傳至變數 rf，最後畫出頻譜圖24.2.2，顯示在頻率為 0.2 Hz 和 0.4 Hz 的地方有個峰值，這與原始波動的頻率相吻合。

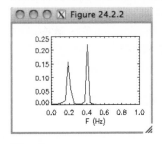

圖 24.2.2

表24.2.2列出FFT函數的關鍵字，關鍵字 /DOUBLE讓整個轉換以雙精度浮點數的方式做計算，關鍵字 /INVERSE是執行反向傅立葉轉換，相當於設定引數Direction為1，當高通或低通濾波執行後，需要進行反向傅立葉轉換，才能具體呈現濾波後的訊號變化。

表24.2.2 - FFT函數的關鍵字

關鍵字	說明
/DOUBLE	以雙精度計算數值
/INVERSE	執行反快速傅立葉轉換

範例：

IDL> wu2 = FFT(wv, /INVERSE)	執行反快速傅立葉轉換，執行後的結果會儲存至變數wu2。

24.2.2 HILBERT函數的語法與關鍵字

表 24.2.3列出 HILBERT 函數的語法，包含二個引數，X 和 Direction，其中引數 Direction 可以省略，省略時代表相位正向旋轉90度，相當於 Direction 值為1。當 Direction 值為 –1時，則相位反向旋轉90度，輸出變數 Result 是轉換後的訊號值。注意的是，轉換後的值域仍然是在時間或空間域中，原始的訊號和轉換後的訊號之間的相關係數會接近於零。

表24.2.3 - HILBERT函數的語法

語法	說明
Result = HILBERT(X [, Direction])	引數 Direction 為 1 時，相位正向旋轉90度

範例：

IDL> wu3 = HILBERT(wu, 1)	沿用上例的變數 wt 和 wu，然後呼叫 HILBERT 函數將原始波動的相位正向轉90度，變成新變數 wu3。
IDL> PLOT, wt, wu, XTITLE='T (sec)', $ IDL> XRANGE=[0, 10] IDL> OPLOT, wt, wu3, LINESTYLE=2	為明顯表示原始波動和轉換後波動的區別，繪製時使用關鍵字 XRANGE 設定只畫二個週期的波動，其中以實線繪製原始的波動，另外以虛線繪製轉換後的波動，它們之間的相位差是 90 度，轉換後的波動往左移動，如圖 24.2.3 所顯示。

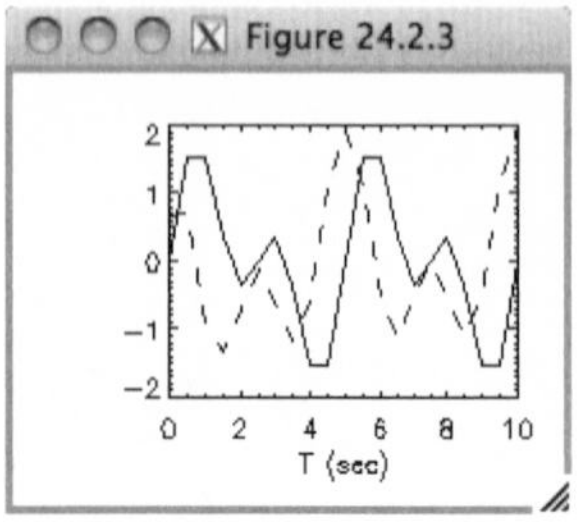

圖 24.2.3

IDL> rwu3 = REAL_PART(wu3)
IDL> PRINT, CORRELATE(wu, rwu3)
   3.18390e-05

經過HILBERT轉換後的變數wu3是複數型態的變數，所以需要把wu3的實數部分取出，然後與原始變數wu做相關分析，得到的相關係數是接近零。

IDL> wu4 = HILBERT(wu, -1)
IDL> PLOT, wt, wu, XTITLE='T (sec)', $
IDL>   XRANGE=[0, 10]
IDL> OPLOT, wt, wu4, LINESTYLE=2

沿用上例的變數wt和wu，然後呼叫HILBERT函數將原始波動的相位反向轉90度，變成新變數wu4，其中以實線繪製原始的波動，另外以虛線繪製轉換後的波動，它們之間的相位差是-90度，轉換後的波動往右移動，如圖24.2.4所顯示。

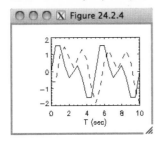

圖24.2.4

24.3 訊號濾波的實施

訊號濾波的過程是先使用窗函數來讓訊號的前後二端點一致，因傅立葉轉換的執行會把二端點連結而成一個無限重複的波動，如果不一致，連結的位置會產生一個不連續點，而造成頻譜上峰值的擴散，影響到峰值的判斷。當需要做高通或低通濾波時，則引用濾波函數把不需要的波段濾除掉，最後利用反向傅立葉轉換轉回時間或空間域，完成濾波的程序。

24.3.1 HANNING和HAMMING窗函數的實施

表24.3.1列出HANNING函數的語法，引數N1和N2宣告二維窗函數中各維度的訊號點數，產生的窗函數可應用在影像的處理上。其中引數N2可以省略，省略時得到一維的窗函數，應用在一維的訊號上。輸出變數Result是窗函數值。

表24.3.1 - HANNING函數的語法

語法	說明
Result = HANNING(N1 [,N2])	引數N1和N2為各維度的訊號點數

範例：

IDL> dn = 64
IDL> dt = 0.5
IDL> wt = dt * FINDGEN(dn)

設定時間序列訊號的點數dn和時間解析度dt，因此整個時間序列對應的時間wt可以計算出來。

```
IDL> wf1 = 0.2
IDL> wf2 = 0.4
IDL> wu = SIN(2 * !PI * wf1 * wt) + $
IDL>     SIN(2 * !PI * wf2 * wt)
```

假設一個訊號是二個正弦波的合成，它們的頻率分別是wf1和wf2，而振幅wu由SIN函數計算。

```
IDL> w_han = HANNING(dn)
IDL> PLOT, wt, w_han, XTITLE='T (sec)'
```

呼叫HANNING函數產生窗函數變數w_han，然後繪製此窗函數，其峰值在中間，二側的值會一致，且接近於零，如圖24.3.1所顯示。

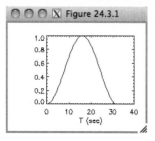

圖24.3.1

```
IDL> wu_han = wu * w_han
IDL>PLOT, wt, wu_han, XTITLE='T (sec)'
```

將原始訊號變數wu乘以HANNING窗函數w_han，得到wu_han。新函數的峰值也是在中間，但訊號二側的值會一致，且接近於零，如圖24.3.2所顯示。

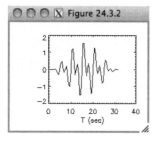

圖24.3.2

```
IDL> wv = FFT(wu_han, -1)
IDL> ww = ABS(wv[0: dn/2])^2
IDL> rf = FINDGEN(dn/2+1) / (dn*dt)
IDL> PLOT, rf, ww, XTITLE='F (Hz)'
```

呼叫FFT函數執行傅立葉轉換，將時間域的變數w_han乘以窗函數後轉成頻率域的變數wv，此變數是個複數型態的變數，它的絕對值的平方就是波的功率，計算後儲存至變數ww。根據波動訊號的時間解析度和訊號的數目，來計算訊號可能的頻率範圍，回傳至變數rf，最後畫出頻譜圖24.3.3，峰值顯示在頻率為0.2 Hz和0.4 Hz的地方，但比圖24.2.2所顯示的峰值更集中，這達到使用窗函數的效果，但功率減小。

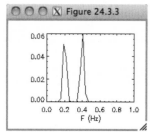

圖24.3.3

窗函數 HANNING 和 HAMMING 是由相同的函數形式所定義，其函數形式如下：

$$w(f) = \alpha - (1 - \alpha) * COS(2 \pi f / N) \qquad f = 0, 1, 2, ..., N–1$$

其中 $\alpha = 0.50$ 得到的函數是 HANNING 窗函數，而 $\alpha = 0.54$ 得到的函數是 HAMMING 窗函數。α 值也可以透過表 24.3.2 的關鍵字 ALPHA 改變，因而得到其它的窗函數，注意的是，α 值的範圍在 0.5 和 1.0 之間。想要得到雙精度的計算，則宣告關鍵字 /DOUBLE。

表 24.3.2 - HANNING 函數的關鍵字

關鍵字	說明
ALPHA=value{0.5 to 1.0}	控制視窗濾波函數的形狀
/DOUBLE	以雙精度計算數值

範例：

```
IDL> dn = 64
IDL> dt = 0.5
IDL> wt = dt * FINDGEN(dn)
IDL> w_han = HANNING(dn)
IDL> w_ham = HANNING(dn, ALPHA=0.54)
IDL> w_60 = HANNING(dn, ALPHA=0.60)
IDL> PLOT, wt, w_han, XTITLE='T (sec)'
IDL> OPLOT, wt, w_ham, LINESTYLE=2
IDL> OPLOT, wt, w_60, LINESTYLE=1
```

呼叫 HANNING 函數時，宣告不同的 α 值，因而產生不同的窗函數，其中窗函數 w_han 是在預設值為 0.50 所產生，而窗函數 w_ham 和 w_60 是分別在 $\alpha = 0.54$ 和 $\alpha = 0.60$ 所產生。最後以不同曲線繪製這些窗函數，如圖 24.3.4 所顯示，實線是 Hanning 窗函數，虛線是 Hamming 窗函數，點線是 $\alpha = 0.60$ 的窗函數，其峰值都在中間，二側的值會隨著 α 值的增加而增加，但二側的值一致。

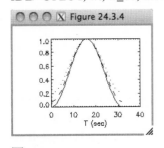

圖 24.3.4

24.3.2 BUTTERWORTH 濾波函數的實施

表 24.3.3 列出 BUTTERWORTH 濾波函數形式，包含低通和高通濾波函數，其中 Order 是函數的階數，階數越大，函數值的變化越大。fc 是截止頻率，低通或高通濾波的臨界頻率，得到的濾波函數的最大值是 1，代表波段可以全部通過，最小值是 0，代表波段全部濾掉，其值也可以介於 0 和 1 之間，代表可以通過的部分。f 是頻率隨距離的函數，中間高周圍低，剛好對應 FFT 函數轉換後的頻率或波數分布，可以與濾波函數相乘，當乘值為 0，則是濾掉不需要的波段。

表24.3.3 - BUTTERWORTH濾波函數形式

函數形式	說明
b_low = 1. / SQRT(1 + (f / fc)^(2*Order))	低通濾波函數
b_high = 1. – b_low	高通濾波函數

範例：

```
IDL> cf = 0.3
IDL> od = 10
IDL> d = DIST(dn, 1)

IDL> rf = FINDGEN(dn) / (dn*dt)
IDL> nf = (WHERE(rf GE cf))[0]
IDL> blow = 1. / SQRT(1.+d/nf)^(2.*od))
IDL> bhigh = 1. – blow
IDL> xname = ['0.0', '0.5', '1.0', '0.5', '0.0']
IDL> PLOT, rf, blow, XTITLE='F (Hz)', $
IDL>     XTICKNAME=xname
IDL> OPLOT, rf, bhigh, LINESTYLE=2
```

延續上例的變數，設定截止頻率cf為0.3 Hz，濾波函數的階數為10，接著設定其值正比於中心距離的變數d。

因傅立葉轉換後頻率分布對稱，在頻譜分析時通常使用一半的頻率，但這次使用全部的頻率，才能接續執行低通或高通濾波。截止頻率所對應的下標需要知道，才能正確地計算低通濾波函數。高通濾波函數也可由低通濾波函數計算。最後以實線畫出低通濾波函數，以虛線畫出高通濾波函數，如圖24.3.5所顯示，從圖可以看出對稱的函數分布，截止頻率在0.3 Hz。注意的是，X軸的頻率標示是從左增加至1.0 Hz後減少至0.0，這個特殊的X軸標示需要以關鍵字XTICKNAME另外繪製。

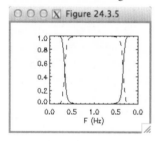

圖24.3.5

```
IDL> wvl = FFT(wu, –1) * blow
IDL> wwl = ABS(wvl)^2
IDL> PLOT, rf, wwl, XTITLE='F (Hz)', $
IDL>     XTICKNAME=xname
```

對傅立葉轉換後的函數分布進行低通濾波，原來的分布包含0.2和0.4 Hz的峰值，經過低通濾波後，只保留0.2 Hz的峰值，如圖24.3.6所顯示。

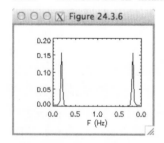

圖24.3.6

```
IDL> wul = FFT(wvl, 1)
IDL> PLOT, wt, wul, XTITLE='T (sec)'
```

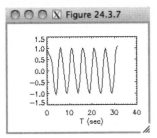

圖 24.3.7

將做過低通濾波的頻譜訊號，以反向傅立
葉轉換轉回時間域，結果得到單一頻率的
訊號，原來高頻的訊號已經被過濾掉了，
如圖 24.3.7 所顯示。

```
IDL> wvh = FFT(wu, -1) * bhigh
IDL> wwh = ABS(wvh)^2
IDL> PLOT, rf, wwh, XTITLE='F (Hz)', $
IDL>     XTICKNAME=xname
```

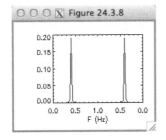

圖 24.3.8

對傅立葉轉換後的函數分布進行高通濾
波，原來的分布包含 0.2 和 0.4 Hz 的峰值，
經過高通濾波後，只保留 0.4 Hz 的峰值，
如圖 24.3.8 所顯示。

```
IDL> wuh = FFT(wvh, 1)
IDL> PLOT, wt, wuh, XTITLE='T (sec)'
```

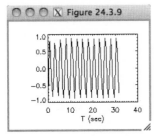

圖 24.3.9

將做過高通濾波的頻譜訊號，以反向傅立
葉轉換轉回時間域，結果得到單一頻率的
訊號，原來低頻的訊號已經被過濾掉了。
注意的是，原來波的振幅是 1，經過濾波後
振幅沒有回到 1，代表有些振幅在做濾波過
程中損失掉了，如圖 24.3.9 所顯示。

24.3.3 奈奎斯特頻率的限制

　　表 24.3.4 列出奈奎斯特頻率（Nyquist frequency）的定義，與資料的解析度
（resolution）有關，是訊號採樣率（1 / dt）的一半，亦即當實際波動頻率或波數值比訊號
採樣率小一半時，波動才能被 FFT 函數適當地解析出來。情況相反時，很可能得到虛假的
峰值，即所謂的贗頻現象（aliasing phenomenon），讀者必須要謹慎小心。

表 24.3.4 - 奈奎斯特頻率的定義

定義	說明
f_nyquist = 0.5 / dt	訊號採樣率的一半

範例:

```
IDL> dn = 64
IDL> dt = 0.5
IDL> wt = dt * FINDGEN(dn)
IDL> wf1 = 0.2 & wf2 = 0.4 & wf3 = 1.2
IDL> wu = SIN(2 * !PI * wf1 * wt) + $
IDL>     SIN(2 * !PI * wf2 * wt) + $
IDL>     SIN(2 * !PI * wf3 * wt)

IDL> wv = FFT(wu, -1)
IDL> ww = ABS(wv[0: dn/2])^2
IDL> rf = FINDGEN(dn/2+1) / (dn*dt)
IDL> PLOT, rf, ww, XTITLE='F (Hz)'
```

在這個範例中,在 0.2 Hz 和 0.4 Hz 的合成波動上,外加一個 1.2 Hz 的正弦波動,所以訊號 wu 包含三個不同頻率的合成正弦波。

依照執行傅立葉轉換的步驟,得到頻譜的功率圖 24.3.10,在 0.2、0.4 和 0.8 Hz 頻率的位置各有一個峰值,其中的 0.8 Hz 峰值對應的頻率與原始訊號中的 1.2 Hz 頻率不一致,這是因為原始訊號的時間採樣率不足所造成,原始訊號的時間採樣率是 2.0 Hz,根據 Nyquist 頻率的限制,最多只能解析到 1.0 Hz 的訊號,但原始訊號中包含 1.2 Hz 的訊號,超過 Nyquist 頻率,因此得到一個虛假的 0.8 Hz 訊號。

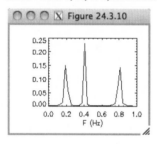

圖 24.3.10

第二十五章 地圖的繪製

本章簡介

　　地圖（map）是地球上的地表在平面上的投影（projection），依照不同數學模式，其投影至平面的方式也會隨著不同，投影前後的位置是由經緯度座標系統來描述。IDL系統儲存著地球上的海岸線、河流、湖泊以及國家邊界等資訊，可供使用者讀取和選用。本章將透過實例的演練，讓讀者先認識不同座標系統之間的轉換，奠定IDL地圖繪製和影像疊合的基礎。

本章的學習目標

　　認識IDL座標系統的轉換
　　熟悉IDL地圖的繪製方式
　　學習IDL地圖和影像的套疊

25.1 座標系統的轉換

　　座標系統（coordinate system）有助於資料點和影像像素位置的確定和描述，IDL的座標系統包括資料（data）、裝置（device）以及正規（normal）座標系統，在做繪圖之前，必須先選定適當的座標系統，才能事半功倍。當繪製資料時，一般選擇資料座標系統，而繪製影像時，一般選擇裝置座標系統，亦即由螢幕視窗像素為單位的座標系統，正規座標系統適合文字的標示。各個座標系統可以互相做轉換，以適合不同的工作需求。另外在數學方面也有不同的座標系統，常用的是直角（Cartesian）座標系統，可以轉變至極（polar）、圓柱（cylindrical）或球面（spherical）座標系統，根據實際問題的幾何狀況來選用適合的座標系統，在問題描述或具體實施上會比較簡單。

25.1.1 IDL座標系統的轉換

　　IDL提供CONVERT_COORD函數，用來轉換繪圖時的資料、裝置以及正規座標系統。表25.1.1列出此函數的實施語法，引數X、Y和Z為各軸的座標，輸出變數Result是轉換後的座標值，預設值是資料座標系統。在實施CONVERT_COORD函數之前，必須先呼叫建立資料座標系統的指令，例如PLOT程序或SURFACE程序呼叫後，才能為CONVERT_COORD函數建立座標系統。

表25.1.1 - CONVERT_COORD函數的語法

語法	說明
Result = CONVERT_COORD(X [, Y [, Z]])	資料、裝置以及正規座標系統轉換

範例：

IDL> x = [0, 1] & y = [1, 0]

建立位置變數x和y。

IDL> r = CONVERT_COORD(x, y)
% CONVERT_COORD: Window is closed and unavailable

呼叫CONVERT_COORD函數。因沒有在呼叫之前使用繪圖指令，讓系統產生一個視窗，所以錯誤訊息產生。

IDL> WINDOW, XSIZE=216, YSIZE=162
IDL> PLOT, [0, 1], /NODATA

在呼叫函數CONVERT_COORD之前必須要執行程序WINDOW和PLOT，以產生一個216 × 162視窗和一個資料座標系統，如圖25.1.1所顯示，視窗內畫框的左下角座標為（0, 0），右上角座標為（1, 1）。

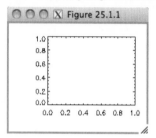

圖25.1.1

IDL> r = CONVERT_COORD(x, y)
IDL> PRINT, r
    0.00000   1.00000   0.00000
    1.00000   0.00000   0.00000

把執行CONVERT_COORD函數後的結果儲存至變數r，其維度是3 × 2，記錄著二個資料點的三維座標，雖然輸入位置時沒宣告Z座標，得到的輸出變數r仍包含Z座標，但其值為0。

      表25.1.2列出CONVERT_COORD函數的關鍵字，定義轉換前的座標和轉換後的座標，轉換前座標系統的預設值是資料座標系統，可用關鍵字 /DEVICE和 /NORMAL改變，如要轉換至裝置座標系統則宣告關鍵字 /TO_DEVICE，而要轉至正規座標系統則宣告關鍵字 /TO_NORMAL。宣告關鍵字 /DOUBLE則增加計算的精確度。關鍵字 /T3D適用於三維的座標轉換，IDL將會利用系統變數 !P.T轉換座標。

表25.1.2 - CONVERT_COORD 函數的關鍵字

關鍵字	說明
/DATA	資料座標系統
/DEVICE	裝置座標系統
/NORMAL	正規座標系統
/DOUBLE	以雙精度計算數值
/T3D	設定三維的座標系統
/TO_DATA	轉換至資料座標系統
/TO_DEVICE	轉換至裝置座標系統
/TO_NORMAL	轉換至正規座標系統

範例：

```
IDL> r = CONVERT_COORD(x, y, $
IDL>    /TO_DEVICE)
IDL> PRINT, r
      60.0011      142.001      0.00000
      198.001      40.0008      0.00000
IDL> PLOT, [0, 1], /NODATA
IDL> PLOTS, r, /DEVICE
```

沿用上例的變數 x 和 y，呼叫 CONVERT_COORD 函數，結果以裝置座標系統儲存至變數 r。因視窗的尺寸是 216 × 162，變數 r 的 X 座標不會超過 216，Y 座標不會超過 162。最後以 PLOTS 程序加上 /DEVICE 關鍵字繪製連線，如圖 25.1.2 所顯示。

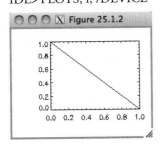

圖 25.1.2

```
IDL> x = [0, 1] & y = [0, 1]
IDL> r = CONVERT_COORD(x, y, $
IDL>    /TO_NORMAL)
IDL> PRINT, r
      0.277783      0.246919      0.00000
      0.916672      0.876548      0.00000
IDL> PLOT, [0, 1], /NODATA
IDL> PLOTS, r, /NORMAL
```

更改變數 x 和 y 的內容，再呼叫 CONVERT_COORD 函數，結果以正規座標系統儲存至變數 r。因正規座標範圍是 0 至 1，PLOTS 程序需要加上 /NORMAL 關鍵字繪製連線，如圖 25.1.3 所顯示。

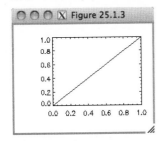

圖 25.1.3

```
IDL> SCALE3
IDL> r = CONVERT_COORD(0, 1, 2, $
IDL>    /TO_DEVICE)
IDL> PRINT, r
      0.00000      162.000      2.00000
IDL> r = CONVERT_COORD(0, 1, 2, $
IDL>    /TO_DEVICE, /T3D)
IDL> PRINT, r
      22.8231      221.059      0.841506
```

呼叫 SCALE3 程序來建立一個三維的轉換矩陣 !P.T，然後呼叫 CONVERT_COORD 函數轉換資料點（0, 1, 2）至裝置座標系統，因沒宣告關鍵字 /T3D，資料點的 Z 值不變。當宣告 /T3D 時，系統會進行三維轉換，系統的轉換矩陣 !P.T 會與資料點運算，得到新座標系統的轉換值。

25.1.2 數學座標系統的轉換

表25.1.3和表25.1.4分別列出CV_COORD函數的語法和關鍵字，可以做數學座標系統之間的轉換，此函數沒有引數，資料都藉由以FROM為開頭的關鍵字輸入，另外宣告以TO為開頭的關鍵字來訂定轉換後的座標系統，關鍵字CYLIN、POLAR、RECT以及SPHERE分別代表圓柱、極、直角以及球面座標系統，這些是在科學和工程上常用的座標系統，讀者可以依照工作需求來選擇，輸出變數Result是轉換後的座標值。關鍵字/DOUBLE宣告做座標轉換時以雙精度計算。關於角度的單位，預設值是徑度，可以用宣告關鍵字 /DEGREES 來改變單位為角度。

表25.1.3 - CV_COORD函數的語法

語法	說明
Result = CV_COORD( )	圓柱、極、直角以及球面座標系統轉換

表25.1.4 - CV_COORD函數的關鍵字

關鍵字	說明
FROM_CYLIN=cyl_coords	圓柱座標系統，輸入格式 [angle, radius, z]
FROM_POLAR=pol_coords	極座標系統，輸入格式 [angle, r]
FROM_RECT=rect_coords	直角座標系統，輸入格式 [x, y, z]
FROM_SPHERE=sph_coords	球面座標系統，輸入格式 [lon, lat, r]
/DOUBLE	以雙精度計算數值
/DEGREES	採取角度計算，預設值是徑度
/TO_CYLIN	轉換至圓柱座標系統
/TO_POLAR	轉換至極座標系統
/TO_RECT	轉換至直角座標系統
/TO_SPHERE	轉換至球面座標系統

範例：

```
IDL> p = [45, 1]
```
建立極座標的資料點p，其角度為45，其半徑為1。

```
IDL> r = CV_COORD(/DEGREES, $
IDL>     FROM_POLAR=p, /TO_RECT)
IDL> PRINT, r
      0.707107        0.707107
```
經過CV_COORD函數轉換後，變成直角座標資料點r。注意的是，必須要宣告關鍵字/DEGREES，因為預設值是徑度。

```
IDL> s = [0, 90, 1]
IDL> r2 = CV_COORD(/DEGREES, $
IDL>     FROM_SPHERE=s, /TO_RECT)
IDL> PRINT, r2
  -4.37114e-08      -0.00000      1.00000
```
建立球面座標的資料點s，其經度為0度，緯度為90度，半徑為1，經過CV_COORD函數轉換後，變成直角座標的資料點r2，其值接近(0, 0, 1)。

25.2 地圖繪製的實施

IDL的高解析度地圖包含著五大洲界、海岸和湖泊線、國界、美國州界以及河流線等資訊，內建於系統目錄中，讀者可以使用相關的地圖指令，經由宣告經緯度範圍加上適當的關鍵字來繪製地圖。

25.2.1 IDL繪製地圖的指令

表25.2.1列出IDL繪製地圖的指令，必須最先呼叫MAP_SET程序，以設定地圖投影的方式，才能接續呼叫MAP_CONTINENTS或MAP_GRID程序繪製地理邊界或經緯度網格線。這些程序中的有些關鍵字會重疊，可在任何程序中宣告，但後面宣告的關鍵字會覆蓋前面已宣告的關鍵字。如果地圖需要與觀測影像做套疊，則需要MAP_IMAGE或MAP_PATCH函數，根據地圖座標系統來扭曲影像，使得影像座標與地圖的經緯度配合。

表25.2.1 - IDL繪製地圖的指令

指令	功能
MAP_SET	設定地圖投影的方式
MAP_CONTINENTS	在地圖投影上繪製地理邊界
MAP_GRID	在地圖投影上繪製經緯度網格線
MAP_IMAGE	在地圖投影上套疊影像
MAP_PATCH	在地圖投影上套疊影像

範例：

IDL> MAP_SET
IDL> MAP_CONTINENTS
IDL> MAP_GRID

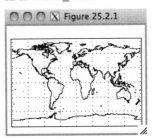

圖25.2.1

呼叫MAP_SET、MAP_CONTINENTS以及MAP_GRID程序時不宣告任何引數和關鍵字，則可得到附有經緯度的全球地圖，地圖的中間位置為（0, 0），大致在非洲西岸，如圖25.2.1所顯示。

25.2.2 MAP_SET程序的語法與關鍵字

IDL地圖繪製的方式是先呼叫MAP_SET程序設定起始值，包括地圖中心位置（P0lat, P0lon）和旋轉角度Rot等資訊，表25.2.2列出MAP_SET程序的語法和輸入引數的順序，這些引數可以忽略不用，忽略時地圖中心的預設值是（0, 0）且地圖不旋轉。

表 25.2.2 - MAP_SET 程序的語法

語法	說明
MAP_SET [, P0lat, P0lon, Rot]	設定地圖中心的位置

範例：

IDL> MAP_SET, 0, 110
IDL> MAP_CONTINENTS
IDL> MAP_GRID

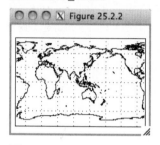

圖 25.2.2

呼叫 MAP_SET、MAP_CONTINENTS 以及 MAP_GRID 程序時宣告引數 P0lat 和 P0lon 分別為 0 和 110 度，地圖的中間位置為（0，110），大致在亞洲東岸，如圖 25.2.2 所顯示。

IDL> MAP_SET, 0, 110, 30
IDL> MAP_CONTINENTS
IDL> MAP_GRID

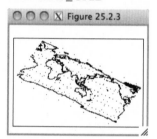

圖 25.2.3

呼叫 MAP_SET、MAP_CONTINENTS 以及 MAP_GRID 程序時，除了宣告引數 P0lat 和 P0lon 分別為 0 和 110 度，也宣告旋轉角度 30 度，現在地圖的中間位置仍是（0，110），但地圖順時針旋轉 30 度，如圖 25.2.3 所顯示。

　　MAP_SET 程序的關鍵字大致可分三類，投影方式、地圖參數以及投影參數。表 25.2.3 列出 MAP_SET 程序在投影方面的部分關鍵字，每個關鍵字代表一個特定的地圖投影方式，總共有 20 種，其預設的地圖投影方式是 CYLINDRICAL 投影。對於其它的地圖投影方式，讀者可以鍵入下列指令查詢：

IDL> MAP_PROJ_INFO, PROJ_NAMES=names
IDL> PRINT, names

　　其中 names 包含所有地圖投影方式的名稱，讀者也可以到 IDL 的線上查詢系統尋找有關於投影方式的更多資訊。

表25.2.3 - MAP_SET程序的關鍵字（地圖投影方式）

關鍵字	說明
/CYLINDRICAL	Cylindrical投影，此為預設值
/ORTHOGRAPHIC	Orthographic投影
/STEREOGRAPHIC	Stereographic投影

範例：

IDL> MAP_SET, /STEREOGRAPHIC
IDL> MAP_CONTINENTS
IDL> MAP_GRID

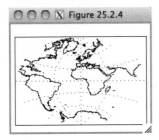

圖25.2.4

呼叫MAP_SET程序時宣告關鍵字 /STEREOGRAPHIC，地圖以Stereographic座標系統繪製，來得到立體的投影，最後以MAP_CONTINENTS和MAP_GRID程序把地理邊界和經緯度線畫上，如圖25.2.4所顯示。

IDL> MAP_SET, /ORTHOGRAPHIC
IDL> MAP_CONTINENTS
IDL> MAP_GRID

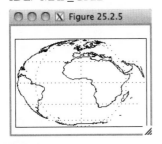

圖25.2.5

呼叫MAP_SET程序時宣告關鍵字 /ORTHOGRAPHIC，地圖以Orthographic座標系統繪製，來得到正交的投影，最後把地理邊界和經緯度線畫上，如圖25.2.5所顯示。

　　表25.2.4列出MAP_SET程序在地圖參數方面的部分關鍵字，包括設定地平線的 /HORIZON和不繪製邊框的 /NOBORDER。MAP_SET函數還有其它與地圖參數相關的關鍵字，可參閱IDL的線上查詢系統，有些關鍵字與MAP_CONTINENTS和MAP_GRID的關鍵字重複。

表25.2.4 - MAP_SET程序的關鍵字（地圖參數）

關鍵字	說明
/HORIZON	繪製地平線
/NOBORDER	不畫邊框

範例：

```
IDL> MAP_SET, /STEREOGRAPHIC, $
IDL>    /HORIZON
IDL> MAP_CONTINENTS
IDL> MAP_GRID
```

呼叫 MAP_SET 程序時宣告關鍵字 /STEREOGRAPHIC 和 /HORIZON，地圖以 Stereographic 座標系統繪製，且在地圖的邊緣加上地平線，最後以 MAP_CONTINENTS 和 MAP_GRID 程序把地理邊界和經緯度線畫上，如圖 25.2.6 所顯示。

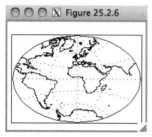

圖 25.2.6

```
IDL> MAP_SET, /STEREOGRAPHIC, $
IDL>    /NOBORDER
IDL> MAP_CONTINENTS
IDL> MAP_GRID
```

呼叫 MAP_SET 程序時宣告關鍵字 /STEREOGRAPHIC 和 /NOBORDER，得到沒有長方形邊框的 Stereographic 地圖，最後把地理邊界和經緯度線畫上，如圖 25.2.7 所顯示。

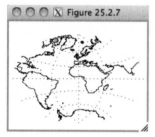

圖 25.2.7

　　表 25.2.5 列出 MAP_SET 程序在投影參數方面的部分關鍵字，包括設定 X 和 Y 的尺度一致的 /ISOTROPIC、設定經緯度範圍的 LIMIT 以及設定比例尺的 SCALE。一般設定的比例尺在一億和二億之間，由系統自動判定。MAP_SET 函數還有其它與投影參數相關的關鍵字，可參閱 IDL 的線上查詢系統，有些關鍵字與 MAP_CONTINENTS 和 MAP_GRID 程序的關鍵字重複，可以在不同程序中宣告，但後面指令的宣告會覆蓋前面指令的宣告。

表 25.2.5 - MAP_SET 程序的關鍵字（投影參數）

關鍵字	說明
/ISOTROPIC	設定 X 和 Y 軸的刻度為相同間隔
LIMIT=[latmin, lonmin, latmax, lonmax]	設定地圖的經緯度範圍
SCALE=value	設定地圖的比例尺

範例：

```
IDL> MAP_SET, /ISOTROPIC, $
IDL>    LIMIT=[10, 70, 60, 140]
IDL> MAP_CONTINENTS
IDL> MAP_GRID
```

呼叫 MAP_SET 程序時，宣告關鍵字 /ISOTROPIC，讓經緯度的尺度一致，並宣告關鍵字 LIMIT，以設定地圖區域的經緯度範圍，最後以 MAP_CONTINENTS 和 MAP_GRID 程序把地理邊界和經緯度線畫在視窗上，如圖 25.2.8 所顯示。

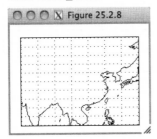

圖 25.2.8

```
IDL> MAP_SET, 35, 105, /ISOTROPIC, $
IDL>    SCALE=200E06
IDL> MAP_CONTINENTS
IDL> MAP_GRID
```

呼叫 MAP_SET 程序時宣告地圖中心位置（35, 105），宣告關鍵字 /ISOTROPIC，讓經緯度的尺度一致，並宣告關鍵字 SCALE，以設定比例尺為二億之一，地圖的涵蓋區域因此而變大，最後把地理邊界和經緯度線畫在視窗上，如圖 25.2.9 所顯示。

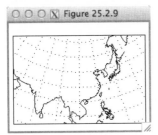

圖 25.2.9

25.2.3 MAP_CONTINENTS 程序的語法與關鍵字

表 25.2.6 列出 MAP_CONTINENTS 程序的語法，可以宣告繪製地理邊界，地理邊界包括洲界、海岸湖泊線、國界以及河流等邊界。此程序沒有引數，如果沒有宣告任何關鍵字，預設值是繪製洲界。

表 25.2.6 - MAP_CONTINENTS 程序的語法

語法	說明
MAP_CONTINENTS	繪製地理邊界，沒有引數

表 25.2.7 列出 MAP_CONTINENTS 程序的部分關鍵字，包括繪製海岸線的 /COASTS、繪製國界的 /COUNTRIES、繪製河流的 /RIVERS 以及設定地理邊界顏色的 COLOR。當需要使用高解析度地圖時，則宣告關鍵字 /HIRES。

表25.2.7 - MAP_CONTINENTS程序的關鍵字

關鍵字	說明
/COASTS	繪製海岸線，包括內陸湖泊
COLOR=index	設定地理邊界線的顏色
/CONTINENTS	繪製五大洲邊界，預設值
/COUNTRIES	繪製國家邊界
/HIRES	設定高解析度地理邊界
/RIVERS	繪製河川線

範例：

IDL> MAP_SET, /ISOTROPIC, $
IDL>   LIMIT=[10, 70, 60, 140]
IDL> MAP_CONTINENTS, /COASTS, $
IDL>   /RIVERS, COLOR=150
IDL> MAP_GRID

呼叫MAP_SET程序時宣告關鍵字/ISOTROPIC，讓經緯度的尺度一致，並宣告關鍵字LIMIT，以設定區域範圍，然後以顏色下標為150的灰色線繪製河流和湖泊邊界，最後把經緯度線畫上，如圖25.2.10所顯示。

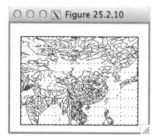

圖25.2.10

IDL> MAP_SET, /ISOTROPIC, $
IDL>   LIMIT=[10, 70, 60, 140]

呼叫MAP_SET程序時宣告關鍵字/ISOTROPIC，讓經緯度的尺度一致，並宣告關鍵字LIMIT，以設定區域範圍。

IDL> MAP_CONTINENTS, /HIRES, $
IDL>   /COUNTRIES, COLOR=100
IDL> MAP_CONTINENTS, $
IDL>   /CONTINENTS, COLOR=150
IDL> MAP_GRID

以顏色下標為150較白的灰色線繪製洲界，且以顏色下標為100較黑的灰色線繪製國界，最後把經緯度線畫上，如圖25.2.11所顯示。地理邊界的預設解析度是低階，當在國界中宣告關鍵字/HIRES時，解析度變高階，國界的線條變得更細且更複雜。

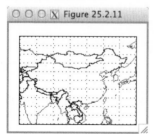

圖25.2.11

25.2.4 MAP_GRID 程序的語法與關鍵字

　　MAP_GRID 程序是用來繪製經緯度線，可以讓地圖的資訊變得更多且更清楚，表25.2.8列出 MAP_GRID 程序的語法，沒有引數。當不設定任何關鍵字時，系統會根據區域範圍計算最適當的經緯度線距離。

表25.2.8 - MAP_GRID 程序的語法

語法	說明
MAP_GRID	繪製經緯度線，沒有引數

　　表25.2.9列出 MAP_GRID 程序的關鍵字，適當地宣告可改變地圖框軸的型態、經緯度線的顏色、標示、數目以及經緯度線的間隔等特性。MAP_GRID 函數還有其它的關鍵字，可參閱 IDL 的線上查詢系統。有些關鍵字已經在 MAP_SET 設定過了，可以不需要再設定一次。

表25.2.9 - MAP_GRID 程序的關鍵字

關鍵字	說明
/BOX_AXES	繪製地圖的格子框軸
LATLAB=longitude	設定緯度標示的經度
LONLAB=latitude	設定經度標示的緯度
COLOR=index	設定經緯度線的顏色
LABEL=n	每隔 n 條經緯度線標示經緯度
LATDEL=degrees	設定經緯度線的緯度間隔
LONDEL=degrees	設定經緯度線的經度間隔

範例：

```
IDL> MAP_SET, /ISOTROPIC, $
IDL>    LIMIT=[10, 70, 60, 140]
```
呼叫 MAP_SET 程序時宣告關鍵字 /ISOTROPIC，讓經緯度的尺度一致，並宣告關鍵字 LIMIT，以設定區域範圍。

```
IDL> MAP_CONTINENTS
IDL> MAP_GRID, COLOR=150, LABEL=2
```
繪製洲界，然後以顏色下標為150的灰色線繪製經緯度線，且在每二條經緯度線上標示一個經緯度文字，如圖25.2.12所顯示。

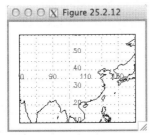

圖25.2.12

```
IDL> MAP_SET, /ISOTROPIC, $
IDL>     LIMIT=[10, 70, 60, 140]
IDL> MAP_CONTINENTS
IDL> MAP_GRID, /BOX_AXES, $
IDL>     LATDEL=20, LONDEL=20
```

呼叫MAP_SET程序時宣告關鍵字/ISOTROPIC，讓經緯度的尺度一致，並宣告關鍵字LIMIT，以設定區域範圍，然後繪製洲界，最後每20度繪製經緯度線，因宣告關鍵字 /BOX_AXES，地圖的畫框變成黑白相間的格子框，如圖25.2.13所顯示。

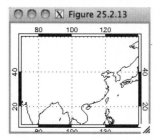

圖25.2.13

```
IDL> MAP_SET, /ISOTROPIC, $
IDL>     LIMIT=[10, 70, 60, 140]
IDL> MAP_CONTINENTS
IDL> MAP_GRID, LABEL=2, LONLAB=45
```

呼叫MAP_SET程序時宣告關鍵字/ISOTROPIC，讓經緯度的尺度一致，並宣告關鍵字LIMIT，以設定區域範圍，然後繪製洲界，最後在緯度45度的位置標示經度，但每二條經度線標示對應的經度，如圖25.2.14所顯示。注意的是，在MAP_GRID程序中雖然沒宣告關鍵字LATLAB，系統也會標示緯度，但其標示的位置是在地圖上經度範圍的中間位置。

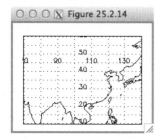

圖25.2.14

25.3 地圖和影像的套疊

　　地圖和影像可以套疊在一起，但必須定位在相同的座標系統上，才能準確無誤地做套疊，其實施的步驟是先使用MAP_SET函數建立投影的座標系統，然後再以MAP_IMAGE或MAP_PATCH函數扭曲影像，以配合已經建立的視窗尺寸和座標系統，當輸入影像的大小比輸出影像大時，在執行上MAP_IMAGE會比MAP_PATCH函數有效率，反之則相反。等值線也可以套疊在地圖上，當呼叫 CONTOUR程序時，必須要宣告關鍵字 /OVERPLOT，以沿用程序MAP_SET所建立的座標系統。

25.3.1 MAP_IMAGE函數的語法與關鍵字

　　表25.3.1列出MAP_IMAGE函數的語法，引數必須要輸入影像Image，其它引數包括輸出影像的左下角位置（Xstart, Ystart）和大小（Xsize, Ysize），可以省略，由系統自動計算這些引數。MAP_IMAGE函數引用前，必須呼叫MAP_SET程序建立地圖座標系統，接

著使用 TV 程序繪製輸出影像，最後使用地圖指令繪製地理邊界和經緯度線。變數 Result 是扭曲後的影像。

表 25.3.1 - MAP_IMAGE 函數的語法

語法	說明
Result = MAP_IMAGE(Image [, Xstart, Ystart [, Xsize, Ysize]]	扭曲影像至地圖座標系統

範例：

```
IDL> image = BYTSCL(DIST(400))
```
建立影像 image，然後將此影像的像素值轉至 0 至 255 之間。

```
IDL> MAP_SET, 0, 0, /ISOTROPIC
IDL> imageo = MAP_IMAGE(image, $
IDL>    Xstart, Ystart, Xsize, Ysize)
IDL> PRINT, Xsize, Ysize
        208        104
IDL> TV, imageo, Xstart, Ystart
IDL> MAP_GRID
IDL> MAP_CONTINENTS
```
呼叫 MAP_IMAGE 函數之前，使用 MAP_SET 建立地圖座標系統，並宣告 /ISOTROPIC 關鍵字，讓 X 和 Y 的空間尺度一致。MAP_IMAGE 函數執行後得到扭曲後的影像 imageo 和定位資訊。接著使用 TV 程序加上宣告影像的左下角位置（Xstart, Ystart）繪製影像 imageo，最後再將經緯度線和地理邊界畫在影像上，如圖 25.3.1 所顯示。

圖 25.3.1

表 25.3.2 列出 MAP_IMAGE 函數的部分關鍵字。當繪製區域地圖時，關鍵字 LATMIN、LATMAX、LONMIN 以及 LONMAX 可用來宣告區域經緯度的最小和最大範圍。MAP_IMAGE 函數還有其它的關鍵字，可參閱 IDL 的線上查詢系統。

表 25.3.2 - MAP_IMAGE 函數的關鍵字

關鍵字	說明
LATMIN=degrees{−90 to 90}	定義緯度的最小範圍
LATMAX=degrees{−90 to 90}	定義緯度的最大範圍
LONMIN=degrees{−180 to 180}	定義經度的最小範圍
LONMAX=degrees{−180 to 180}	定義經度的最大範圍

範例：

```
IDL> image = BYTSCL(DIST(400))
IDL> lati = -60 & lata = 60
IDL> loni = -60 & lona = 60
IDL> MAP_SET, 0, 0, /ISOTROPIC, $
IDL>    LIMIT=[lati, loni, lata, lona]
IDL> imageo = MAP_IMAGE(image, $
IDL>    Xstart, Ystart, $
IDL>    LATMIN=lati, LONMIN=loni, $
IDL>    LATMAX=lata LONMAX=lona)
IDL> TV, imageo, Xstart, Ystart
IDL> MAP_GRID & MAP_CONTINENTS
```

建立影像image，然後將此影像的像素值轉至0至255之間。另外設定地圖的經緯度範圍。在呼叫MAP_IMAGE函數之前，使用MAP_SET建立地圖座標系統，並宣告關鍵字LIMIT，設定套疊區域的經緯度範圍。函數MAP_IMAGE執行後得到扭曲後的影像imageo和左下角位置。接著使用TV程序繪製區域影像imageo，最後再將經緯度線和地理邊界畫在影像上，如圖25.3.2所顯示，地圖大部分的區域顯示非洲大陸。

圖25.3.2

25.3.2 MAP_PATCH函數的語法與關鍵字

函數MAP_PATCH與MAP_IMAGE功能類似，都是在執行影像和地圖的套疊，其語法列在表25.3.3中，需要輸入影像 Image，輸出影像Result。二個函數之間的呼叫時機有差別，當輸入影像的大小比輸出影像大時，在執行上MAP_IMAGE會比MAP_PATCH函數有效率，反之則相反。

表25.3.3 - MAP_PATCH函數的語法

語法	說明
Result = MAP_PATCH(Image)	扭曲影像至地圖座標系統

表25.3.4列出MAP_PATCH函數的關鍵字，在引數和關鍵字的引用方面，與MAP_IMAGE函數不同，例如在MAP_IMAGE函數中，影像左下角位置是設置在引數Xstart和Ystart上，而在MAP_PATCH函數中，影像左下角位置是由關鍵字XSTART和YSTART設置。

表25.3.4 - MAP_PATCH函數的關鍵字

關鍵字	說明
LAT0	資料第一列的緯度
LAT1	資料最後一列的緯度

LON0	資料第一行的經度
LON1	資料最後一行的經度
XSTART=variable	輸出扭曲後影像的左邊界位置
YSTART=variable	輸出扭曲後影像的下邊界位置

範例：

```
IDL> image = BYTSCL(DIST(100))
IDL> lati = -60 & lata = 60
IDL> loni = -60 & lona = 60
IDL> MAP_SET, 0, 0, /ISOTROPIC, $
IDL>    LIMIT=[lati, loni, lata, lona]
IDL> imageo = MAP_PATCH(image, $
IDL> XSTART=Xstart, YSTART=Ystart, $
IDL>    LAT0=lati, LON0=loni, $
IDL>    LAT1=latia LON1=lona)
IDL> LOADCT, 13
IDL> TV, imageo, Xstart, Ystart
IDL> MAP_GRID
IDL> MAP_CONTINENTS
```

建立尺寸較小的影像變數image，建立地圖的經緯度範圍。在呼叫MAP_PATCH函數之前，使用MAP_SET程序建立地圖座標系統，並宣告套疊區域的經緯度範圍。函數MAP_PATCH執行後，得到扭曲後的影像和左下角位置。然後把扭曲後的區域影像、經緯度網格線和地理邊界套疊在一起，如圖25.3.3所顯示。

圖 25.3.3

25.3.3 CONTOUR程序的語法

等值線也可以套疊在地圖上，當呼叫 CONTOUR程序時，必須要宣告關鍵字/OVERPLOT，來沿用MAP_SET程序建立的座標系統。CONTOUR的語法列在表25.3.5中。

表25.3.5 - COUTOUR程序的語法

語法	功能
CONTOUR, Z [, Lon, Lat]	繪製Z的等值線，Lon和Lat是Z值的對應經緯度

範例：

IDL> image = BYTSCL(DIST(37, 19))
IDL> x = FINDGEN(37) & y = FINDGEN(19)
IDL> lat = REPLICATE(10, 37) # y – 90
IDL> lon = x # REPLICATE(10, 19)

建立 37 × 19 影像 image 和其像素對應的經
度 lat 和緯度 lon。

IDL> MAP_SET
IDL> CONTOUR, image, lon, lat, $
IDL>   NLEVELS=10, /OVERPLOT
IDL> MAP_GRID
IDL> MAP_CONTINENTS

先使用 MAP_SET 程序建立地圖座標系統，
再使用 CONTOUR 程序把等值線依照地圖
座標系統繪製，最後將經緯度線和地理邊
界畫上，如圖 25.3.4 所顯示。注意的是，
使用 CONTOUR 程序時，必須要加上關鍵
字 /OVERPLOT，以免已經繪製的圖形被
刪除。

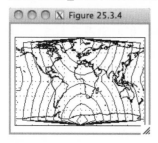

圖 25.3.4

第二十六章 動畫檔的建立

本章簡介

動畫是一系列的影像所組成的畫面。播放動畫檔時只是將影像逐一地顯示在螢幕上，但因人類眼睛的視覺暫留，畫面上的人物看起來會移動或變化。本章將介紹IDL所支援的二種動畫檔（animation file）的格式，GIF和MPEG格式，各有其優缺點和應用範圍。

本章的學習目標

認識GIF和MPEG的動畫格式
熟悉IDL製作GIF動畫檔的方式
學習IDL製作MPEG動畫檔的方式

26.1 支援的動畫格式

市面上的動畫格式很多，表26.1.1列出IDL支援的動畫格式GIF和MPEG，可以用來製作動畫檔。GIF動畫檔案較小，適合網頁傳輸和播放，而MPEG動畫檔解析度較高，播放較流暢。二種格式各有其獨特的製作方式，GIF動畫檔採用色階模式，沒有壓縮和解壓縮，而MPEG動畫檔採用全彩影像格式，有壓縮和解壓縮。一般的動畫播放軟體都可支援GIF和MPEG格式，但GIF格式也可以直接從網頁瀏覽器觀看。

表26.1.1 IDL支援的動畫格式

格式	說明
GIF (Graphics Interchange Format)	檔案較小，影像解析度較差
MPEG (Moving Picture Experts Group)	檔案較大，解析度較好

26.2 GIF動畫檔的製作

製作GIF動畫檔的原理是把一系列的影像依照順序寫入一個檔案中。如果只寫入一張，則稱為圖檔。製作GIF動畫檔的方式與製作GIF圖檔的方式類似，都是使用相同的指令，但使用的次數不同。寫入動畫檔時需要宣告特定的關鍵字。

26.2.1 GIF檔的讀取和儲存

讀取和儲存GIF圖檔的語法列在表26.2.1和表26.2.2中，其語法與PNG、TIFF和JPEG格式類似，必須要宣告檔名Filename和影像變數名稱Image，三原色的顏色表單R、G和B則是可以省略，省略的結果得到黑白的影像。

表 26.2.1 - WRITE_GIF 程序的語法

語法	說明
WRITE_GIF, Filename, Image[, R, G, B]	寫入 GIF 影像檔

範例：

IDL> data = BYTSCL(DIST(216))	先使用 DIST 函數製造一個 216 × 216 的影像變數 data，然後再對此影像的所有像素值，進行數值轉換至範圍 [0, 255]。
IDL> WRITE_GIF, 'single.gif', data	把影像變數 data 寫成 GIF 圖檔，檔名是 single.gif，因顏色表單的變數省略，產生的結果是黑白的影像。讀者可用繪圖軟體或網頁瀏覽器開啟 GIF 圖檔。
IDL> LOADCT, 5 IDL> TVLCT, r, g, b, /GET IDL> WRITE_GIF, 'single2.gif', data, r, g, b	上載第 5 號顏色表單，並把此顏色表單的顏色資訊儲存至 r、g 和 b 三個變數，然後把影像和顏色資訊寫至圖檔 single2.gif，結果是彩色的影像。

表 26.2.2 - READ_GIF 程序的語法

語法	功能
READ_GIF, Filename , Image [, R, G, B]	讀取 GIF 影像檔

範例：

IDL> READ_GIF, 'single.gif', data IDL> HELP, data DATA BYTE = Array[216, 216]	將圖檔 single.gif 中的影像儲存至變數 data 內，此變數是個 216 × 216 的短整數矩陣。
IDL> READ_GIF, 'single2.gif', data2, r, g, b IDL> HELP, data2, r, g, b DATA2 BYTE = Array[216, 216] R BYTE = Array[256] G BYTE = Array[256] B BYTE = Array[256]	將圖檔 single2.gif 中的影像和顏色資訊讀出至變數 data2 和 r、g 和 b 內，變數 data2 是個 216 × 216 的短整數矩陣，變數 r、g 和 b 是包含 256 元素的短整數向量。

26.2.2 GIF 動畫檔的製作

　　WRITE_GIF 程序除可製作影像檔外，也可以進行動畫檔的製作，製作方式是要加上 /MULTIPLE 關鍵字，加上此關鍵字後不會把先前寫入檔案中的影像覆蓋掉，而是銜接在檔案中舊有的影像之後。檔案中的影像透過播放軟體播放，一張一張地呈現在螢幕上，即構成所謂的電影。表 26.2.3 列出 WRITE_GIF 程序中製作動畫檔所需的關鍵字，可改變動

畫檔播放的方式，包括二張影像的延遲時間和影像重複的數目等，讀者可以適當選用，來
達到工作需求。

表 26.2.3 - WRITE_GIF 程序中製作動畫檔所需的關鍵字

關鍵字	說明
/BACKGROUND_COLOR	定義背景顏色
/CLOSE	關閉檔案
/DELAY_TIME	定義二張影像延遲的時間
/MULTIPLE	定義多重影像的模式
REPEAT_COUNT=variable	定義動畫檔的播放次數（0 為無限循環）

範例：

例 26.2.1
```
data = BYTSCL(DIST(216))
FOR i=0, 9 DO BEGIN
   LOADCT, i
   TVLCT, r, g, b, /GET
   WRITE_GIF, 'movie.gif', data, $
     r, g, b, /MULTIPLE
ENDFOR
END
```

在例 26.2.1 中，先定義影像變數 data，利用迴圈上載不同顏色表單，然後分別寫入影像至 movie.gif 中，最後變成一個動畫檔。如果沒加上 /MULTIPLE 關鍵字，檔案中舊影像會被新影像覆蓋掉，最後只剩下一張影像。

執行例 26.2.1 後，得到 movie.gif 動畫檔。

```
IDL> WRITE_GIF, 'movie.gif', data, /MULTIPLE, $
IDL>    BACKGROUND_COLOR=100
```

設定背景顏色為下標 100 的顏色，其實際的顏色由目前上載的顏色表單來決定。

```
IDL> WRITE_GIF, 'movie.gif', data, $
IDL>    /MULTIPLE, DELAY_TIME=500
```

關鍵字 DELAY_TIME=500 代表相鄰二張影像的延遲時間為 5 秒，預設值是 0.01 秒。

```
IDL> WRITE_GIF, 'movie.gif', data, $
IDL>    /MULTIPLE, REPEAT_COUNT=2
```

設定關鍵字 REPEAT_COUNT=2，代表動畫檔的播放次數為 2 次，預設值是 1 次。

```
IDL> WRITE_GIF, /CLOSE
```

當關鍵字 /CLOSE 出現時，不寫入任何影像，即刻關閉檔案。

26.3 MPEG 動畫檔的製作

MPEG 是多媒體製作的檔案格式，具有即時壓縮和解壓縮的功能，因為有這些特殊功能，讀者才能寫入較大尺寸的影像，不至於讓最後的 MPEG 動畫檔太過於龐大，而影響網路傳輸或即時播放的效率。

26.3.1 製作MPEG動畫檔的流程

表26.3.1列出IDL製作MPEG動畫檔所需要的指令，與寫入一般資料檔的過程類似，先以MPEG_OPEN函數開啟一個檔案，接著以MPEG_PUT程序將一系列的影像寫入MPEG動畫序列，然後以MPEG_SAVE程序將此動畫系列儲存至一個檔案，最後以MPEG_CLOSE程序關閉已開啟的檔案，此檔案即是動畫檔，可以使用動畫播放軟體觀看。

表26.3.1 - 製作MPEG動畫檔所需要的指令

程序	功能
MPEG_OPEN	開啟一個MPEG動畫檔
MPEG_PUT	寫入一張影像至MPEG動畫序列
MPEG_SAVE	儲存MPEG動畫序列至一個動畫檔
MPEG_CLOSE	關閉已開啟的MPEG動畫檔

26.3.2 製作MPEG動畫檔的實施

IDL製作MPEG動畫檔的指令包括MPEG_OPEN函數、MPEG_PUT程序、MPEG_SAVE程序以及MPEG_CLOSE程序，除了MPEG_CLOSE程序外，每個指令都有其特殊的關鍵字，來延伸指令的功能。表26.3.2列出MPEG_OPEN函數的語法，開啟時IDL會給檔案一個識別碼，後續的寫入影像的操作是以此識別碼為基準。引數Dimensions是宣告影像的維度。

表26.3.2 - MPEG_OPEN函數的語法

語法	說明
mpegID = MPEG_OPEN(Dimensions)	為MPEG動畫序列指定一個ID

範例：

IDL> dims = [200, 200] IDL> id = MPEG_OPEN(dims)	設定每張影像的大小為200 × 200，MPEG_OPEN函數執行後得到識別碼id。
IDL> PRINT, id <ObjHeapVar1(IDLGRMPEG)>	列印識別碼id至視窗上，此識別碼是個物件指標，代表IDLGRMPEG物件在記憶體中儲存的位置，讀者不需知道指標的內容，只要引用即可。注意的是，MPEG_OPEN函數透過IDLGRMPEG物件進行動畫檔的製作，MPEG_OPEN函數亦即IDLGRMPEG物件的包裝指令（wrapper）。

表26.3.3列出MPEG_OPEN函數的關鍵字，一開始可以設定動畫檔名，也可以等動畫序列建立後再以MPEG_SAVE程序設定檔名，MPEG格式的副檔名可以是mpg或mpeg，動畫檔的品質可由關鍵字QUALITY設定。

表26.3.3 - MPEG_OPEN函數的關鍵字

關鍵字	說明
FILENAME=string	定義動畫檔名
QUALITY=value{0 to 100}	定義動畫檔的品質

範例：

IDL> id = MPEG_OPEN(dims, $ IDL> FILENAME='movie.mpeg')	設定MPEG動畫檔的檔名。也可以在開始時不設定檔名，等到動畫序列設定完畢後，透過MPEG_SAVE程序設定。
IDL> id = MPEG_OPEN(dims, QUALITY=50)	設定MPEG動畫檔的品質為50，代表中間品質，最好品質的代表數字為100，最差品質的代表數字為0。

　　表26.3.4列出MPEG_PUT程序的語法，需要引數mpegID，亦即MPEG動畫檔的識別碼。每張影像需要一個MPEG_PUT程序把影像寫至動畫序列中，多重影像時可用迴圈的方式一張一張地把影像寫入，但是要使用相同的識別碼，免得寫入錯誤的動畫檔中。關鍵字IMAGE需要的影像維度是3 × m × n，全彩影像的變數格式，第一維代表顏色交織維度，其它二維是影像的大小。

表26.3.4 - MPEG_PUT程序的語法和關鍵字

語法	說明
MPEG_PUT, mpegID, IMAGE=image, FRAME=frame_number	開始寫入影像至識別碼為mpegID的動畫序列，輸入的影像為image，影像的順序由frame number決定

範例：

IDL> xsize = 200 & ysize = 200 IDL> img8 = BYTSCL(DIST(xsize, ysize)) IDL> img24 = BYTARR(3, xsize, ysize)	先設定影像在X和Y的解析度，然後設定影像變數img的內容，且轉換此變數的內容至範圍 [0, 255]。
IDL> LOADCT, 13 IDL> TVLCT, r, g, b, /GET	上載第13號顏色表單，接著將顏色表單的顏色資訊存入r、g和b變數中。
IDL> img24[0, *, *] = r[img8] IDL> img24[1, *, *] = g[img8] IDL> img24[2, *, *] = b[img8] IDL> MPEG_PUT, id, IMAGE=img24, FRAME=0	將8位元的影像變數img8轉換成24位元的影像變數img24。將影像img24寫入動畫序列中，此影像的順序是0，亦即第一張。
IDL> LOADCT, 5 IDL> TVLCT, r, g, b, /GET	改變顏色表單至第5號，同樣地將顏色表單的顏色資訊更新。

```
IDL> img24[0, *, *] = r[img8]
IDL> img24[1, *, *] = g[img8]
IDL> img24[2, *, *] = b[img8]
IDL> MPEG_PUT, id, IMAGE=img24, FRAME=1
```

24位元的影像變數img24也會隨著更新。每張影像需要執行一次MPEG_PUT程序，所以再將更新後的影像img24寫入動畫序列中，此影像的順序是1，亦即第二張。然後依序寫入其它一序列的影像，即構成動畫檔。

　　表26.3.5列出MPEG_PUT程序的關鍵字，關鍵字WINDOW的宣告，可以讓影像從顯示影像的視窗擷取，然後寫入MPEG動畫檔中。關鍵字 /ORDER可以改變影像的顯示順序，亦即影像在上下方向做倒轉。

表26.3.5 - MPEG_PUT程序的關鍵字

關鍵字	說明
WINDOW=index	定義讀取影像的視窗
/ORDER	定義顯示影像的順序是從頂端至底部，預設順序是從底部至頂端

範例：

```
IDL> xsize = 200 & ysize = 200
IDL> winid = 0
IDL> WINDOW, winid, $
IDL>    XSIZE=xsize, YSIZE=ysize
```

設定視窗識別碼winid為0，打開一個第0號的視窗，其尺寸是200 × 200。

```
IDL> DEVICE, DECOMPOSED=0
```

取消三原色的顏色分解，亦即使用8位元的顏色表單。

```
IDL> LOADCT, 13
IDL> TV, img8
IDL> MPEG_PUT, id, WINDOW=winid, $
IDL>    FRAME=0
```

上載第13號顏色表單，接著在第0號視窗上繪製影像img8。由於關鍵字WINDOW設定為winid = 0，系統會從第0號的視窗擷取影像，而寫入動畫序列中，此影像的順序是0。當設定關鍵字WINDOW時，不需要設定關鍵字IMAGE，影像從視窗擷取。

```
IDL> LOADCT, 5
IDL> TV, img8
IDL> MPEG_PUT, id, WINDOW=winid, $
IDL>    FRAME=1
```

改變顏色表單至第5號，接著在第0號視窗上繪製更新後的影像img8。同樣地，系統會從第0號的視窗擷取影像，而寫入動畫序列中，此影像的順序是1。然後依序寫入其它一序列的影像，即構成動畫檔。

　　表26.3.6列出MPEG_SAVE程序的語法，在指令名稱後面需要加上檔案識別碼mpegID。如果在使用MPEG_OPEN函數時已經宣告檔案名稱，則不需要在MPEG_SAVE程序中再宣告。IDL系統會把一序列的動畫影像寫入檔案內。

表26.3.6 - MPEG_SAVE程序的語法

語法	說明
MPEG_SAVE, mpegID	儲存識別碼為mpegID的動畫系列至檔案

範例：

IDL> MPEG_SAVE, id　　　　　　　　　　　　把動畫序列寫入已經開啓的檔案，變數id
　　　　　　　　　　　　　　　　　　　　是檔案的識別碼。

　　表26.3.7列出MPEG_SAVE程序的關鍵字，關鍵字FILENAME用來宣告檔名。如果在
開啓檔案時已經宣告檔名，此關鍵字可以省略，但如果臨時需要改變檔名，也可由此關鍵
字改變，來覆蓋MPEG_OPEN宣告的檔名。

表26.3.7 - MPEG_SAVE程序的關鍵字

關鍵字	說明
FILENAME=string	指定檔名

範例：

IDL> MPEG_SAVE, id, FILENAME='movie.mpg'　　把動畫序列寫入已經開啓的檔案，並把檔
　　　　　　　　　　　　　　　　　　　　　名設為movie.mpg，如果已在開啓MPEG動
　　　　　　　　　　　　　　　　　　　　　畫檔時宣告檔名，此檔名會覆蓋舊檔名。
　　　　　　　　　　　　　　　　　　　　　如果都沒宣告檔名，預設檔名是idl.mpg。

　　表26.3.8列出MPEG_CLOSE程序的語法，其功能是關閉已經開啓的MPEG動畫檔，
結束動畫影像的寫入。關閉後，在工作目錄上會多一個MPEG檔案，可以在任何電腦平台
上使用多媒體播放軟體觀看動畫。

表26.3.8 - MPEG_CLOSE程序的語法

語法	說明
MPEG_CLOSE, mpegID	關閉識別碼為mpegID的動畫檔

範例：

IDL> MPEG_CLOSE, id　　　　　　　　　　　　關閉識別碼為id的MPEG動畫檔，關閉
　　　　　　　　　　　　　　　　　　　　檔案之後，則不能再寫入任何影像。

　　因為製作動畫檔需要遵循一定的流程，實際製作動畫檔的方式是先把所有指令寫在檔
案中，然後一起執行，並不會使用互動式的方式進行。例26.3.1和例26.3.2是第26.3.2節
中範例的綜合實例，程式執行後，會分別產生movie.mpg和movie2.mpg檔，可以在一般的
多媒體軟體上播放。

例26.3.1

```
xsize = 200 & ysize = 200
img8 = BYTSCL(DIST(xsize, ysize))
img24 = BYTARR(3, xsize, ysize)
dims = [xsize, ysize]
id = MPEG_OPEN(dims, FILENAME='movie.mpg')
FOR i=0, 9 DO BEGIN
   LOADCT, i
   TVLCT, r, g, b, /GET
   img24[0, *, *] = r[img8]
   img24[1, *, *] = g[img8]
   img24[2, *, *] = b[img8]
   MPEG_PUT, id, IMAGE=img24, FRAME=i
ENDFOR
MPEG_SAVE, id
MPEG_CLOSE, id
END
```

執行例26.3.1後，得到movie.mpg動畫檔。

例26.3.2

```
xsize = 200 & ysize = 200
img8 = BYTSCL(DIST(xsize, ysize))
dims = [xsize, ysize]
id = MPEG_OPEN(dims)
winid = 0
WINDOW, winid, XSIZE=xsize, YSIZE=ysize
DEVICE, DECOMPOSED=0
FOR i=0, 9 DO BEGIN
   LOADCT, i
   TV, img8
   MPEG_PUT, id, WINDOW=winid, FRAME=i
ENDFOR
MPEG_SAVE, id, FILENAME='movie2.mpg'
MPEG_CLOSE, id
END
```

執行例26.3.2後，得到movie2.mpg動畫檔。

第二十七章 數位影像的處理

本章簡介

　　影像（image）一般從照相機、掃描器或電腦等設備產生，可轉變為數位影像，儲存在光碟片、硬碟或隨身碟等儲存媒體中。數位影像的好處是隨時可以對資料內容做存取或修正。IDL提供一些影像處理和分析的指令，可以存取市面上大部分的影像格式，來修正影像的內容和品質。

本章的學習目標

　　認識IDL影像處理的基本技術
　　熟悉IDL影像處理的進階技術
　　學習IDL影像形狀的萃取和分析

27.1 影像處理的基本技術

　　影像處理（image processing）的基本技術包括像素位置的變換、像素數值的改變、影像區域的切割以及像素值的統計等，可以對影像進行操作，以增加影像的資訊或品質。IDL提供對應的指令，讓讀者方便呼叫，以達到工作需求。

27.1.1 像素位置的變換

　　表27.1.1列出像素位置變換所需的函數，來達到平移、倒轉、轉置以及旋轉影像的目的。除了ROT函數之外，這些函數都不會改變像素值，只會改變像素的位置，因為ROT函數會牽扯到插值法，來處理旋轉後影像涵蓋的範圍，所以會改變像素值。

表27.1.1 - 像素位置變換所需的指令

技術	指令
平移影像（Shifting Images）	SHIFT
倒轉影像（Reversing Images）	REVERSE
轉置影像（Transposing Images）	TRANSPOSE
旋轉影像（Rotating Images）	ROTATE 或 ROT

範例：

```
IDL> sub = ['examples', 'data']
IDL> file = FILEPATH('mineral.png', $
IDL>    SUBDIRECTORY=sub)
IDL> image = READ_IMAGE(file)
```

設定副路徑變數sub，以FILEPATH函數解析IDL內建圖檔mineral.png所在的路徑。然後以READ_IMAGE函數讀取影像image。

```
IDL> img = image[0:215, 0:161]
IDL> WINDOW, XSIZE=216, YSIZE=162
IDL> TV, img
```

從影像image切割一張區域影像img，然後開啓一個216 × 162的視窗來顯示切割後的影像，如圖27.1.1所顯示。

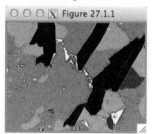

圖27.1.1

```
IDL> img2 = SHIFT(img, 50, 30) & TV, img2
```

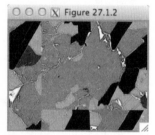

圖27.1.2

將影像img以SHIFT函數在X軸方向往右平移50個像素，在Y軸方向往上平移30個像素，然後儲存平移過的影像至img2，最後把影像img2顯示在視窗上，結果顯示影像img的左下角平移至（50, 30）的位置，亦即影像往上且往右平移，超過上面和右邊的部分分別回填至下面和左邊，如圖27.1.2所顯示。

```
IDL> img3 = REVERSE(img, 1) & TV, img3
```

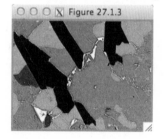

圖27.1.3

將影像img以REVERSE函數倒轉影像，第一個引數是輸入影像，第二個引數是宣告倒轉的維度，引數為1代表在X軸倒轉，亦即影像會左右顛倒，如圖27.1.3所顯示。如果第二個引數宣告為2，則為上下顛倒。

```
IDL> WINDOW, XSIZE=216, YSIZE=216
```

打開一個尺寸為216 × 216的視窗。

```
IDL> img4 = TRANSPOSE(img)
IDL> HELP, img, img4
IMG         BYTE      = Array[216, 162]
IMG4        BYTE      = Array[162, 216]
```

將影像img以TRANSPOSE函數轉置影像，亦即將影像順時針旋轉90度後，再做上下顛倒的操作。影像img是個216 × 162的矩陣，而轉置後的影像img4是162 × 216的矩陣。

IDL> TV, img4

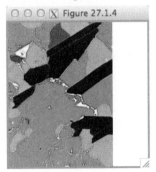

圖 27.1.4

IDL> img5 = ROTATE(img, 2)
IDL> WINDOW, XSIZE=216, YSIZE=162
IDL> TV, img5

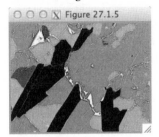

圖 27.1.5

如圖27.1.4所顯示，只佔216 × 216視窗的一部分，右半部是空白。

將影像img以ROTATE函數旋轉影像，第一個引數是輸入影像，第二個引數是宣告旋轉的代碼，代碼2代表逆時針旋轉180度且不做轉置，並開啓一個216 × 162的視窗來顯示圖27.1.5。注意的是，總共有8個代碼，讀者可以參閱線上查詢系統，以分別了解各代碼的意義。注意的是，另外一個旋轉影像的函數是ROT，此函數輸入第二引數是角度，而不是代碼，也會得到相同的結果，其具體的指令實施是由「img5 = ROT(img, 180)」指令取代。

27.1.2 像素數值的改變

影像處理時，有時需要改變原始影像的像素值，以達到影像加框、尺寸改變、遮罩以及剪裁等工作需求，表27.1.2列出這些改變像素值所需的指令，其呼叫的方式簡單，容易執行。

表27.1.2 - 改變像素值所需的指令

技術	指令或運算子
影像加框（Padding Images）	矩陣的操縱
改變影像尺寸（Resizing Images）	REBIN 或 CONGRID
遮罩影像（Masking Images）	關係運算子（EQ、GE、LE）
剪裁影像（Clipping Images）	最大值「>」和最小值「<」運算子

範例：

IDL> dims = SIZE(img, /DIMENSIONS)

沿用上例的變數img，先以SIZE函數判斷影像img的維度，才能計算有邊框影像的維度。

```
IDL> xsize = dims[0] + 20
IDL> ysize = dims[1] + 20
IDL> img6 = BYTARR(xsize, ysize)
IDL> img6[10, 10] = img
IDL> WINDOW, 0, XSIZE=xsize, YSIZE=ysize
IDL> TV, img6
```

產生一個新的短整數變數img6，使得新影像的各維度比影像img的維度多20個像素，做為邊框之用。把影像img的左下角放在新影像的（10, 10）位置，所以新影像的各邊多10個像素的邊框，如圖27.1.6所顯示。注意的是，原來的視窗尺寸需要加大20個像素，才能容納加框後的影像。

圖 27.1.6

```
IDL> WINDOW, XSIZE=216, YSIZE=162
IDL> dims = SIZE(img, /DIMENSIONS)
IDL> xsize = dims[0] / 2
IDL> ysize = dims[1] / 2
IDL> img7 = CONGRID(img, xsize, ysize)
IDL> TV, img7
```

先開啟一個216 × 162視窗，且以SIZE函數判斷影像img的維度，然後把各維度除以2，且使用REBIN或CONGRID函數把影像img的寬和高各縮小一半，如圖27.1.7所顯示。注意的是，REBIN函數適用影像放大或縮小的整數倍，而CONGRID函數適用影像放大或縮小的任何尺寸，在這個範例中，影像img被縮小一半，所以這二個函數均可呼叫，而得到同樣的結果。亦即CONGRID的指令敘述可以由「img7 = REBIN(img, xsize, ysize)」指令敘述取代。

圖 27.1.7

```
IDL> img8 = BYTSCL(img GE 100)
IDL> TV, img8
```

先對影像img做GE關係運算子的運算，如果像素值大於或等於100，則等於1，否則等於0，這相當於對像素值小於100的像素做遮罩，然後成為二元影像。最後再以BYTSCL函數把像素值為1的像素變成255，相當於只有黑和白二種顏色，如圖27.1.8所顯示。注意的是，如果再把0和1的二元影像乘以影像img，則像素值小於100的像素都變成0，但像素值大於或等於100的像素保留原來的像素值，以達到遮罩的目的。

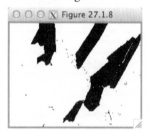

圖 27.1.8

IDL> img9 = 150 < img > 100
IDL> TV, img9

圖 27.1.9

先對影像img做最大值「>」和最小值「<」運算子的運算，如果像素值大於100且小於150，則保留原值，像素值大於150的像素變成150，像素值小於100的像素變成100，這相當於對影像做剪裁，把不需要的部分剪裁掉，如圖27.1.9所顯示。注意的是，因運算後像素值介於100和150之間，對比變差，如果要增加對比，可以使用BYTSCL函數來延展像素值範圍為0至255，或使用TVSCL函數顯像。

27.1.3 像素值的統計

表27.1.3列出像素值統計所需的指令，可幫忙尋找特定範圍的像素值，記錄著這些像素的下標，接著可利用這些下標，做特定範圍的顏色標記或輸入至IMAGE_STATISTICS函數做遮罩區域的識別，以得到更多關於影像的資訊。

表27.1.3 - 像素值統計所需的指令

技術	指令
尋找像素值（Locating Pixel Values）	WHERE
計算影像中像素的統計特性（Calculating Image Statistics）	IMAGE_STATISTICS 或 HISTOGRAM

範例：

IDL> WINDOW, XSIZE=216, YSIZE=162
IDL> nimg = img
IDL> index = WHERE(nimg LE 100)
IDL> nimg[index] = 255
IDL> TV, nimg

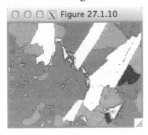

圖 27.1.10

開啓一個216 × 162視窗，為避免改變原始影像img的內容，先拷貝原始影像至變數nimg，並以WHERE函數尋找像素值小於100的像素，然後將這些像素的下標儲存至變數index。接著改變尋找到的像素值至255，亦即變成白色，如圖27.1.10所顯示。注意的是，雖然下標index是一維向量，當放進二維影像nimg中，會按照順序放置指定的像素值。

IDL> IMAGE_STATISTICS, img, $
IDL>   MEAN=ave, STDDEV=std
IDL> PRINT, ave, std
    152.735   64.0862

呼叫IMAGE_STATISTICS程序來計算影像像素值的平均值ave和標準差std。

```
IDL> h = HISTOGRAM(img)
IDL> PLOT, h
```

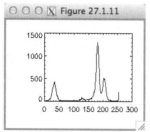

圖 27.1.11

呼叫 HISTOGRAM 和 PLOT 程序製造直方圖，如圖 27.1.11 所顯示，直方值顯示大部分的像素值落在 160 和 220 之間，另外在 0 和 50 之間也有個峰值，得到平均值大約是 153。注意的是，IMAGE_STATISTICS 函數還有其它關鍵字，關於它們的意義和用法，請參閱線上查詢系統。

```
IDL> dims = SIZE(img, /DIMENSIONS)
IDL> xsize = dims[0]
IDL> ysize = dims[1]
IDL> mk = BYTARR(xsize, ysize)
IDL> index = WHERE(img LE 100)
IDL> mk[index] = 255
IDL> IMAGE_STATISTICS, img, $
IDL>    MEAN=ave, STDDEV=std, MASK=mk
IDL> PRINT, ave, std
      35.7722       14.3850
```

這次呼叫 IMAGE_STATISTICS 函數時宣告關鍵字 MASK，來計算某區域像素的統計值。先把像素值小於 100 的像素找出，以製造遮罩變數 mk，做為關鍵字 MASK 的輸入變數，所以在統計的時候，只有統計那區域的部分，因此得到的平均值和變異數都變小，因為只有統計像素值小於 100 的像素。注意的是，遮罩變數必須與影像 img 的維度相同，遮罩值為 0 的像素代表被遮罩過的像素，並不做進一步計算。

27.1.4 像素區域的切割

　　像素區域的切割是資料處理中需要的操作，其中包括體資料切割成區域體資料或平面影像，也包括將影像切割成區域影像或沿著二點連線的一維剖面（profile），表 27.1.4 列出所需的指令。

表 27.1.4 - 像素切割所需的指令

技術	IDL指令或運算子
體資料的平面切割（Volume Slicing）	先用下標和冒號切割部分影像區域，然後用 REFORM 降低維度
影像中任二點連線的剖面切割	PROFILE
切割影像（Cropping Images）	用下標和冒號切割部分影像區域

範例：

```
IDL> sub = ['examples', 'data']
IDL> file = FILEPATH('head.dat', $
IDL>    SUBDIRECTORY=sub)
IDL> vol = READ_BINARY(file, $
IDL>    DATA_DIMS=[80, 100, 57])
```

設定副路徑變數 sub，以 FILEPATH 函數解析 IDL 內建體資料 head.dat 所在的路徑，其資料格式是二元格式，所以需要使用 READ_BINARY 函數讀取，並同時宣告體資料的維度 [80, 100, 57]，讀完後儲存至變數 vol。

```
IDL> OPENR, 1, file
IDL> vol = BYTARR(80, 100, 57)
IDL> READU, 1, vol
IDL> CLOSE, 1

IDL> dims = SIZE(vol, /DIMENSIONS)
IDL> xsize = dims[0] * 3
IDL> ysize = dims[1] * 2


IDL> WINDOW, 0, XSIZE=xsize, YSIZE=ysize
IDL> vol2 = REFORM(vol[*, *, 0])
IDL> TV, vol2, 0
IDL> vol2 = REFORM(vol[*, *, 8])
IDL> TV, vol2, 1
IDL> vol2 = REFORM(vol[*, *, 16])
IDL> TV, vol2, 2
IDL> vol2 = REFORM(vol[*, *, 24])
IDL> TV, vol2, 3
IDL> vol2 = REFORM(vol[*, *, 32])
IDL> TV, vol2, 4
IDL> vol2 = REFORM(vol[*, *, 40])
IDL> TV, vol2, 5
```

讀取體資料vol的另外一種方式是比較傳統的方式,其步驟是打開檔案、宣告資料維度、讀取資料以及關閉檔案。

以SIZE函數自動判斷體資料vol的維度,然後第一個維度乘以3,且第二個維度乘以2,所以得到6個區域,可在XY平面上同時顯示6張剖面影像。

在Z軸方向以每次進8的下標順序,從體資料vol中各切割一張XY剖面,然後以REFORM函數減低維度,再以TV程序顯示不同剖面影像至不同編號的區域,如圖27.1.12所顯示。注意的是,系統會根據視窗和影像大小自動分隔區域,左上角的第一個區域,編號為0,第二個區域(編號為1)在第一個區域的右邊,直到填滿為止,再往下分割。

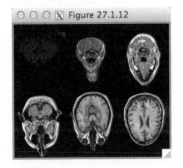

圖27.1.12

```
IDL> xsize = dims[0] * 3
IDL> ysize = dims[1] * 3
IDL> vol2 = REFORM(vol[*, *, 32])
IDL> vol3 = CONGRID(vol2, xsize, ysize)
```

截取Z軸下標為32的XY剖面影像vol2,以CONGRID放大3倍儲存至變數。

IDL> WINDOW, 0, XSIZE=xsize, YSIZE=ysize
IDL> TV, vol3

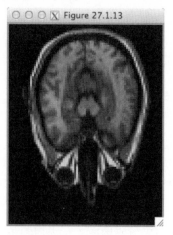

圖 27.1.13

打開一個尺寸適合的視窗來顯示影像 vol3，如圖 27.1.13 所顯示。影像 vol3 看起來有些模糊，主要是因為放大造成的結果。

IDL> prof = PROFILE(vol3)
IDL> WINDOW, XSIZE=216, YSIZE=162
IDL> PLOT, prof

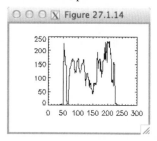

圖 27.1.14

在顯示影像 vol3 後呼叫 PROFILE 函數，此函數是個視窗界面程式，執行後會等著使用者以滑鼠在圖 27.1.13 上點選二點，例如點選左上角和右下角的位置，程式接著自動地連結這二點，並把沿著連線的像素值內插出來，得到的剖面儲存至變數 prof，然後以 PLOT 程序繪製剖面的變化值，如圖 27.1.14 所顯示。注意的是，這個剖面會隨著二點的點選位置的不同而不同。

IDL> vol4 = vol3[10: 229, 15:134]
IDL> WINDOW, XSIZE=220, YSIZE=120
IDL> TV, vol4

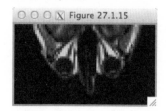

圖 27.1.15

從剖面影像中切割一個區域至變數 vol4，此區域的 X 下標範圍是從 10 至 229，Y 下標範圍是從 15 至 134，所以影像 vol4 的大小是 220 × 120。同時以 WINDOW 程序建立一個 220 × 120 的視窗，來符合影像的大小，最後把影像 vol4 顯示在視窗上，如圖 27.1.15 所顯示。

27.2 影像處理的進階技術

影像處理的進階技術包括影像邊界的偵測和影像品質的改變，IDL 提供許多邊界偵測的指令，得到的效果皆不同。IDL 也提供許多指令，供讀者進行過濾、平滑以及銳化影像。

27.2.1 影像邊界的偵測

表 27.2.1 列出影像中邊界偵測所需的函數，這些指令都可以用來偵測邊界，讓邊界經過運算後變得更明顯，但每個函數對應的運算法都不一樣，所得到的效果也隨著不同。在本節中，只選擇部分的函數做示範，執行的方式是把影像輸入這些函數，即可得到新的影像。

表 27.2.1 - 邊界偵測所需的函數

技術	指令
偵測邊界（Detecting Edges）	EDGE_DOG、EMBOSS、LAPLACIAN、PREWITT、ROBERTS、SHIFT_DIFF、SOBEL

範例：

```
IDL> sub = ['examples', 'data']
IDL> file = FILEPATH('nyny.dat', $
IDL>     SUBDIRECTORY=sub)
IDL> image = READ_BINARY(file, $
IDL>     DATA_DIMS=[768, 512])
```

設定副路徑變數 sub，以 FILEPATH 函數解析 IDL 內建城區影像 nyny.dat 所在的路徑，其資料格式是二元格式，所以需要使用 READ_BINARY 函數讀取，且宣告影像的維度 [768, 512]，讀完後儲存至變數 image。

```
IDL> city = image[0:215, 0:161]
IDL> WINDOW, XSIZE=216, YSIZE=162
```

採用宣告下標範圍的方式在原始影像中切割一張 216 × 162 的區域影像，且打開一個與影像尺寸相同的視窗。

```
IDL> TV, city
```

將影像 city 顯示在視窗上，如圖 27.2.1 所顯示。影像上可以看出市區和河流的差別。

圖 27.2.1

```
IDL> TVSCL, EDGE_DOG(city)
```

對影像 city 進行 EDGE_DOG 函數的運算，以 TVSCL 程序將運算後的影像顯示在視窗上，可以明顯看出白色的邊界，如圖 27.2.2 所顯示。影像上市區和河流的差別已經模糊掉了。注意的是，因 EDGE_DOG 函數運算後的像素值超出 0 至 255 的範圍，顯像時以 TVSCL 程序顯像。

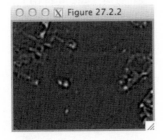

圖 27.2.2

IDL> TVSCL, LAPLACIAN(city)

圖 27.2.3

對影像 city 進行 LAPLACIAN 函數的運算,以 TVSCL 程序將運算後的影像顯示在視窗上,得到的邊界非常細緻,如圖 27.2.3 所顯示。影像上市區和河流的差別已經不見了。注意的是,因 LAPLACIAN 函數運算後的像素值超出 0 至 255 的範圍,顯像時以 TVSCL 程序顯像。

IDL> TVSCL, SOBEL(city)

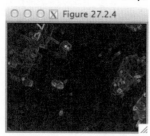

圖 27.2.4

對影像 city 進行 SOBEL 函數的運算,以 TVSCL 程序將運算後的影像顯示在視窗上,河流和都市區域更明顯區分,如圖 27.2.4 所顯示。注意的是,因 SOBEL 函數運算後的像素值超出 0 至 255 的範圍,顯像時以 TVSCL 程序顯像。

27.2.2 影像品質的改變

　　影像的品質可以透過指令改變,表 27.2.2 列出所需的指令,以低通或高通的方式來過濾不需要的部分,低通濾波的執行相當於影像的平滑,高通濾波的執行相當於影像的銳化。雖然不同指令具有相同的功能,其效果會有些不同,讀者可以自由選擇。旋積(convolution)運算是對每個像素的周圍像素值乘以權重後,加總成新的對應值。CONVOL 函數是用來執行旋積運算,執行前必須要建立一個核心,不同核心具有不同功能,然後逐一對各個像素做旋積運算。注意的是,在做旋積運算之前必須要把短整數影像改變成浮點數影像,免得最後得到的像素值都是零。另外在影像邊界點的運算也會有問題,讀者需要參考專業的影像處理書籍來處理。FFT 函數可以執行傅立葉轉換,在頻域進行低通或高通濾波。SMOOTH 和 MEDIAN 函數都是讓影像變平滑的函數,呼叫時需要輸入一個奇數引數,做為平滑運算的點數,點數越多,做出的影像越平滑。TVSCL 程序相當於 TV 程序和 BYTSCL 函數的合成,讓影像更具有對比。HIST_EQUAL 函數具有相同的功能,它的執行原理是把影像的直方分布從窄變寬,因此影像的對比相對增強。

表 27.2.2 - 影像品質改變所需的指令

技術	指令
過濾影像(Filtering Images)	CONVOL、FFT
平滑影像(Smoothing Images)	SMOOTH、MEDIAN
銳化影像(Sharpening Images)	BYTSCL、HIST_EQUAL

範例：

IDL> sub = ['examples', 'data']
IDL> file = FILEPATH('m51.dat', $
IDL>   SUBDIRECTORY=sub)

設定副路徑變數 sub，以 FILEPATH 函數解析 IDL 內建銀河影像 m51.dat 所在的路徑。

IDL> image = READ_BINARY(file, $
IDL>   DATA_DIMS=[340, 440])

影像 image 的資料格式是二元格式，所以需要使用 READ_BINARY 函數讀取，且宣告影像的維度 [340, 440]，讀完後儲存至變數 image。

IDL> galaxy = image[0:215, 150:311]

採用宣告下標範圍的方式在原始影像中切割一張 216 × 162 的區域影像 galaxy。

IDL> WINDOW, XSIZE=216, YSIZE=162

打開一個 216 × 162 的視窗。

IDL> TV, galaxy

以 TV 程序在視窗上繪製切割後的影像 galaxy，如圖 27.2.5 所顯示。

圖 27.2.5

IDL> kerns = REPLICATE(1./9, 3, 3)
IDL> PRINT, kerns
    0.111111   0.111111   0.111111
    0.111111   0.111111   0.111111
    0.111111   0.111111   0.111111

在實施 CONVOL 函數之前，必須先建立一個旋積核心 kerns，此核心有低通濾波的功能。

IDL> galaxy = FLOAT(galaxy)
IDL> TVSCL, CONVOL(galaxy, kerns)

旋積運算實施後得到一張較模糊的影像，如圖 27.2.6 所顯示。注意的是，在做影像旋積運算時，先要把短整數影像轉變成浮點數影像，以免運算值都變成 0。

圖 27.2.6

```
IDL> kernh = REPLICATE(-1./9, 3, 3)
IDL> kernh[1, 1] = 1.
IDL> PRINT, kernh
    -0.111111     -0.111111     -0.111111
    -0.111111      1.00000      -0.111111
    -0.111111     -0.111111     -0.111111
```

在實施CONVOL函數之前，必須先建立一個旋積核心 kernh，此核心有高通濾波的功能。此核心的內容列印在視窗上。

```
IDL> galaxy = FLOAT(galaxy)
IDL> TVSCL, CONVOL(galaxy, kernh)
```

做影像旋積運算時，先要把短整數影像轉變成浮點數影像，實施後得到一張細節變突出的影像，如圖27.2.7所顯示。

圖 27.2.7

```
IDL> distance = DIST(216, 162)
IDL> filters = 1. / SQRT(1. + distance/5)
IDL> galaxys = FFT(galaxy, -1) * filters
IDL> TVSCL, FFT(galaxys, 1)
```

使用 DIST 函數來建立一個距離變數 distance，才能建立一個低通濾波函數 filters。將影像galaxy 做傅立葉轉換至頻域後乘以 filters，以過濾掉短波長的部分，然後再做反向傅立葉轉換回空間域，得到的是一張比較模糊的影像，如圖27.2.8所顯示。

圖 27.2.8

```
IDL> distance = DIST(216, 162)
IDL> filterh = 1. / SQRT(1. + 5/distance)
IDL> galaxyh = FFT(galaxy, -1) * filterh
IDL> TVSCL, FFT(galaxyh, 1)
```

使用 DIST 函數來建立一個距離變數 distance，才能建立一個高通濾波函數 filterh。將影像galaxy 做傅立葉轉換至頻域後乘以 filterh，以過濾掉短波長的部分，然後再做反向傅立葉轉換回空間域，得到的是一張細節比較突出的影像，如圖27.2.9所顯示。

圖 27.2.9

IDL> TV, SMOOTH(galaxy, 5)

圖 27.2.10

對影像 galaxy 進行取 5 點的 SMOOTH 函數運算，然後以 TV 程序將運算後的影像顯示在視窗上，得到的是一張平滑的影像，如圖 27.2.10 所顯示。

IDL> TV, MEDIAN(galaxy, 5)

圖 27.2.11

對影像 galaxy 進行 MEDIAN 函數的運算，其濾波點數是 5 點，然後以 TV 程序將運算後的影像顯示在視窗上，得到的是一張比較平滑的影像，如圖 27.2.11 所顯示。

IDL> TV, HIST_EQUAL(galaxy)

圖 27.2.12

對影像 galaxy 進行 HIST_EQUAL 函數的運算，然後以 TV 程序將運算後的影像顯示在視窗上，得到的是一張銳化的影像，如圖 27.2.12 所顯示。

27.3 物體形狀的萃取和分析

影像中物體的形狀千變萬化，為進一步萃取和分析物體的形狀，需要預先做一些增加或減少物體尺寸的處理，以減少物體形狀的變化，IDL 提供一些處理形變指令，讓讀者方便地執行影像中物體形狀的萃取和分析。

27.3.1 執行形變的基本指令

表 27.3.1 列出可以改變物體形狀的基本指令，ERODE 函數的執行可腐蝕影像，讓影像中物體的尺寸變小，亮度變暗，而 DILATE 函數的執行可以稀釋影像，讓影像中物體的尺寸變大，亮度變亮。操作時必須要建立一個結構元素（structuring element）來定義物體的形狀，讓這個結構元素與灰階影像中的像素做運算，找出最小值，亦即腐蝕影像的執

行，找出最大值，亦即稀釋影像的執行。如果影像是二元影像，則運算後的數值是0或1，代表黑或白。

表 27.3.1 - 物體形變所需的基本指令

技術	指令
腐蝕影像（Eroding Images）	ERODE
稀釋影像（Dilating Images）	DILATE

範例：

```
IDL> sub = ['examples', 'demo', 'demodata']
IDL> file = FILEPATH('pollens.jpg', $
IDL>      SUBDIRECTORY=sub)
IDL> READ_JPEG, file, image
IDL> pollens = image[0:215, 0:161]
IDL> WINDOW, XSIZE=216, YSIZE=162
IDL> TV, pollens
```

設定副路徑變數 sub，以 FILEPATH 函數解析 IDL 內建花粉影像 pollens.jpg 所在的路徑，然後呼叫 READ_JPEG 函數讀取影像，讀完後儲存至變數 image。接著採用宣告下標範圍的方式在原始影像中切割一張 216 × 162 的區域影像 pollens，然後把影像顯示在 216 × 162 的視窗上，如圖 27.3.1 所顯示。

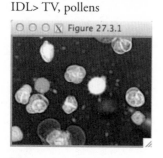

圖 27.3.1

```
IDL> r = 2
IDL> struc = SHIFT(DIST(2*r+1), r, r) LE r
IDL> PRINT, struc
   0   0   1   0   0
   0   1   1   1   0
   1   1   1   1   1
   0   1   1   1   0
   0   0   1   0   0
```

定義一個形狀為圓的結構元素，做為形變執行的基準，在影像腐蝕的操作，小於這個圓尺寸的孤島會被移除，所以亮度減少，而在影像稀釋的操作，小於這個圓尺寸的空洞會被補上，所以亮度增加。注意的是，孤島是指較白的部分，而空洞是指較黑的部分。

```
IDL> TV, ERODE(pollens, struc, /GRAY)
```

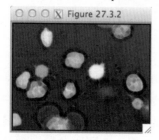

圖 27.3.2

對影像 pollens 進行 ERODE 函數的運算，以 TV 程序將運算後的影像顯示在視窗上，當影像 pollens 中的亮點小於結構元素的大小時，則會被移除，所以影像上的一些小亮點消失了，影像亮度變得更暗，如圖 27.3.2 所顯示。

IDL> TV, DILATE(pollens, struc, /GRAY)

圖 27.3.3

對影像 pollens 進行 DILATE 函數的運算，然後以 TV 程序將運算後的影像顯示在視窗上，當影像 pollens 中的空洞小於結構元素的大小時，則會被填平，所以影像上的一些物體變大了，影像亮度變得更亮，如圖 27.3.3 所顯示。

27.3.2 執行形變的複合指令

執行形變的基本指令是 ERODE 和 DILATE 函數，這二個函數在操作順序的組合會得到不同的影像處理效果，這些組合列在表 27.3.2 中。與 ERODE 和 DILATE 函數的執行相同，也是要先建立一個結構元素，做為合併或分開物體的基準。

表 27.3.2 - 形變複合指令的效果

指令	效果
MORPH_OPEN（開放）	平滑物體的邊緣（Smoothing Edges of Objects）
MORPH_CLOSE（封閉）	平滑物體的邊緣（Smoothing Edges of Objects）
MORPH_TOPHAT（頂端）	偵測亮度的峰值（Detecting Brightness Peaks）
MORPH_GRADIENT（梯度）	偵測物體的邊緣（Detecting Edges of Objects）

表 27.3.3 列出形變複合指令的組合順序，例如 MORPH_OPEN 函數是以結構元素 struct 對原始影像做腐蝕運算，接著以同樣的結構元素對已腐蝕過的影像做稀釋運算，其結果是去除物體的凸起。MORPH_CLOSE 函數執行的步驟與 MORPH_OPEN 函數執行的步驟相反，先進行稀釋運算，再進行腐蝕運算，其結果是填補物體的凹洞。MORPH_TOPHAT 函數是以結構元素 struc 對原始影像做開放運算，接著以原始影像減去已做開放運算後的影像。MORPH_GRADIENT 函數的計算是稀釋後的影像減去腐蝕後的影像，剩下的部分是在邊界的位置。

表 27.3.3 - 形變複合指令的組合順序

指令	組合順序
MORPH_OPEN	（ERODE struc 原始影像）接著（DILATE struc 腐蝕影像）
MORPH_CLOSE	（DILATE struc 原始影像）接著（ERODE struc 稀釋影像）
MORPH_TOPHAT	（原始影像）減去（OPEN struc 原始影像）
MORPH_GRADIENT	（DILATE struc 原始影像）減去（ERODE struc 原始影像）

範例：

IDL> WINDOW, XSIZE=216, YSIZE=162　　　　打開一個216 × 162的視窗。

IDL> TV, MORPH_OPEN(pollens, struc, /GRAY)　　對影像pollens進行MORPH_OPEN函數的
　　　　　　　　　　　　　　　　　　　　　運算，然後以TV程序將開放運算後的影

像顯示在視窗上，影像中物體的邊緣變得
比較平滑，如圖27.3.4所顯示。

圖27.3.4

IDL> TV, MORPH_CLOSE(pollens, struc, /GRAY)　對影像pollens進行MORPH_CLOSE函數
　　　　　　　　　　　　　　　　　　　　　的運算，然後以TV程序將封閉運算後的
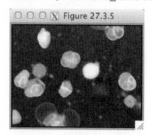
影像顯示在視窗上，影像中物體的邊緣變
得比較平滑，如圖27.3.5所顯示。

圖27.3.5

IDL> toph = MORPH_TOPHAT(pollens, struc)　　對影像pollens進行MORPH_TOPHAT函數
IDL> TVSCL, toph < 50　　　　　　　　　　　的運算，然後以TVSCL程序將做頂端運算
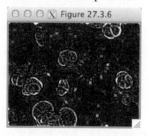
後的影像顯示在視窗上，凸顯影像pollens
中較亮的區域，如圖27.3.6所顯示。

圖27.3.6

IDL> th = MORPH_GRADIENT(pollens, struc)　　對影像pollens進行MORPH_GRADIENT
IDL> TVSCL, th　　　　　　　　　　　　　　函數的運算，然後以TVSCL程序將做梯度
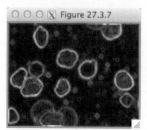
運算後的影像顯示在視窗上，把物體的邊
界顯示出來，如圖27.3.7所顯示。

圖27.3.7

27.4 影像與畫框的套疊

當影像與繪圖指令（CONTOUR和PLOT程序）所產生的畫框需要套疊時，常常影像會畫在畫框之外，需要調整影像的尺寸和左下角位置，才能有完美的套疊，本節將介紹一個標準的做法，可以簡單地解決無法完美套疊的問題。這個做法也可以幫忙製作顏色桿（color bar），有了顏色桿之後，圖形會包含更多資訊。套疊實施時需要繪圖視窗在X和Y方向的可視長度的 !D.X_VSIZE 和 !D.Y_VSIZE 系統變數，其內容隨著不同繪圖裝置而不同，繪圖裝置包括X、WIN以及PS等裝置。

27.4.1 影像位置的計算

表27.4.1列出影像位置計算所需的參數。TV程序沒有宣告畫框位置的POSITION關鍵字，只有宣告影像左下角的引數，所以需要從宣告的畫框位置，計算對應此畫框位置的影像尺寸和左下角位置，計算時需要 !D.X_VSIZE 和 !D.Y_VSIZE 系統變數，記錄著繪圖視窗在X和Y方向的可視長度。

表27.4.1 - 影像位置計算所需的參數

指令	組合順序
pos = [x0, y0, x1, y1]	設定畫框的位置
!D.X_VSIZE	回傳繪圖視窗X方向的可視長度
!D.Y_VSIZE	回傳繪圖視窗Y方向的可視長度

範例：

```
IDL> sub = ['examples', 'demo', 'demodata']
IDL> file = FILEPATH('pollens.jpg', $
IDL>    SUBDIRECTORY=sub)
IDL> READ_JPEG, file, image
IDL> pollens = image[0:175, 0:121]
IDL> WINDOW, XSIZE=216, YSIZE=162
IDL> TV, pollens
IDL> CONTOUR, pollens, /NOERASE, $
IDL>    XSTYLE=1, YSTYLE=1
```

設定副路徑變數sub，以FILEPATH函數解析IDL內建花粉影像pollens.jpg所在的路徑，然後呼叫READ_JPEG函數讀取影像，讀完後儲存至變數image。接著採用宣告下標範圍的方式在原始影像中切割一張176 × 122的區域影像pollens，然後把影像顯示在視窗上，再使用CONTOUR程序繪製影像的等值線，但影像和等值線無法配合，如圖27.4.1所顯示。

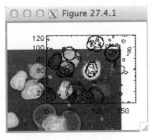

圖27.4.1

關於影像和等值線無法配合的問題，解決之道是宣告畫框的位置pos = [x0, y0, x1, y1]，然後根據 !D.X_VSIZE 和 !D.Y_VSIZE系統變數的設定值來計算畫框對應的影像尺寸（Xsize 和 Ysize）和左下角位置（Xstart 和 Ystart），然後以CONGRID函數改變影像的尺寸，繪製影像時使用TV程序且同時宣告位置引數，將改變後的影像顯示在視窗上，最後將畫框以CONTOUR程序且宣告位置關鍵字pos的方式畫上，以讓影像和畫框完美地套疊。

27.4.2 套疊在繪圖裝置上的實施

在Windows 電腦平台的預設繪圖裝置是WIN，而在Unix、Linux以及Mac OS X電腦平台的預設繪圖裝置是X，繪圖裝置是不能互換的。當設定繪圖裝置為PS時，繪圖指令所輸出的圖形不會到視窗上，而是到一個特定Postscript檔案，預設檔名是idl.ps，但可以用DEVICE程序的FILENAME關鍵字改變。PS檔是高解析度資料格式，它的 !D.X_VSIZE 和 !D.Y_VSIZE設定值相當大，所以才能產生高解析度的圖形。當圖形是彩色時，需要用DEVICE的 /COLOR關鍵字宣告，以免輸出黑白的圖形。套疊實施時必須先改變影像尺寸和位置，讓影像Image符合畫框的尺寸（Xsize 和 Ysize）和左下角位置（Xstart 和 Ystart），然後根據不同繪圖裝置使用對應的指令來完成套疊，如表27.4.2所列出的指令。

表27.4.2 - 影像置放的指令

繪圖裝置	指令
WIN 和X	TV, CONGRID(Image, Xsize, Ysize), Xstart, Ystart
PS	TV, Image, Xstart, Ystart, XSIZE=Xsize, YSIZE=Ysize

範例：

```
IDL> p = [0.2, 0.2, 0.8, 0.8]
IDL> xz = (p[2] – p[0]) * !D.X_VSIZE + 1
IDL> xs = p[0] * !D.X_VSIZE
IDL> yz = (p[3] – p[1]) * !D.Y_VSIZE + 1
IDL> ys = p[1] * !D.Y_VSIZE
IDL> xz = LONG(xz) & yz = LONG(yz)
IDL> xs = LONG(xs) & ys = LONG(ys)
IDL> PRINT, !D.X_SIZE, !D.Y_SIZE
        216       162
IDL> PRINT, xz, yz, xs, ys
        130       98       43       32
IDL> pollens2 = CONGRID(pollens, xz, yz)
IDL> WINDOW, XSIZE=216, YSIZE=162
IDL> TV, pollens2, xs, ys
IDL> CONTOUR, pollens, /NOERASE, $
IDL>    XSTYLE=1, YSTYLE=1, POSITION=p
```

設定位置向量p，從!D.X_VSIZE 和 !D.Y_VSIZE計算對應此位置向量的影像尺寸（xz 和 yz）和左下角位置（xs 和 ys），有時候計算後的影像尺寸會小一點，所以需要再加上一個像素。在列印這些變數之前，改變這些變數為長整數。接著改變影像pollens的尺寸至新尺寸，再以TV程序繪製新影像pollens2至新位置，最後以CONTOUR程序把等值線套疊在影像上，如圖27.4.2所顯示。

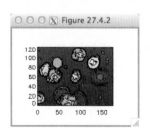

圖27.4.2

例27.4.1
```
sub = ['examples', 'demo', 'demodata']
file = FILEPATH('pollens.jpg', $
    SUBDIRECTORY=sub)
READ_JPEG, file, image
pollens = image[0:175, 0:121]
SET_PLOT, 'PS'
DEVICE, FILENAME='pollens.ps'
p = [0.2, 0.2, 0.8, 0.8]
xz = (p[2] – p[0]) * !D.X_VSIZE
xs = p[0] * !D.X_VSIZE
yz = (p[3] – p[1]) * !D.Y_VSIZE
ys = p[1] * !D.Y_VSIZE
TV, pollens, xs, ys, XSIZE=xz, YSIZE=yz
CONTOUR, pollens, /NOERASE, $
    XSTYLE=1, YSTYLE=1, POSITION=p
DEVICE, /CLOSE_FILE
END
```

在例27.4.1中，建立Postscript檔案時，必須先設定PS繪圖裝置，且宣告檔名為pollens.ps，來避免使用預設檔名idl.ps。與WIN和X繪圖裝置相同，設定位置向量p，從!D.X_VSIZE和!D.Y_VSIZE可以計算對應此位置向量的影像尺寸（xz和yz）和左下角位置（xs和ys）。 在這個範例中，!D.X_SIZE=17780和!D.Y_SIZE=12700，因此得到xz=10668、yz=7620、xs=3556和ys=2540。從這些數字來看，數值變大了，代表解析度也隨著變高。接著以TV程序繪製影像pollens至新位置，以CONTOUR程序把等值線套疊在影像上，最後關閉檔案。

執行例27.4.1後，得到pollens.ps圖檔。

27.4.3 顏色桿的製作

顏色桿的製作是先產生顏色桿的影像，然後使用PLOT程序在影像上繪製畫框和標示資訊。如表27.4.3所顯示，顏色桿可繪製成直立或橫立的方式。注意的是，原始影像的顏色範圍必須要與顏色桿影像的顏色範圍一致，執行的方法是使用BYTSCL函數，同時宣告關鍵字TOP、MAX以及MIN把原始影像正規化成與顏色桿影像相同的顏色範圍。

表27.4.3 - 顏色桿影像的建立

顏色桿方向	指令
直立（n × m 矩陣，其中n < m）	cb = REPLICATE(1B, n) # FINDGEN(m)
橫立（n × m 矩陣，其中n > m）	cb = FINDGEN(n) # REPLICATE(1B, m)

範例：

```
IDL> m = FINDGEN(256)
IDL> cbv = REPLICATE(1B, 20) # m
IDL> p = [0.8, 0.2, 0.9, 0.8]
IDL> xz = (p[2] – p[0]) * !D.X_VSIZE + 1
IDL> xs = p[0] * !D.X_VSIZE
IDL> yz = (p[3] – p[1]) * !D.Y_VSIZE + 1
IDL> ys = p[1] * !D.Y_VSIZE
IDL> cbv2 = CONGRID(cbv, xz, yz)
```

建立直立顏色桿影像cbv。為做影像和畫框的套疊，設定位置向量p，從 !D.X_VSIZE和 !D.Y_VSIZE計算對應此位置向量的影像尺寸（xz和yz）和左下角位置（xs和ys），有時候計算後的影像尺寸會小一點，所以需要再加上一個像素。接著以 CONGRID函數改變影像的尺寸。

```
IDL> TV, cbv2, xs, ys
IDL> blank = REPLICATE(' ', 5)
IDL> CONTOUR, cbv2, POSITION=p, $
IDL>    /NODATA, /NOERASE, $
IDL>    XSTYLE=1, YSTYLE=1, $
IDL>    XTICKLEN=0.001, YTICKS=4, $
IDL>    YTICKLEN=-0.15, YMINOR=4, $
IDL>    YTITLE='Y', YRANGE=[0, 256], $
IDL>    XTICKNAME=blank
```

以 TV 程序繪製新影像 cbv2 至新位置。建立空白變數 blank，以避免寫出 X 標記，再以 CONTOUR 程序和其關鍵字繪製畫框和標記，如圖 27.4.3 所顯示。注意的是，變數 blank 的內容是空白，而不是空字串。

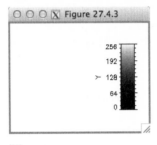

圖 27.4.3

```
IDL> n = FINDGEN(256)
IDL> cbh = n # REPLICATE(1B, 20)
IDL> p = [0.2, 0.8, 0.8, 0.9]
IDL> xz = (p[2] - p[0]) * !D.X_VSIZE + 1
IDL> xs = p[0] * !D.X_VSIZE
IDL> yz = (p[3] - p[1]) * !D.Y_VSIZE + 1
IDL> ys = p[1] * !D.Y_VSIZE
IDL> cbh2 = CONGRID(cbh, xz, yz)
```

建立橫立顏色桿影像 cbh。為做影像和畫框的套疊，設定位置向量 p，從 !D.X_VSIZE 和 !D.Y_VSIZE 計算對應此位置向量的影像尺寸（xz 和 yz）和左下角位置（xs 和 ys），有時候計算後的影像尺寸會小一點，所以需要再加上一個像素。接著以 CONGRID 函數改變影像尺寸。

```
IDL> TV, cbh2, xs, ys
IDL> blank = REPLICATE(' ', 5)
IDL> CONTOUR, cbh2, POSITION=p, $
IDL>    /NODATA, /NOERASE, $
IDL>    XSTYLE=1, YSTYLE=1, $
IDL>    YTICKLEN=0.001, XTICKS=4, $
IDL>    XTICKLEN=-0.15, XMINOR=4, $
IDL>    XTITLE='X', XRANGE=[0, 256], $
IDL>    YTICKNAME=blank
```

以 TV 程序繪製新影像 cbh2 至新位置。建立空白變數 blank，以避免寫出 Y 標記，再以 CONTOUR 程序和其關鍵字繪製畫框和標記，如圖 27.4.4 所顯示。注意的是，變數 blank 的內容是空白，而不是空字串。

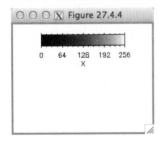

圖 27.4.4

第二十八章 感興趣區域的分析

本章簡介

影像通常會有感興趣區域（Regions of Interest, ROI），為特別分析其特性，通常會先把這個感興趣區域運用特別的技術界定出來，然後加以發展成為一個完整的區域，才能計算此區域像素值的密度分布和各種統計值，以更了解這個區域的特性。IDL另外具有擷取滑鼠座標的指令，以動態界定感興趣區域的邊界，方便讀者實施分析。

本章的學習目標

認識IDL動態擷取滑鼠座標的指令
熟悉IDL選擇和發展感興趣區域的方式
學習IDL統計感興趣區域內像素特性的方式

28.1 滑鼠的控制

當設計視窗界面時，滑鼠的控制顯得非常重要，適當的運用滑鼠可增加應用程式的互動性，尤其是在感興趣區域的分析上，滑鼠以點選的方式來選擇特定的區域，以彌補鍵盤輸出入的不足。IDL提供CURSOR程序，讓使用者擷取滑鼠在視窗上的位置，以供後續的處理和分析，滑鼠的狀態則記錄在系統變數 !MOUSE 的結構中。

28.1.1 CURSOR程序的語法和關鍵字

IDL提供CURSOR程序，可以動態擷取滑鼠在目前視窗的位置，其語法列在表28.1.1中，包括二個引數X和Y，CURSOR程序執行時，會自動產生一個視窗，然後等待使用者在視窗內點選滑鼠，點選後滑鼠的位置會傳至引數X和Y，以供後續的互動處理。這二個引數的預設座標系統是正規座標系統，亦即X和Y二軸都是最大為1最小為0的座標系統，座標系統可以由關鍵字改變。

表28.1.1 - CURSOR程序的語法

語法	說明
CURSOR, X, Y	動態擷取滑鼠在目前視窗的位置

範例：

IDL> CURSOR, x, y IDL> PRINT, x, y 0.1 0.2	鍵入CURSOR程序後，等待使用者在目前視窗上點選一個位置，如果點選在（0.1, 0.2）的正規座標系統位置上，則變數x和y的數值分別是0.1和0.2。

表28.1.2列出CURSOR程序的關鍵字，代表滑鼠各種狀態的改變，滑鼠的改變包括按下、放開以及移動，系統可以等待滑鼠的改變，也可以不等待。預設的座標系統是等待的NORMAL座標系統，其關鍵字是 /WAIT，座標系統可以改變至DATA或DEVICE座標系統，或改變至不等待的狀態 /NOWAIT。

表28.1.2 - CURSOR程序的關鍵字

關鍵字	說明
/CHANGE	只要游標在目前的視窗做改變，即回傳座標
/DOWN	滑鼠按下時，即回傳座標
/UP	滑鼠放開時，才回傳座標
/WAIT	需要等待滑鼠按鍵按下，才會有回應
/NOWAIT	只要游標在目前的視窗，立即回傳相關資訊
/NORMAL	回傳的滑鼠位置為正規座標系統
/DATA	回傳的滑鼠位置為資料座標系統
/DEVICE	回傳的滑鼠位置為裝置座標系統

範例：

IDL> CURSOR, x, y, /CHANGE	鍵入CURSOR程序且加上關鍵字 /CHANGE後，系統會停滯且等待。當使用者把滑鼠移進視窗時，系統馬上記錄滑鼠剛移進視窗的第一個位置。
IDL> CURSOR, x, y, /DOWN	鍵入CURSOR程序且加上關鍵字 /DOWN後，系統會停滯且等待。當使用者把滑鼠鍵按下時，系統馬上記錄滑鼠位置，不需要放開滑鼠鍵。另外一個關鍵字是 /UP，要在滑鼠鍵放開時，才會記錄游標所在的位置。
IDL> CURSOR, x, y, /NOWAIT	鍵入CURSOR程序且加上關鍵字 /NOWAIT後，系統馬上記錄位置，不會等待。回傳的位置依照當時滑鼠的位置而定，如果滑鼠當時在視窗外，則回傳很小的負值。
IDL> CURSOR, x, y, /DEVICE	鍵入CURSOR程序且加上關鍵字 /DEVICE後，系統會停滯且等待。點選後回傳的位置是採用裝置座標系統。
IDL> CURSOR, x, y, /DATA	鍵入CURSOR程序且加上關鍵字 /DATA後，系統會停滯且等待。點選後回傳的位置是採用資料座標系統。

28.1.2 系統變數!MOUSE的介紹

　　當使用CURSOR程序時，滑鼠點選的位置、按鍵的狀態以及延遲的時間也都會儲存在系統變數 !MOUSE中，表28.1.3列出 !MOUSE系統變數的結構欄位，需要時可叫出來使用。注意的是，滑鼠點選的新位置會取代舊位置，而 !MOUSE.X和 !MOUSE.Y所使用的座標系統是裝置座標系統，可由CONVERT_COORD函數轉換至其它的座標系統。

表28.1.3 - !MOUSE系統變數的結構欄位

欄位	說明
X	記錄滑鼠游標的橫軸座標
Y	記錄滑鼠游標的縱軸座標
BUTTON	記錄滑鼠按鍵狀態，其可能值如下： 1：按下左鍵時 2：按下中鍵時 4：按下右鍵時
TIME	延遲時間（單位是millisecond）

範例：

```
IDL> PLOT, [0, 50], [0, 50]
IDL> CURSOR, x, y
IDL> PRINT, x, y
      25.856416      25.857231
IDL> xn = !MOUSE.X
IDL> yn = !MOUSE.Y
IDL> PRINT, xn, yn, !MOUSE.BUTTON
       392        236        1
IDL> r = CONVERT_COORD(xn, yn, $
IDL>   /DEVICE, /TO_DATA)
IDL> PRINT, r
      25.8564     25.8572      0.00000
```

先使用PLOT程序建立資料座標系統，畫框的左下角是（0，0），右上角是（50，50）。鍵入CURSOR程序後，系統會停滯且等待，以左鍵點選後回傳的是資料座標系統的位置。因呼叫PLOT程序時，相當於宣告關鍵字 /DATA，所以不需要在CURSOR程序中再次宣告。系統變數 !MOUSE也有位置資訊的欄位，但其座標系統是裝置座標系統，所以必要時需要使用CONVERT_COORD函數轉換回資料座標系統。注意的是，列印的數值會根據點選位置和按鍵狀態的不同而不同，因使用的是左鍵，所以 !MOUSE.BUTTON的內容是1，如果點選時是用右鍵，則為4。

28.2 感興趣區域的選擇與發展

　　影像上有些區域讓人感興趣，所以需要將這些區域做標記，才能對比其它的區域，或者發展這些區域（region grow），讓這些區域變得更大且更清楚。IDL提供二個LABEL_REGION和REGION_GROW函數，可做感興趣區域標示（label region）或繼續做發展。

28.2.1 LABEL_REGION函數的語法和關鍵字

　　LABEL_REGION 函數可用來分開影像 Data 中不同的區域，數值為零與非零的區域，區分後給各像素標示不同數值，儲存在變數 Result 中，以表示不同區域，表 28.2.1 列出其語法，區分後可使用 WHERE 或 HISTOGRAM 函數計算各個區域的像素個數和下標資訊，然後可以標上不同顏色或進行統計的分析。

表 28.2.1 - LABEL_REGION 函數的語法

語法	說明
Result = LABEL_REGION(Data)	標示所有的感興趣區域

範例：

```
IDL> img = REPLICATE(0B, 288, 216)
IDL> x = LINDGEN(50*30) MOD 50 + 40
IDL> y = LINDGEN(50*30) / 50 + 40
IDL> img[x, y] = 150B
IDL> x2 = LINDGEN(50*30) MOD 50 + 90
IDL> y2 = LINDGEN(50*30) / 50 + 90
IDL> img[x2, y2] = 255B
IDL> WINDOW, XSIZE=216, YSIZE=162
IDL> TV, img
```

建立內容為 0B 的 288 × 216 矩陣，然後設置二個 50 × 30 的矩形區域，第一個矩形區域的左下角是（40, 40），內容設為 150B，第二個矩形區域的左下角是（90, 90），內容設為 255B，然後把影像顯示在視窗上，總共三個區域，如圖 28.2.1 所顯示。

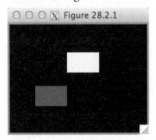

圖 28.2.1

```
IDL> b = LABEL_REGION(img)
IDL> h = HISTOGRAM(b, $
IDL>      REVERSE_INDICES=r)
IDL> PRINT, h
     59208      1500      1500
IDL> p1 = r[r[0]: r[1]-1]
IDL> p2 = r[r[1]: r[2]-1]
IDL> p3 = r[r[2]: r[3]-1]
```

圖 28.2.1 顯示三個區域，以 LABEL_REGION 函數區分，分別以 0、1 和 2 標示，變數 b 是執行後的輸出，其大小與影像的大小相同，內容是數值 0、1 和 2，代表三個不同區域。接著使用 HISTOGRAM 函數計算每個數值的個數，儲存至變數 h，且把各個區域的下標資訊儲存至變數 r。列印各個區域的個數，區域一是黑色背景區域，區域二是下矩形區域，區域三是上矩形區域，變數 p1、p2 和 p3 列出三個區域的下標資訊，可供後續標示或處理。

表28.2.2列出LABEL_REGION函數的關鍵字 /ALL_NEIGHBORS，沒宣告這關鍵字時，系統搜尋像素的周圍4個像素來發展區域，當宣告時，系統搜尋像素的周圍所有像素，亦即8個像素，來發展區域。系統最後會以不同數值來標示不同區域。

表28.2.2- LABEL_REGION函數的關鍵字

關鍵字	說明
/ALL_NEIGHBORS	搜尋周圍所有的像素來發展區域

28.2.2 REGION_GROW函數的語法和關鍵字

表28.2.3列出REGION_GROW函數的語法，需要原始影像Array和起始感興趣區域下標ROIPixels，系統會根據起始感興趣區域像素值的最小值和最大值，做為發展範圍。從起始區域開始，當周圍的像素值符合這個發展範圍時，則加入此起始區域，所以這個區域會慢慢擴大，直到無法擴大為止，最後發展的結果儲存在變數Result中。

表28.2.3 - REGION_GROW函數的語法

語法	說明
Result = REGION_GROW(Array, ROIPixels)	發展感興趣區域

範例：

```
IDL> sub = ['examples', 'data']
IDL> file = FILEPATH('muscle.jpg', $
IDL>     SUBDIRECTORY=sub)
IDL> READ_JPEG, file, image
IDL> img = image[436:651, 50:211]
IDL> WINDOW, XSIZE=216, YSIZE=162
IDL> TV, img
```

設定副路徑變數sub，以FILEPATH函數解析IDL內建圖檔 muscle.jpg 所在的路徑。然後以READ_JPEG程序讀取影像image，接著使用下標範圍切出 216 × 162 的影像img，最後以TV程序顯示影像img，如圖28.2.2所顯示。

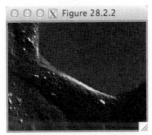

圖 28.2.2

```
IDL> x = LINDGEN(16*16) MOD 16+ 140
IDL> y = LINDGEN(16*16) / 16 + 80
IDL> roi = x + y * 216
IDL> v = img[roi]
```

設立一個 16 × 16 正方形的區域，其左下角位置為（140, 80），做為感興趣區域的最初選擇，因為輸入感興趣區域下標必須為向量，所以需要改變二維的像素下標位置（x, y）至一維的向量roi。

```
IDL> PRINT, MAX(v), MIN(v)
  87  77
IDL> nimg = img
IDL> nimg[roi] = 255B
IDL> TV, nimg
```

計算正方形區域 v 的最大值 87 和最小值 77,作為區域發展的標準。為標示感興趣區域,將這個正方形區域的像素值設為 255B,亦即白色,然後顯示在視窗上,在右邊區域出現一個白色正方形,如圖 28.2.3 所顯示。

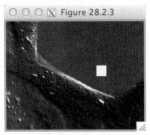

圖 28.2.3

```
IDL> nimg = img
IDL> nroi = REGION_GROW(img, roi)
IDL> nimg[nroi] = 255B
IDL> TV, nimg
```

重設複製的影像 nimg,以 REGION_GROW 函數,根據白色感興趣區域在影像 img 上發展,得到新的感興趣區域 nroi,然後改變其像素值至 255B,最後把改變後的影像顯示,所得到的感興趣區域發展成一大片,如圖 28.2.4 所顯示。感興趣區域在發展時,由起始區域像素值的最小值和最大值為發展範圍,逐步向外發展。注意的是,在改變像素值之前,需要在複製的影像 nimg 上修改,原始影像在感興趣區域發展時需要使用。

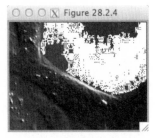

圖 28.2.4

　　表 28.2.4 列出 REGION_GROW 函數的關鍵字,可以改變發展範圍,改變的方式可由設定標準差數目方式來發展區域,以關鍵字 STDDEV_MULTIPLIER 宣告,或由設定臨界值範圍方式來發展區域,以關鍵字 THRESHOLD 宣告。另外以關鍵字 /ALL_NEIGHBORS 宣告「周圍 8 個像素」的方式發展,預設值是以「周圍 4 個像素」的方式發展。如果希望在感興趣區域發展時忽略無法定義的數,則需要宣告關鍵字 /NAN。

表 28.2.4 - REGION_GROW 函數的關鍵字

關鍵字	說明
/ALL_NEIGHBORS	搜尋周圍所有的像素來發展區域
/NAN	發展區域時,忽略無法定義的像素
STDDEV_MULTIPLIER=value	以標準差數目方式發展區域
THRESHOLD=[min, max]	以臨界值範圍方式發展區域

範例：

IDL> nimg = img
IDL> nroi2 = REGION_GROW(img, roi, $
IDL>   STDDEV_MULTIPLIER=1)
IDL> nimg[nroi2] = 255B
IDL> TV, nimg

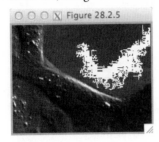

圖 28.2.5

重設複製的影像nimg，以REGION_GROW函數，根據白色感興趣區域在影像img上發展，這次宣告關鍵字STDDEV_MULTIPLIER=1，亦即以起始感興趣區域的所有像素值的一個標準差來做區域發展，系統會根據平均值和標準差計算像素值範圍，得到新的感興趣區域nroi2，然後改變其像素值至255B，最後把改變後的影像顯示在視窗上。因為發展標準變嚴格，所得到的新感興趣區域變小，如圖28.2.5所顯示。

IDL> nimg = img
IDL> nroi3 = REGION_GROW(img, roi, $
IDL>   THRESHOLD=[70, 100])
IDL> nimg[nroi3] = 255B
IDL> TV, nimg

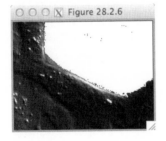

圖 28.2.6

重設複製的影像nimg，以REGION_GROW函數，根據白色感興趣區域在影像img上發展，這次宣告關鍵字THRESHOLD的範圍為 [70, 100]，亦即以此像素值範圍來做區域發展，得到新的感興趣區域nroi3，然後改變其像素值至255B，最後把改變後的影像顯示在視窗上。因為發展標準變寬，所得到的新感興趣區域變成一大片，如圖28.2.6所顯示。

28.3 感興趣區域的標示與統計

尋找感興趣的區域可以使用自動的方式，以電腦演算法尋找，也可以使用手動的方式，利用滑鼠將感興趣的區域標出，不管以自動或手動的方式，得到的結果是區域的頂點資訊，接著則利用這些頂點來標示感興趣區域，或對區域內的像素值做統計分析。標示感興趣區域的指令包括POLYFILL程序、POLY_AREA函數以及POLYFILLV函數，而感興趣區域內像素值的統計由IMAGE_STATISTICS程序實施。

28.3.1 標示感興趣區域所需的指令

表28.3.1列出POLYFILL程序的語法，引數 X和Y是感興趣區域頂點的座標位置，系統根據頂點連結出一個區域，最前和最後一個頂點不一定要相同，系統會在最後一個頂點

時，連結到最前一點，而形成一個區域。不宣告任何關鍵字時，是填充下標為0的顏色，目前所使用的顏色表單是黑白系列，所以是填充黑色。

表28.3.1 - POLYFILL程序的語法

語法	說明
POLYFILL, X [, Y]	填充顏色或斜線至封閉區域

範例：

```
IDL> sub = ['examples', 'data']
IDL> file = FILEPATH('rbcells.jpg', $
IDL>     SUBDIRECTORY=sub)
IDL> READ_JPEG, file, image
IDL> img = image[0:215, 0:161]
```

設定副路徑變數sub，以FILEPATH函數解析IDL內建圖檔rbcells.jpg所在的路徑。然後以READ_JPEG程序讀取影像image，接著使用下標範圍切出216 × 162的影像img。

```
IDL> WINDOW, XSIZE=216, YSIZE=162
IDL> TV, img
IDL> x = [100, 140, 140, 100, 100]
IDL> y = [100, 100, 140, 140, 100]
IDL> POLYFILL, x, y, /DEVICE
IDL> PLOTS, x, y, /DEVICE, COLOR=255
```

建立一個216 × 162的視窗，以TV程序顯示影像img。定義一個正方形區域頂點的X和Y座標，再以POLYFILL程序連結這些頂點，同時在這個正方形區域填上黑色，再以PLOTS程序畫上白色邊框，如圖28.3.1所顯示。注意的是，變數x和y是以裝置座標系統而設定，所以使用POLYFILL程序時，需要宣告 /DEVICE關鍵字。

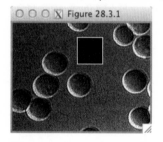

圖28.3.1

　　POLYFILL程序可以填上顏色或平行斜線，表28.3.2列出其關鍵字，COLOR可以改變顏色，/LINE_FILL宣告採取平行斜線標示感興趣區域，SPACING則定義平行線之間的距離。另外也可使用與PLOT程序共用的部分繪圖關鍵字。

表28.3.2 - POLYFILL程序的關鍵字

關鍵字	說明
/LINE_FILL	填充平行斜線
SPACING=centimeters	設定平行斜線中任意二條斜線的距離
ORIENTATION=degrees	設定平行斜線與水平線的斜角
COLOR=integer	宣告填充的顏色
其它繪圖關鍵字	與PLOT程序共用的部分繪圖關鍵字

範例：

IDL> TV, img
IDL> x = [100, 140, 140, 100, 100]
IDL> y = [100, 100, 140, 140, 100]
IDL> POLYFILL, x, y, /DEVICE, /LINE_FILL, $
IDL>   SPACING=0.1, COLOR=255

以TV程序顯示影像img。定義一個正方形區域頂點的X和Y座標，再以POLYFILL程序連結這些頂點，同時在這個正方形區域填上白色的平行斜線，平行線指向與水平線夾角為0度，平行線的間距是0.1公分，如圖28.3.2所顯示。目前的顏色表單是黑白系列，所以下標為255的顏色是白色。

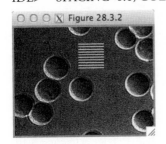

圖28.3.2

IDL> TV, img
IDL> POLYFILL, x, y, /DEVICE, /LINE_FILL, $
IDL>   ORIENTATION=45, COLOR=255

以TV程序顯示影像img，沿用上例正方形區域頂點的X和Y座標，再以POLYFILL程序連結這些頂點，同時在這個正方形區域填上白色的平行斜線，平行線指向與水平線夾角為45度，如圖28.3.3所顯示。目前的顏色表單是黑白系列，所以下標為255的顏色是白色，平行線間距採用預設值0.01公分。

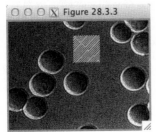

圖28.3.3

　　當感興趣區域的頂點資訊找出時，除可做標示外，POLY_AREA函數可幫忙計算封閉區域的面積，表28.3.3列出其語法，引數X和Y是感興趣區域頂點的座標位置，算出的單位是像素，可以根據像素和距離的換算得到實際的距離單位，計算後的面積儲存在變數Result中。

表28.3.3 - POLY_AREA函數的語法

語法	說明
Result = POLY_AREA(X, Y)	計算封閉區域的面積

範例：

IDL> PRINT, POLY_AREA(x, y)
    1600.00

標示的正方形是個40 × 40的區域，所以得到的面積是1600，其單位是一個像素所代表的距離之平方。

表 28.3.4 列出 POLYFILLV 函數的語法，引數 X 和 Y 是感興趣區域頂點的座標位置，引數 Sx 和 Sy 是原始影像的大小，呼叫後進行感興趣區域內所有的像素位置搜尋（pixel locating），儲存至向量 Result，所以還需要轉換至 X 和 Y 的裝置座標系統，才能繼續做像素值的統計分析。

表 28.3.4 - POLYFILLV 函數的語法

語法	說明
Result = POLYFILLV(X, Y, Sx, Sy)	搜尋在封閉區域內部的像素點下標

範例：

```
IDL> WINDOW, XSIZE=216, YSIZE=162
IDL> TV, img
IDL> x = [100, 140, 140, 100, 100]
IDL> y = [100, 100, 140, 140, 100]
IDL> p = POLYFILLV(x, y, 216, 162)

IDL> ix = p MOD 216
IDL> iy = p / 216
IDL> PLOTS, ix, iy, /DEVICE, COLOR=255
```

建立一個 216 × 162 的視窗，以 TV 程序顯示影像 img，然後定義一個正方形區域頂點的 X 和 Y 座標，再以 POLYFILLV 函數把這個正方形區域內的像素的下標找出，呼叫時需要輸入視窗的尺寸 216 × 162。

因為變數 p 是向量下標，無法直接使用，所以這些向量下標需要轉換至 X 和 Y 座標，儲存至變數 ix 和 iy，才能使用 PLOTS 程序以裝置座標系統標示感興趣區域，如圖 28.3.4 所顯示。因沒宣告特別的顏色表單，預設的顏色表單是黑白系列，所以下標為 255 的顏色是白色。

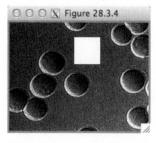

圖 28.3.4

28.3.2 統計感興趣區域中像素的特性

當感興趣區域找出時，則可以對這區域中的像素值做統計（pixel statistics），IDL 提供 IMAGE_STATISTICS 程序，讓讀者方便計算，表 28.3.5 列出其語法，其輸出的統計值由關鍵字輸出，引數 Data 是需要統計的影像。注意的是，這個函數的執行必須宣告關鍵字，否則不會有輸出結果。

表 28.3.5 - IMAGE_STATISTICS 程序的語法

語法	說明
IMAGE_STATISTICS, Data	統計感興趣區域的像素特性

表 28.3.6 列出 IMAGE_STATISTICS 程序的關鍵字，可用來宣告輸出的統計值，例如如果要輸出平均值，則使用關鍵字 MEAN，指向一個變數，執行後的平均值會放到這個變數

中，需要時再列印出來。除了平均值之外，統計值還包括像素的總數、像素值的總和、平方和、變異數、標準差、最小值以及最大值。關鍵字MASK是用來宣告統計的區域，以零和非零做識別，其值為非零的像素則是需要統計的像素。IMAGE_STATISTICS函數只對遮罩區域的非零像素值做統計，沒宣告時，是對整張影像作統計分析。另外一個方式是把感興趣區域切出後，自行使用統計函數進行估算，不一定要使用IMAGE_STATISTICS函數。

表28.3.6 - IMAGE_STATISTICS程序的關鍵字

關鍵字	說明
COUNT=variable	回傳所有像素的總數
DATA_SUM=variable	回傳所有像素值的總和
MASK=array	輸入感興趣區域像素的遮罩值
MAXIMUM=variable	回傳所有像素值的最大值
MEAN=variable	回傳所有像素值的平均值
MINIMUM=variable	回傳所有像素值的最小值
STDDEV=variable	回傳所有像素值的標準差
SUM_OF_SQUARES=variable	回傳所有像素值的平方和
VARIANCE=variable	回傳所有像素值的變異數

範例：

```
IDL> mask = BYTARR(216, 162)
IDL> mask[p] = 1B
IDL> IMAGE_STATISTICS, img, MASK=mask, $
IDL>    COUNT=count, MEAN=ave
IDL> PRINT, count, ave
      1600      123.649
```

接續上例。先建立內容為0的短整數的遮罩矩陣mask，其維度必須與欲分析影像的維度相同，然後把遮罩矩陣中對應的正方形感興趣區域都填上1，代表只要對這個區域的像素值做統計。接著使用以IMAGE_STATISTIC程序的關鍵字COUNT和MEAN計算這些像素的個數和平均值，得到的數目是1600個，平均值是123.649。

```
IDL> data = img[ix, iy]
IDL> IMAGE_STATISTICS, data, $
IDL>    COUNT=count, MEAN=ave
IDL> PRINT, count, ave
      1600      123.649
```

另外一個方式是利用第28.3.1節得到的下標變數ix和iy把正方形區域的像素值找出，且儲存至變數data，然後以IMAGE_STATISTIC程序的關鍵字COUNT計算像素的個數和平均值，但不使用關鍵字MASK，也可以得到相同的個數和平均值。

```
IDL> data = img[p]
IDL> count = N_ELEMENTS(data)
IDL> ave = MEAN(data)
IDL> PRINT, count, ave
      1600      123.649
```

還有一個方式是利用第28.3.1節得到的下標p把正方形區域的像素值找出，且儲存至變數data，然後以N_ELEMENTS函數計算個數count，以MEAN函數計算平均值ave，都是得到相同的結果。

```
IDL> IMAGE_STATISTICS, img, MASK=mask, $
IDL>    MAXIMUM=maxi, MINIMUM=mini, $
IDL>    STDDEV=std, VARIANCE=var, $
IDL>    SUM_OF_SQUARES=sos, $
IDL>    DATA_SUM=ds
IDL> PRINT, maxi, mini
      176.000      81.0000
IDL> PRINT, std, var
      13.6778      187.084
IDL> PRINT, ds, sos
   2.47616e+07      197838.
```

以IMAGE_STATISTICS程序計算遮罩區域像素的最大值和最小值、變異數、標準差總和以及平方和，然後把這些統計值列印至視窗上。

第二十九章 圖形界面的設計

本章簡介

程式通常是以命令列輸入指令的方式執行，而圖形界面（Graphics User Interface, GUI）卻可以讓使用者以滑鼠點選的方式來執行程式。IDL具備建構圖形界面所需的技術，包含各種圖形元件的建立和這些圖形元件的事件管理。在IDL中，圖形元件稱作Widget。

本章的學習目標

認識IDL基本圖形元件的介紹

熟悉IDL管理圖形元件的指令

學習IDL圖形元件傳遞事件的方式

29.1 圖形元件的介紹

圖形界面是一種應用程式（application program），其設計包含二個部分，一個是圖形界面的配置，IDL提供許多基本元件，可依照實際需求來選擇。另一個是圖形元件的管理，IDL提供一些管理元件的指令，來做圖形元件具體化和管理、事件產生以及事件資訊傳遞的工作。

29.1.1 圖形元件的種類

表29.1.1列出IDL提供的基本圖形元件。一些圖形元件的組合變成一個界面。最上層的基底圖形元件稱作最上層基底（top level base），其下層可以根據實務需求來置放其它的圖形元件。每個圖形元件都有一個唯一的識別碼（ID），來進行圖形元件的管理和操控。注意的是，圖形元件配置後，必須使用程序WIDGET_CONTROL的關鍵字 /REALIZE 來顯現圖形元件。

表29.1.1 - IDL界面的基本圖形元件

圖形元件	功能
WIDGET_BASE	建立基底圖形元件
WIDGET_LABEL	建立標號圖形元件
WIDGET_BUTTON	建立按鈕圖形元件
WIDGET_TABLE	建立表格圖形元件
WIDGET_DRAW	建立繪圖圖形元件
WIDGET_TEXT	建立文字圖形元件
WIDGET_COMBOBOX	建立複合下拉選單圖形元件，選單內容可修改
WIDGET_DROPLIST	建立下拉選單圖形元件，選單內容不可修改
WIDGET_LIST	建立名單圖形元件
WIDGET_SLIDER	建立滑動桿圖形元件

WIDGET_TAB	建立標籤圖形元件
WIDGET_TREE	建立樹狀結構圖形元件

範例：

wBase = WIDGET_BASE(/COLUMN, $
   XSIZE=216, YSIZE=162)

建立一個可以做上下排列圖形元件的基底，基底尺寸為216 × 162，如圖29.1.1所顯示，變數 wBase 記錄著此基底圖形元件的 ID。第一個基底元件是最上層圖形元件，其下層也可以是其它的基底圖形元件。每個圖形元件都有獨特的 ID。

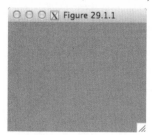

圖 29.1.1

wLabel = WIDGET_LABEL(wBase, $
   VALUE='If finished, press OK.')
wButton = WIDGET_BUTTON(wBase, $
   VALUE='OK')
data = FINDGEN(2, 3)
wTable = WIDGET_TABLE(wBase, VALUE=data)

建立一個 'If finished, press OK.' 的標示，如圖 29.1.2 所顯示，變數 wLabel 記錄著此標示圖形元件的 ID。另外建立一個名稱為 OK 的按鈕，以上下排列的方式，設置此圖形元件至標示圖形元件的下方。最後用表格圖形元件建立一個 2 × 3 表格，表格的內容為 FINDGEN(2, 3)。

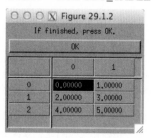

圖 29.1.2

wDraw = WIDGET_DRAW(wBase, $
   XSIZE=216, YSIZE=60)
wText = WIDGET_TEXT(wBase, $
   VALUE='Enter the text here.')
wSlider = WIDGET_SLIDER(wBase, $
   MAXIMUM=255)

開啟一個具有 216 × 60 繪圖區域的圖形元件，如圖 29.1.3 所顯示，其圖形元件的 ID 記錄在變數 wDraw 中。另外建立一個標示為 'Enter the text here' 的文字圖形元件。最後使用滑動桿圖形元件建立一個數值範圍為 [0, 255] 的滑動桿，可用拖拉滑動桿的方式來設定數值。

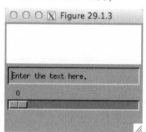

圖 29.1.3

```
wList = WIDGET_LIST(wBase, $
    VALUE=['High', 'Low'])
wDropList = WIDGET_DROPLIST(wBase, $
    VALUE=['Large', 'Small'])
wComboBox = WIDGET_COMBOBOX(wBase, $
    VALUE=['Wide', 'Narrow'])
```

圖形元件LIST、DROPLIST和
COMBOBOX都可以產生名單列表，LIST
圖形元件是以捲動軸的方式操作，而
DROPLIST和COMBOBOX圖形元件是以
下拉的方式讓使用者選擇，如圖29.1.4所
顯示。

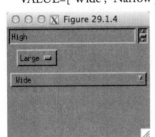

圖 29.1.4

```
wTree = WIDGET_TREE(wBase)
wTree0 = WIDGET_TREE(wTree, $
    VALUE='Level0', /FOLDER, /EXPANDED)
wTree01= WIDGET_TREE(wTree0, $
    VALUE='Data1')
wTree02= WIDGET_TREE(wTree0, $
    VALUE='Data2')
wTree1 = WIDGET_TREE(wTree, $
    VALUE='Level1', /FOLDER)
wTree11= WIDGET_TREE(wTree1, $
    VALUE='Data3')
wTree12= WIDGET_TREE(wTree1, $
    VALUE='Data4')
wTree2 = WIDGET_TREE(wTree, $
    VALUE='Level2', /FOLDER, /EXPANDED)
wTree21= WIDGET_TREE(wTree2, $
    VALUE='Data5')
```

建立一個樹狀結構的圖形元件。樹狀結構
可以允許很多節點，節點分開樹枝和葉
片。Level0是展開的目錄，裡面包含二個
檔案，目錄Level1在點選後會展開，裡面
也是有二個檔案，level2是可以展開的目
錄，裡面有一個檔案，如圖29.1.5所顯
示。

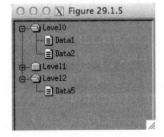

圖 29.1.5

```
wTab = WIDGET_TAB(wBase)
wTab1 = WIDGET_BASE(wtab, $
   TITLE='Tab 1', YSIZE=100)
wLabel1 = WIDGET_LABEL(wTab1, $
   VALUE='Colors')
wTab2 = WIDGET_BASE(wtab, $
   TITLE='Tab 1', YSIZE=100)
wLabel2 = WIDGET_LABEL(wTab2, $
   VALUE='Fonts')
```

建立一個標籤圖形元件，下面有二個標籤，標籤一與顏色有關，標籤二與字型有關，二個標籤可以互相切換。每個標籤設有基底，下面可以置放任何圖形元件，如圖29.1.6所顯示。

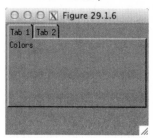

圖 29.1.6

　　在圖形元件完成配置之後，必須要鍵入下列指令，才能在螢幕上顯現所建置的圖形元件。

　　WIDGET_CONTROL, wBase, /REALIZE

　　本書只簡單地示範各個圖形元件的用法，不詳述每個圖形元件的各項功能。讀者可以至IDL線上查詢系統獲得詳細的圖形元件資訊。

29.1.2 圖形元件的指令管理

　　表29.1.2列出管理圖形元件的程序，WIDGET_CONTROL是具體化圖形元件必要的程序，也可以用來改變界面中的各個圖形元件的預設值或外觀，有很多關鍵字可以使用。WIDGET_INFO程序是用來獲取特定圖形元件的資訊，但必須宣告特定的關鍵字。XMANAGER程序則啟動事件的迴圈管理，以等待事件的發生，然後傳遞事件的訊息至適當的程序。

表29.1.2 - IDL 管理圖形元件的程序

程序	功能
WIDGET_CONTROL	具體化、管理和清除圖形元件
WIDGET_INFO	獲取特定圖形元件的資訊
XMANAGER	提供IDL圖形元件事件的迴圈管理

範例：

　　WIDGET_CONTROL, wBase, /REALIZE　　　　顯示基底wBase下的所有圖形元件。

info = WIDGET_INFO(wBase, /NAME)	呼叫 WIDGET_INFO 來查詢圖形元件 wBase 的資訊。加上關鍵字 NAME 後，變數 info 會得到的是字串 'BASE'，代表圖形元件 wBase 是由 WIDGET_BASE 產生的圖形元件。
XMANAGER, 'widget', wBase	圖形元件管理員開始監控事件的發生。當事件產生時，系統則會自動傳送事件資訊至事件回應程序 widget_event，來做進一步的處理。預設的事件回應程序名稱是在名稱「widget」後面加上「_event」。XMANAGER 程序執行後，IDL 系統會轉換至界面系統，所以接著只能從界面上操作，亦即無法再從提示符號「IDL>」上輸入任何指令。
XMANAGER, 'widget', wBase, /NO_BLOCK	NO_BLOCK 關鍵字讓 IDL 系統不要暫停，可在提示符號「IDL>」上輸入任何指令。
WIDGET_CONTROL, base, /DESTROY	刪除基底圖形元件，也同時把基底下的圖形元件全數刪除。

29.2 處理界面事件的方式

當圖形元件被點選時，即產生一個事件，這個事件被具體化之後成為一個結構變數，儲存著相關於事件的資訊，事件處理程式然後根據資訊做出適當的回應。

29.2.1 傳遞界面事件訊息的方式

IDL 的 widget 程式分成兩部分，先是事件管理程序，最後是元件配置程序，在檔案中的排列順序不能顛倒，否則系統會出現找不到事件管理程序的錯誤訊息。執行時只要在提示符號「IDL>」上鍵入圖形元件配置程序名稱即可把界面顯示在螢幕上，然後界面系統等待事件的發生，亦即當界面使用者按下任一圖形元件時，立即產生一個事件，傳遞至事件回應程序，然後進行一系列的回應，包括離開界面，回到 IDL 的提示符號。

表 29.2.1 顯示，IDL 透過界面值 VALUE 和界面用戶值 UVALUE 在事件管理程序和元件配置程序之間傳遞訊息，其中 UVALUE 是 User Value 的縮寫，其值可以是個結構變數。每個圖形元件都可在一開始建立時，設定一個 VALUE 和 UVALUE，也可在建立後用 WIDGET_CONTROL 的關鍵字 SET_VALUE 和 SET_UVALUE 來改變。另外可用 WIDGET_CONTROL 的關鍵字 GET_VALUE 和 GET_UVALUE 來查詢內容。

表29.2.1 - 圖形元件傳遞事件訊息的方式

方式	說明
透過VALUE	除了基底之外，每個圖形元件都可設定一個VALUE字串，此字串傳遞至處理事件的程序或函數，以判斷接續處理的步驟
透過UVALUE	每個圖形元件都可設定一個UVALUE結構，傳遞共用資訊至各個程序或函數

範例：

wButton = WIDGET_BUTTON(wBase, $ VALUE='One', UVALUE='ONE')	在基底wBase下，建立一個按鈕圖形元件，其VALUE是One，UVALUE是ONE。變數wButton記錄著按鈕圖形元件的ID。
WIDGET_CONTROL, wButton, $ GET_VALUE=vv, GET_UVALUE=uu	查詢按鈕圖形元件的VALUE和UVALUE。列印變數vv和uu，即可知道內容。
WIDGET_CONTROL, wButton, $ SET_VALUE='Two', SET_UVALUE='TWO'	個別改變按鈕圖形元件的VALUE和UVALUE值為Two和TWO。
WIDGET_CONTROL, wBase, $ SET_UVALUE=struct	在圖形元件配置程式中，將變數struct放在基底wBase的UVALUE，亦即放在對應的記憶體位置。
WIDGET_CONTROL, ev.TOP, $ GET_UVALUE=struct	事件回應程式接受到事件訊息後，得到結構變數ev，其標簽TOP記錄著基底ID，然後透過GET_UVALUE從記憶體中取出struct。

當繪圖圖形元件建立後，即可產生附有特定ID的視窗。IDL的繪圖指令可接續其後，系統立即把圖形畫在此視窗上。如果有多重視窗，程式撰寫者必須擷取視窗ID和設定繪圖視窗。

範例：

wDraw = WIDGET_DRAW(wBase, $ XSIZE=216, YSIZE=162)	使用繪圖圖形元件建立一個216 × 162的繪圖區域。
WIDGET_CONTROL, wBase, /REALIZE	將已經設置的圖形元件具體化，亦即顯示在螢幕上。
WIDGET_CONTROL, wDraw, $ GET_VALUE=winid	變數wDraw記錄著繪圖圖形元件的ID，而此圖形元件附帶的VALUE記錄著繪圖視窗的ID，透過GET_VALUE把視窗ID放進變數winid中。

| WSET, winid | 設定目前的繪圖視窗，每個繪圖視窗都有一個獨特ID代碼。如果只有一個繪圖視窗時，則不需要設定。 |

| PLOT, [0,1], XTITLE='X', YTITLE='Y' | IDL系統本身的繪圖指令即可接續在繪圖圖形元件的指令敘述之後，圖形立即顯示在此圖形元件產生的視窗上，如圖29.2.1。 |

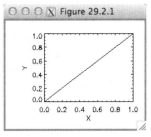

圖 29.2.1

| WSET, winid1 或
WSET, winid2 | 當有二個視窗的時候，其ID代碼各為winid1和winid2。欲改變目前繪圖的視窗，可用WSET程序指定winid1或winid2。 |

　　IDL的傳統繪圖視窗是沒有邊框，而由IDL的圖形元件所建立的繪圖視窗是帶有邊框，看起來比較美觀，讀者可以依據工作需求選擇適當的繪圖視窗。在本書的各個範例都是使用繪圖圖形元件所產生的視窗來繪製圖形。

29.2.2　界面事件參數的結構

　　IDL將事件訊息具體化成一個結構變數，這個結構變數可在圖形界面程序間傳遞。如表29.2.2所顯示，事件結構（event structure）的標籤包括產生事件的圖形元件ID、產生事件的圖形元件的頂層圖形元件ID以及處理事件程序或函數的ID。這三種標籤是每種圖形元件產生的事件結構必有的結構標籤，但不同的圖形元件有額外的結構標籤，依照不同圖形元件型態而定，請參閱IDL線上查詢系統中各個圖形元件的詳細說明。一般來說，結構標籤ID和TOP最常使用，結構標籤HANDLER很少有機會用到。

表29.2.2 - 圖形界面事件的結構

標籤	說明
ID	產生事件的圖形元件ID
TOP	產生事件的圖形元件的頂層圖形元件ID
HANDLER	處理事件程序或函數的ID
其它	依照不同圖形元件型態而定

範例：

```
PRO widget1_event, ev
 IF ev.SELECT THEN WIDGET_CONTROL, ev.TOP, /DESTROY
END
```

如果從元件配置程式的按鈕元件傳來一個事件ev，產生事件的圖形元件ID 則儲存在 ev.ID，產生事件的圖形元件的頂層圖形元件ID則儲存在 ev.TOP，處理事件程序或函數的 ID則儲存在 ev.HANDLER，而 SELECT 是按鈕元件特有的結構標籤，ev.SELECT記錄著按鈕的狀態，1代表此按鈕已被按下。查詢結構變數ev內的標籤和數值可用「HELP, ev, /STRUCTURE」指令達成。

29.3 圖形界面程式的範例

下列的範例一和二是從IDL系統目錄下的examples、doc、widgets的目錄中的widget1.pro和widget2.pro程式節錄出來，可幫忙了解widget程式寫作的基本概念和技巧，進階的widget程式寫作則需要參閱IDL的線上查詢系統或專門書籍。

範例一：

```
PRO widget1_event, ev
  IF ev.SELECT THEN WIDGET_CONTROL, ev.TOP, /DESTROY
END

PRO widget1
  wBase = WIDGET_BASE(/COLUMN, XSIZE=216, TITLE='Figure 29.3.1')
  wButton = WIDGET_BUTTON(wBase, value='Done')

  WIDGET_CONTROL, wBase, /REALIZE
  XMANAGER, 'widget1', wBase
END
```

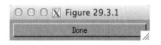

圖 29.3.1

範例一是建立一個Done按鈕的程式，其按鈕顯示在圖29.3.1上。範例一包括兩個程序，最下面是元件配置程序widget1.pro。程序中先用WIDGET_BASE函數建立以上下排列的基底元件wBase，然後在基底元件下，用WIDGET_BUTTON函數加進按鈕元件，按鈕上的文字為Done。WIDGET_CONTROL程序具體化基底元件XMANAGER則啟動事件的迴圈管理，當使用者按下按鈕時，事件管理系統會送一個事件訊息到事件回應程序widget1_event進行接續的動作。變數wBase和wButton分別記錄著基底和按鈕圖形元件的ID，每個元件的ID是獨特的號碼。

事件回應程序 widget1_event 放在整個程式的頂端，接收元件配置程序傳來的事件訊息，相關事件資訊儲存在結構變數 ev 中，當使用者按下按鈕時，此結構變數內的標籤 SELECT 轉變為 1。當 ev.SELECT 為 1 時，亦即條件判斷為真，事件管理程式則刪除最上層的元件，同時結束界面的執行，回到 IDL 的提示符號。綜合來說，在提示符號「IDL>」上編譯範例一程式後鍵入「widget1」指令，則立即顯示圖形界面；按下界面上的「Done」按鈕，則會到 IDL 系統。

範例二：

```
PRO widget2_event, ev
    WIDGET_CONTROL, ev.TOP, GET_UVALUE=textwid
    WIDGET_CONTROL, ev.ID, GET_UVALUE=uval

    CASE uval OF
        'ONE' : WIDGET_CONTROL, textwid, SET_VALUE='Button 1 Pressed'
        'TWO' : WIDGET_CONTROL, textwid, SET_VALUE='Button 2 Pressed'
         'DONE': WIDGET_CONTROL, ev.TOP, /DESTROY
    ENDCASE
END

PRO widget2
    wBase = WIDGET_BASE(/COLUMN, XSIZE=216, TITLE='Figure 29.3.2')
    wButton1 = WIDGET_BUTTON(wBase, VALUE='One', UVALUE='ONE')
    wButton2 = WIDGET_BUTTON(wBase, VALUE='Two', UVALUE='TWO')
    wtext = WIDGET_TEXT(wBase, XSIZE=20)
    wButton3 = WIDGET_BUTTON(wBase, VALUE='Done', UVALUE='DONE')

    WIDGET_CONTROL, wBase, /REALIZE
    WIDGET_CONTROL, wBase, SET_UVALUE=wtext
    XMANAGER, 'widget2', wBase
END
```

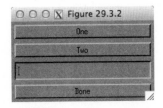

圖 29.3.2

範例二是建立三個按鈕和一個文字欄位的界面，如圖 29.3.2 所顯示。其中二個按鈕上的文字各為 One 和 Two，按鈕「One」的 UVALUE 是 ONE，按鈕「Two」的 UVALUE 是 TWO。當按下按鈕「One」時，界面管理系統會送 ONE 至事件回應程序，當按下按鈕「Two」，則送 TWO。接著使用 WIDGET_TEXT 函數建立一個長度為 20 個字元的文字欄

位。第三個按鈕的文字是 Done，其 UVALUE 的內容是 DONE。變數 wBase、wButton1、wButton2、wButton3 和 wtext 記錄各個圖形元件的 ID。關鍵字 SET_UVALUE 告訴界面管理系統設定基底的 UVALUE 是變數 text 所記錄的 ID 值。

在提示符號「IDL>」上編譯範例二程式後鍵入「widget2」指令，則立即顯示圖形界面。當按下界面上某一個圖形元件時，界面管理程式會把與此圖形元件相關的事件訊息傳遞到事件回應程式 widget2_event 內的結構變數 ev，然後把基底的 UVALUE 放進變數 textwid 且把此圖形元件的 UVALUE 放進變數 uval。如果使用者是按下按鈕一，則變數 uval 儲存的值是 ONE，在條件句下，將 Button 1 Pressed 顯示在 ID 為 textid 的圖形元件上，亦即文字欄位立即顯示 Button 1 Pressed。如果按下的是按鈕二，則文字欄位顯示 Button 2 Pressed。如果按下按鈕「Done」，則刪除基底，回到 IDL 系統。

範例三：

```
PRO widget3_event, ev
    WIDGET_CONTROL, ev.TOP, GET_UVALUE=struct
    WIDGET_CONTROL, ev.ID, GET_UVALUE=uvalue

    IF uvalue EQ 'LEFT' OR uvalue EQ 'RIGHT' THEN BEGIN
        CASE uvalue OF
            'LEFT': WSET, struct.wDrawID1
            'RIGHT': WSET, struct.wDrawID2
        ENDCASE
    ENDIF ELSE BEGIN
        CASE uvalue OF
            'CONT': CONTOUR, DIST(50, 40), COLOR=0
            'SURF': SURFACE, DIST(50, 40), COLOR=0
            'DONE': WIDGET_CONTROL, ev.TOP, /DESTROY
        ENDCASE
    ENDELSE
END

PRO widget3
    DEVICE, DECOMPOSED=0
    !P.BACKGROUND = 255
    wBase = WIDGET_BASE(/COLUMN, TITLE='Figure 29.3.3')

    wBase2 = WIDGET_BASE(wBase, /ROW)
    wButton21 = WIDGET_BUTTON(wBase2,VALUE='Contour Plot', UVALUE='CONT')
    wButton22 = WIDGET_BUTTON(wBase2, VALUE='Surface Plot', UVALUE='SURF')
    wBase3 = WIDGET_BASE(wBase, /ROW)
```

```
wButton31 = WIDGET_BUTTON(wBase3, VALUE='Left Panel', UVALUE='LEFT')
wButton32 = WIDGET_BUTTON(wBase3, VALUE='Right Panel', UVALUE='RIGHT')

wBase4 = WIDGET_BASE(wBase, /ROW)
wDraw1 = WIDGET_DRAW(wBase4, XSIZE=216, YSIZE=162)
wDraw2 = WIDGET_DRAW(wBase4, XSIZE=216, YSIZE=162)
wButton3 = WIDGET_BUTTON(wBase, value='Done', UVALUE='DONE')

WIDGET_CONTROL, wBase, /REALIZE
WIDGET_CONTROL, wDraw1, GET_VALUE=wDrawID1
WIDGET_CONTROL, wDraw2, GET_VALUE=wDrawID2
struct = {wDrawID1:wDrawID1, wDrawID2:wDrawID2}
WIDGET_CONTROL, wBase, SET_UVALUE=struct
XMANAGER, 'widget3', wBase
END
```

　　範例三是示範多重按鈕和多重繪圖區域的實施方式。範例三與範例一和二的不同之處是設定 UVALUE 為結構變數，在元件配置程序和各個事件回應程序之間傳遞且共用。在提示符號「IDL>」上編譯範例三程式後鍵入「widget3」指令，則立即顯示圖形界面。wDrawID1 和 wDrawID2 分別是左和右繪圖區域的 ID，由「Left Panel」和「Right Panel」按鈕控制，使用者可以自由選擇繪圖的區域。然後再決定 Contour Plot 或 Surface Plot 繪圖的種類。圖 29.3.3 是按「Left Panel」按鈕、「Contour Plot」按鈕、「Right Panel」按鈕以及「Surface Plot」按鈕得出的結果。最後結束時，按下「Done」按鈕，回到 IDL 的提示符號。

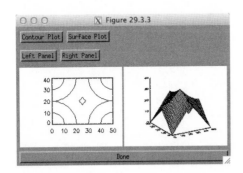

圖 29.3.3

　　在程式中先鍵入「DEVICE, DECOMPOSED=0」指令，再鍵入「!P.BACKGROUND = 255」指令來設定繪圖區域的背景顏色為白色。wButton21 和 wButton22 共用 wBase2 列排列基底，wButton31 和 wButton32 共用 wBase3 列排列基底，wDraw1 和 wDraw2 共用 wBase4 列排列基底，然後這些列排列基底一起置放在最上層的上下排列基底下。struct 是個結構變數，記錄著二個繪圖區域的圖形元件 ID，藉著最頂層的 User Value 傳輸至事件處理程

式,而決定繪圖區域的位置。各個圖形元件有自己的UVALUE,ev.ID記錄著事件發生的圖形元件ID,透過GET_UVALUE=uval,把被啟動圖形元件所獨有的UVALUE傳遞至事件處理程式。然後此程式根據對UVALUE的條件句判斷來決定後續的指令執行。執行後回到待命的狀態,等待下一個事件的發生,直到程式結束為止。

後記:

    本章中只介紹IDL圖形界面程式寫作的基本概念和技巧,讓讀者很快了解界面程式寫作的基本方式,欲深入了解進階的寫作方式,則需要閱讀IDL的線上查詢系統或已出版的圖形界面寫作書籍。

第三十章 物件繪圖的製作

本章簡介

　　物件繪圖（object graphics）是一種特別的電腦繪圖方式，其語法複雜而彈性，適合做新奇而複雜的三維繪圖工作，但也能讓傳統而簡單的二維繪圖工作變得更有趣。IDL提供各種不同用途的物件，供讀者靈活運用，來達到複雜而彈性的繪圖工作需求。

本章的學習目標

　　認識IDL物件繪圖的基本概念
　　熟悉IDL物件繪圖所需的物件函數
　　學習IDL物件繪圖的實施方式

30.1 物件繪圖的介紹

　　IDL繪圖的方式有直接繪圖（direct graphics）和物件繪圖二種，直接繪圖已經介紹過了，本節將先介紹物件繪圖的基本概念和繪圖的物件種類，為後續物件繪圖的實施奠定紮實的基礎。

30.1.1 物件繪圖的基本概念

　　物件是將多數事物共同的特徵抽離出來，並加以分類所產生的結果。把相同性質的物體歸納成一類，稱作類別（class），類別包括名稱（name）、屬性（attribute或property）以及方法（method），例如不同品種和顏色的樹木被歸納成樹木類別，樹木是名稱，品種和顏色是樹木的屬性，讀者可以用方法去種植特定的樹木，因而決定樹木的顏色；另一個實例是叫聲，貓叫、狗吠和雞啼都是叫聲，所以被歸納為同一個聲音類別，不同動物的叫聲不同。當物件概念應用於電腦繪製時，一張資料的變化圖可以被分解成不同部分，每一部分都是一個物件，例如資料線是個物件，座標軸和標示文字也是物件，這些物件是各種圖形的共同特徵。如果要改變資料線的型態、座標軸的範圍以及標示文字的內容時，可以使用物件中的方法達成。

　　物件繪圖和直接繪圖之間的比較可以顯現物件繪圖的優缺點，主要的優缺點列在表30.1.1中。在本章之前所介紹的繪圖方式是直接繪圖，語法簡單，單一指令即可執行特定的工作，例如單一的PLOT程序即可畫出資料線和座標軸，而物件繪圖卻需要二種以上不同的繪圖物件來分開繪製資料線和座標軸。由於物件是分開繪製，所以可以分開操縱繪圖物件，例如資料線旋轉90度，而座標軸不旋轉，但在直接繪圖中，資料線和座標軸必須一起旋轉，這些區別凸顯物件繪圖的複雜性，但也顯示其彈性靈活的特性。

表 30.1.1 - 物件繪圖的優缺點

優點	缺點
以三維方式呈現，易於操控光線和透視表現	任何物件以三維方式呈現，執行時間較長
輕易改變繪圖裝置，例如從螢幕輸出改變成印表機輸出	最好撰寫成程式，以指令列的方式執行費時
物件繪圖執行有一套流程，中間流程可任意改變，例如物件的平移、旋轉以及縮放	物件儲存在記憶體中，需要在程式執行結束後清理

30.1.2 物件繪圖所需的物件函數

　　物件是一群事先定義的物件類別所組成，如表 30.1.2 所顯示，根據物件的用途，可歸納成四種類別。 物件有一定的階級（hierarchy），視覺化物件在顯示物件之下，目的物件是在最上層。

表 30.1.2 - IDL 物件的基本類別

類別	說明
目的物件（Destination Objects）	目的地的物件
顯示物件（Display Objects）	顯示方式的物件
視覺化物件（Visualization Objects）	組成模式的基本物件
檔案格式物件（File Format Objects）	輸入或輸出的檔案格式物件

　　目的物件的選擇決定物件顯示的目的地，可以是如表 30.1.3 所顯示的視窗、記憶體緩衝暫存器、剪貼板以及印表機，讀者可以依據工作需求選擇適當的目的物件。

表 30.1.3 - 目的物件的種類

種類	功能
IDLgrWindow	視窗物件
IDLgrBuffer	緩衝暫存器物件
IDLgrClipboard	剪貼板物件
IDLgrPrinter	印表機物件

　　如表 30.1.4 所顯示，物件顯示的方式依據視角的涵蓋範圍區分場景、視野群組、視野以及模式物件，一個場景可包含一個以上的視野群組，數個視野可組成一個視野群組，不同模式可放在一個視野下。

表 30.1.4 - 顯示物件的種類

物件	功能
IDLgrScene	場景物件
IDLgrViewgroup	視野群組物件
IDLgrView	視野物件
IDLgrModel	模式物件

表30.1.5列出一些常用的視覺化物件，亦即繪圖物件，包括曲折線、文字、座標軸、影像、調色盤以及多邊形等物件，這些視覺化物件的組合構成模式物件，模式物件可以投影在視野物件上，最後顯示在目的地物件上。

表30.1.5 - 視覺化物件的種類

物件	功能
IDLgrPlot	曲折線物件
IDLgrText	文字物件
IDLgrAxis	座標軸物件
IDLgrFont	字形物件
IDLgrImage	影像物件
IDLgrPalette	調色盤物件
IDLgrPolygon	多邊形物件

視覺化物件通常需要一些輸入或輸出的資料，而資料常常以不同的資料格式呈現。市面上有很多種資料格式，每種資料格式有其便利性和應用領域，IDL提供一些常用的資料格式物件，來方便讀者輸出或輸入資料，以增加資料在不同軟體中的實用性。表30.1.6列出一些常用的資料格式，適用在不同的用途上。

表30.1.6 - 資料格式物件的種類

種類	功能
IDLffDICOM	醫學影像格式物件
IDLffDXF	立體建模格式物件
IDLffJPEG2000	JPEG 2000壓縮格式物件
IDLffMPEG	動畫格式物件
IDLffXMLSAX	網頁剖析格式物件

基本上，每種物件都有自己獨特的用途，會在不同層次中被呈現出來。各種不同視覺化物件需要建立在模式物件的下層，然後模式物件連結在顯示物件的下層，顯示物件最後會顯像在目的地物件上，例如當讀者選擇視窗物件為目的地物件時，各個視覺化物件，亦即圖形，全部顯示在螢幕上。

30.2 物件繪圖的實施

IDL的物件繪圖的實施方式有一定的步驟，先是物件的建立，然後物件的操作，最後完成時，需要把物件從記憶體中刪除，以節省記憶體。因為物件繪圖的實施方式複雜，一般都是將各個物件的指令敘述組合成一個程式，然後再一起執行，以節省各個指令輸入的時間。

30.2.1 建立物件的方式

建立物件的指令語法顯示在表30.2.1上，一般使用OBJ_NEW函數呼叫，呼叫時需要指定物件類別名稱和相關的引數，其輸出的結果則是一個物件指標，指向此物件在記憶體的存放位置。

表30.2.1 - 建立物件的指令語法

指令語法	說明
oRef = OBJ_NEW(ObjectClass, Arguments)	oRef是物件指標，ObjectClass是物件類別名稱，Arguments是物件所需的引數，用來初始定義物件類別的屬性，屬性亦即傳統繪圖的關鍵字。各個物件的引數名單可從IDL的線上查詢系統查詢。

範例：

IDL> oModel = OBJ_NEW('IDLgrModel')　　建立一個模式物件，其中oModel是模式物件的指標。任何視覺化物件與模式物件連結後，才能進行物件的平移、旋轉以及縮放等動作。

IDL> oPlot = OBJ_NEW('IDLgrPlot', x, y)　　建立一個以向量x和y構成的曲折線物件。oPlot是指向曲折線物件的指標，其中x和y是曲折線物件所需的引數。

30.2.2 操控物件的方法

傳統的IDL指令分程序和函數二種，物件方法也同樣地分成二種，亦即程序方法和函數方法。如表30.2.2顯示，不同方法有不同的呼叫方式。物件方法可以操縱物件的屬性。符號「->」代表引用物件方法的指向，在此符號之前需搭配物件指標，在此符號之後需宣告運作的方法，接續的引數Arguments是對應方法的屬性名稱和內容。

表30.2.2 - 物件方法的型態

指令	型態
oRef -> Procedure, Arguments	程序方法
var = oRef -> Function(Arguments)	函數方法

範例：

IDL> oText = OBJ_NEW('IDLgrText', 'Good')　　建立一個內容為Good的文字物件。oText是文字物件的指標，指向字串 'Good'，此字串和IDLgrText一起儲存在記憶體中，oText指標記憶其儲存位置。當呼叫oText指標時，亦即同時呼叫出字串 'Good'。

IDL> oText -> GetProperty, STRINGS=var1	GetProperty 是查詢物件屬性的方法,屬於程序型態。STRINGS 是 IDLgrText 物件類別所具有的屬性。指令敘述執行的結果是將 oText 指向的字串回傳至 var1 變數,然後可用 PRINT, var1 列印字串的內容。
IDL> oText -> SetProperty, STRINGS='Better'	SetProperty 是改變物件屬性的方法,屬於程序型態,STRINGS 屬性是可以重複使用。此指令執行的結果是將 oText 指向的字串由 'Good' 改變至 'Better'。
IDL> oModel = OBJ_NEW('IDLgrModel')	建立一個模式物件,其中 oModel 是模式物件的指標。其它繪圖物件可以連結至模式物件後,才可進行操作。
IDL> oView = OBJ_NEW('IDLgrView')	建立一個視野物件,其指標取名為 oView。
IDL> oWindow = OBJ_NEW('IDLgrWindow')	建立一個視窗物件,此物件的指標取名為 oWindow。
IDL> oModel -> Add, oText	Add 是將 oModel 物件放置下層物件 oText 的方法,屬於程序型態。
IDL> oView -> Add, oModel	Add 是將 oView 物件放置下層物件 oModel 的方法,屬於程序型態。
IDL> oWindow -> Draw, oView	Draw 是 oWindow 物件用來顯示 oView 上圖形的方法,屬於程序型態。
IDL> oImage = oWindow -> Read()	Read 是 oWindow 物件擷取影像的方法,屬於函數型態,其功能是從視窗擷取影像,然後把此影像在記憶體的位置指定至 oImage 指標。注意的是,如果 oWindow 沒有與 oView 連結,有可能擷取出雜亂的影像。
IDL> oImage -> GetProperty, DATA=image	將影像資料從 oImage 物件指標所指的記憶體位置中取出,放進變數 image 中,此影像的格式是交織維度為第一維的影像。

30.2.3 清除物件的方式

物件執行完成時，物件必須從記憶體中清除，以免造成記憶體的閒置。當記憶體不足時，IDL系統可能會暫停運作。清除物件的方式是用表30.2.3所列出的OBJ_DESTROY函數實施。

表30.2.3 - OBJ_DESTROY函數的語法

語法	說明
OBJ_DESTROY, oRef	從記憶體中清除物件的指標oRef

範例：

IDL> oView = OBJ_NEW('IDLgrView')	建立一個視野物件，此物件的指標取名為oView。
IDL> OBJ_DESTROY, oView	清除儲存在記憶體中的IDLgrView物件。

若要確定物件是否清除乾淨，可使用「HELP, /HEAP」指令顯示目前在記憶體的指標和物件數目。當二者的數目都為0時，代表已經清除乾淨。雖然在自己的程式沒有使用指標，有些物件會在程式內使用指標，建立物件等於是定義指標，刪除物件也會刪除相關的指標。

30.2.4 顯示物件的公用程序

表30.2.4列出XOBJVIEW公用程序的用法，方便物件操控。一般來說，IDL的指令名稱前加X字母是一種公用程序，通常以視窗界面呈現。使用者可以用點選界面上的按鈕或拖拉滑鼠的方式操控界面上的物件，操控包括放大、縮小、平移以及旋轉。離開XOBJVIEW時，點選界面上File選單的Quit項目。

表30.2.4 - 顯示模式物件的公用程序和關鍵字

程序名稱	說明
XOBJVIEW, Obj	可以放大、縮小、平移、旋轉物件

範例：

IDL> XOBJVIEW, oModel	用XOBJVIEW界面程序顯示oModel物件，讀者可以在界面上任意操控物件。
IDL> XOBJVIEW, oModel, TITLE='Demo'	設定顯示視窗的標題為Demo。
IDL> XOBJVIEW, oModel, $ IDL>　　XSIZE=300, YSIZE=300	設定顯示視窗的尺寸是300 × 300。

30.2.5 物件繪圖和界面繪圖的結合

如果沒做任何的宣告，由WIDGET_DRAW函數產生的視窗是一般視窗，適用傳統的繪圖指令。表30.2.5列出在這函數中設定物件視窗的關鍵字，在加進關鍵字GRAPHICS_LEVEL=2和具體化界面元件後，螢幕上就會跳出一個物件視窗。注意的是，除非刪除重來，繪圖視窗的型態一旦設定，則無法改變，傳統視窗適用於傳統的繪圖指令，而物件視窗適用於物件的繪圖指令，不能混合。由於關鍵字GRAPHICS_LEVEL的引進，物件繪圖和界面繪圖才可以結合在一起，更增加IDL繪圖的功能。

表30.2.5 - 在WIDGET_DRAW函數中設定物件視窗所需的關鍵字

關鍵字	說明
GRAPHICS_LEVEL=2	設定繪圖的視窗為物件視窗

範例：

```
IDL> wDraw = WIDGET_DRAW(wBase, $
IDL>    GRAPHICS_LEVEL=2)
```
在WIDGET_DRAW函數中，設定物件視窗所需的關鍵字GRAPHICS_LEVEL=2。

```
IDL> WIDGET_CONTROL, wBase, /REALIZE
```
具體化界面繪圖的元件後，在螢幕上就會跳出一個視窗，此視窗為物件視窗。

```
IDL> WIDGET_CONTROL, wDraw, $
IDL>    GET_VALUE=oWindow
```
最後透過GET_VALUE屬性，得到視窗物件的指標oWindow，物件oView對應的圖形，即可畫在oWindow所指定的視窗。

30.3 物件繪圖的範例

物件繪圖複雜而靈活，不容易學習，但是透過範例的示範，可以讓學習事半功倍，得到很好的效果，本節將示範二個二維物件繪圖和一個三維物件繪圖的例子，讀者可以很快了解IDL物件繪圖的運作方式。

30.3.1 二維物件繪圖的範例

基本上，如果要做二維平面繪圖，直接繪圖的方式已經足夠應付需求，其執行效率相當高，但物件繪圖的方式卻很繁瑣。本節將提供二個範例，將凸顯物件繪圖和直接繪圖執行上的差別。

在圖形上的（x, y）位置標示 'Hello!' 字串，在指令列鍵入下列指令即可：

```
XYOUTS, x, y, 'Hello!'
```

在物件繪圖中，則需要鍵入下列一系列的指令敘述：

建立尺寸為216×192且內容無法被覆蓋掉的視窗物件、視野物件以及模式物件。
oWindow = OBJ_NEW('IDLgrWindow', RETAIN=2, $
    DIMENSIONS=[216, 192], TITLE='Figure 30.3.1')
oView = OBJ_NEW('IDLgrView')
oModel = OBJ_NEW('IDLgrModel')

建立內容為「Hello!」的文字物件，然後改變文字位置至 [-0.5, -0.5, 0]，將文字物件置
放於模式物件下。預設的視野左下角位置和範圍是 [-1, -1, 2, 2]，如果超出範圍，文字會
看不到。
oText = OBJ_NEW('IDLgrText', 'Hello!')
oText -> SetProperty, LOCATIONS=[-0.5, -0.5, 0]
oModel -> Add, oText

將模式物件置放於視野物件之下，然後將視野下所有的圖形都繪製在視窗上。
oView -> Add, oModel
oWindow -> Draw, oView

接下來，清除所有物件指標，最上層的物件指標被刪除時，其下層的所有物件指標也
會被一併刪除，指標 oView 是在最上層，當此指標被移除，其下層所有的指標全部移除。
oWindow 指標是獨立的指標，需要分開刪除，刪除後螢幕上的視窗會消失。
OBJ_DESTROY, oView
OBJ_DESTROY, oWindow
END

在還沒移除 oWindow 視窗指標時，視窗上會顯示 'Hello!' 字串，如圖 30.3.1 所顯示。

圖 30.3.1

注意的是，文字的預設位置為（0, 0, 0），即使在二維平面上標示文字，都是以三維
的座標來定義位置，第三維的座標為 0。另一個範例是繪製二個向量 datax 和 datay 之間的

曲折線圖。在直接繪圖中，實施的方式非常簡單，只要輸入下列二個指令敘述即可完成：

```
datax = FINDGEN(8) & datay = [4, 3, 7, 2, 8, 0, 6, 3]
PLOT, datax, datay, XTITLE='X', YTITLE='Y', TITLE='X vs. Y'
```

但在物件繪圖中，則需要下列一系列的指令才能完成：

建立 216 × 192 視窗，定義視野範圍至 [–4, –4, 16, 16]，然後建立模式物件。
```
oWindow = OBJ_NEW('IDLgrWindow', RETAIN=2, $
    DIMENSIONS=[216, 192], TITLE='Figure 30.3.2')
oView = OBJ_NEW('IDLgrView', VIEWPLANE_RECT=[–4, –4, 16, 16])
oModel = OBJ_NEW('IDLgrModel')
```

從資料中建立曲折線物件，然後將此物件置放於模式物件下。
```
datax = FINDGEN(8)
datay = [4,3,7,2,8,0,6,3]
oPlot = OBJ_NEW('IDLgrPlot', datax, datay)
oModel -> Add, oPlot
```

定義字體和字形大小，建立標題文字物件，然後將此物件放置於模式物件下。
```
ofont = OBJ_NEW('IDLgrFont', 'Helvetica', SIZE=10)
oTextTitle = OBJ_NEW('IDLgrText', 'X vs. Y', LOCATION=[3, 9, 0], FONT=oFont)
oModel -> Add, oTextTitle
```

定義各軸的標題文字，然後與各座標軸的物件連結且置放於模式物件下。
```
oTextX = OBJ_NEW('IDLgrText','X', FONT=oFont)
oAxisX = OBJ_NEW('IDLgrAxis',0, TITLE=oTextX)
oTextY = OBJ_NEW('IDLgrText','Y', FONT=oFont)
oAxisY = Obj_NEW('IDLgrAxis',1, TITLE=oTextY)
oModel -> Add, oAxisX
oModel -> Add, oAxisY
```

設定各座標軸的範圍，來避免圖形過小或過大。
```
oPlot -> GetProperty, XRANGE=xr, YRANGE=yr
oAxisX -> SetProperty, RANGE=xr
oAxisY -> SetProperty, RANGE=yr
```

定義曲折線轉折的符號之後，在曲折線上標記符號，接下來是改變符號大小。
```
oSymbol = OBJ_NEW('IDLgrSymbol', 1)
oPlot -> SetProperty, SYMBOL=oSymbol
oSymbol -> SetProperty, SIZE=[0.1,0.1]
```

將模式物件放置於視野物件之下，然後將視野下所有圖形部分顯示在視窗上。

oView -> Add, oModel

oWindow -> Draw, oView

執行結束後物件指標必須清除。指標 oWindow 被移除時，螢幕上的視窗會被移除。

OBJ_DESTROY, oFont, oSymbol

OBJ_DESTROY, oTextX, oTextY

OBJ_DESTROY, oView, oWindow

END

在 oWindow 視窗物件還沒被移除時，視窗上仍然顯示圖 30.3.2。

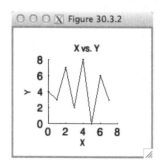

圖 30.3.2

讀者也可使用 XOBJVIEW 公用程序來顯示模式物件，執行方式如下：

XOBJVIEW, oModel, XSIZE=216, YSIZE=192, TITLE='Figure 30.3.3'

其中 oModel 是模式物件，視窗尺寸為 216 × 192 像素，標題設為 Figure 30.3.3，如圖 30.3.3 所顯示。注意的是，oFont、oTextX、oTextY 和 oSymbol 等物件不能移除，否則圖形無法正確顯示，因為這些物件與 oModel 相關聯。XOBJVIEW 程序是個視窗界面程式，界面上有些選單和按鈕可供操作，預設按鈕是旋轉按鈕，當游標移至物件且按下滑鼠鍵不放時，物件會隨著游標的移動而旋轉。另外也可選擇縮放或平移按鈕，以移動滑鼠來清楚地顯示物件的幾何形狀。

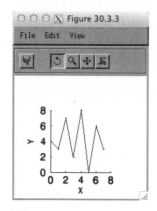

圖 30.3.3

物件繪圖可以和直接繪圖混合在一起使用，物件繪圖後可透過下列的指令敘述擷取影像至一特定變數：

oImage = oWindow -> Read()

oImage -> GetProperty, DATA=image

其中 oWindow 指標下的 Read 函數方法將視窗上的圖形擷取成影像，然後定義一個 oImage 指標來指向擷取的影像，經過 oImage 指標下的 GetProperty 方法，系統儲存擷取的影像至 image 變數，執行後即可用下列直接繪圖的方式繪製影像：

TV, image, TRUE=1

此擷取的影像格式是交織性為 1 的影像，所以顯像時需要加上 TRUE 關鍵字，執行後另外一個傳統視窗會跳出，有別於物件視窗，注意的是，物件視窗和傳統視窗不能混合使用。當 IDL 無法顯像或得到雜亂的影像時，繪圖裝置的 DECOMPOSED 關鍵字必須設為 1。

30.3.2 三維物件繪圖的範例

此範例是運用物件繪圖的方式將世界地圖影像貼在圓柱面上。雖然傳統繪圖也可以做到貼圖，但沒有物件繪圖的效果好，下列是貼圖具體執行的指令敘述：

從 IDL 系統目錄中讀取世界地圖檔，檔案格式是二元格式，大小是 360 × 360。

path = FILEPATH('worldelv.dat', SUBDIRECTORY=['examples', 'data'])

file = READ_BINARY(path, DATA_DIMS=[360, 360])

建立模式和影像物件，選擇第 33 號顏色表單，設定第 256 個顏色為白色，然後將此顏色表單放入調色盤物件中。

oModel = OBJ_NEW('IDLgrModel')

oImage = OBJ_NEW('IDLgrImage', file)

oPalette = OBJ_NEW('IDLgrPalette')

oPalette -> LOADCT, 33

oPalette -> SetRGB, 255, 255, 255, 255

oImage -> SetProperty, PALETTE=oPalette

建立貼圖的座標系統，網格數目必須與構成圓柱體的網格點一致。

grid = FINDGEN(360)/359.

texture_coordinates = FLTARR(2, 360, 360)

texture_coordinates[0, *, *] = grid # REPLICATE(1., 360)

texture_coordinates[1, *, *] = REPLICATE(1., 360) # grid

一個物體是由很多個多邊形所組成，在此先用 MESH_OBJ 程序建立一個圓柱體模組，然後使用多邊形物件的貼圖方式進行貼圖，SHADING=1 是告訴系統使用較高品質的貼圖演算法。

MESH_OBJ, 3, verts, conn, REPLICATE(2, 360, 360), P4=2.5
oPolygon = OBJ_NEW('IDLgrPolygon', DATA=verts, POLYGONS=conn, $
   TEXTURE_COORD=texure_coordinates, TEXTURE_MAP=oImage, $
   COLOR=[255, 255, 255], /TEXTURE_INTERP, SHADING=1)

以X軸為軸，旋轉45度，將多邊形物件加進模組物件。
oModel -> ROTATE, [1, 0, 0], 45
oModel -> ADD, oPolygon

最後使用 XOBJVIEW 程序來顯示模式物件。
XOBJVIEW, oModel, XSIZE=216, YSIZE=192, TITLE='Figure 30.3.4'
END

在上列 XOBJVIEW 的指令敘述執行之後，就會顯示圖 30.3.4。使用者可以點選拖拉圓柱體來調整視角。選擇 File 選單下的 Quit 項目，即可離開 XOBJVIEW 界面。

圖 30.3.4（原圖為彩色）

後記：
   本章中只介紹 IDL 物件程式寫作的基本概念和技巧，讓讀者很快了解 IDL 物件程式的基本運作方式。有了這些基本的概念和技巧後，接著可繼續閱讀 IDL 的線上查詢系統或已出版的物件程式寫作書籍，以更深入了解進階物件程式的寫作方式。雖然物件繪圖程式寫法繁雜，在面對複雜的三維繪圖工作時，極其方便。另外在視覺化效果方面，物件繪圖是優於傳統繪圖。

參考書籍

Application Development with IDL, by Ronn Kling, KRS, Inc., 1999.

IDL Programming Techniques, 2nd Edition, by David W. Fanning, Fanning Software Consulting, 2000.

Calling C and C++ from IDL: Making Sense of the Sometimes Confusing World of C and IDL, by Ronn Kling, Kling Research and Software, 2001.

Practical IDL Programming, by Liam E. Gumley, Morgan Kaufmann, 2001.

Power Graphics with IDL: A Beginners Guide to IDL Object Graphics, by Ronn Kling, KRS, Inc., 2002.

《IDL可視化工具入門與提高》（簡體版），閻殿武，機械工業出版社，2003年。

An Introduction to Programming with IDL: Interactive Data Language, by Kenneth P. Bowman, Academic Press, 2005.

《IDL可視化分析與應用》（簡體版），韓培友，西北工業大學出版社，2006年。

Numerical Recipes in C: The Art of Scientific Computing, 3rd Edition, by William H. Press, Saul A. Teukolsky, William T. Vetterling, and Brian P. Flannery, Cambridge University Press, 2007.

IDL Primer, by Ronn Kling, Kling Research and Software, 2007.

Navigating the IDL Workbench, by Ronn Kling, Kling Research and Software, 2007.

《ENVI遙感影像處理教程》（簡體版），李小娟、宮兆寧、劉曉萌、李靜，中國環境科學出版社，2007年。

《ENVI遙感影像處理專題與實踐》（簡體版），趙文吉、段福州、劉曉萌、徐智勇，中國環境科學出版社，2007年。

《ENVI遙感影像處理方法》（簡體版），沈煥鋒、鍾燕飛、王毅、金淑英、曹麗琴、田馨、袁強強、金銀龍，武漢大學出版社，2009年。

Object Oriented Programming with IDL, by Ronn Kling, Kling Research and Software, 2010.

《ENVI遙感圖像處理方法》（簡體版），鄧書斌，科學出版社，2010年。

Coyote's Guide to Traditional IDL Graphics, by David W. Fanning, Coyote Book Publishing, 2011.

Modern IDL: A Guide to IDL Programming, by Michael D. Galloy, 2011.

《遙感數字圖像處理實驗教程》（簡體版），韋玉春，科學出版社，2011年。

《IDL程式設計：資料可視化與ENVI二次開發》（簡體版），董彥卿，高等教育出版社，2012年。

Image Analysis, Classification and Change Detection in Remote Sensing: With Algorithms for ENVI/IDL and Python, 3rd Edition, by Morton J. Canty, CRC Press, 2014.

英文索引

（主要包含指令和關鍵字索引，以大寫的英文字母表示，縮排的名詞是關鍵字。小寫的英文名詞附有中文翻譯，可以從這些中文翻譯的名詞，由中英文對照表中找到更多的中英文索引）

中英文對照表

國家圖書館出版品預行編目（CIP）資料

IDL 程式語言 / 許志泓著． -- 初版 . -- 桃園縣
中壢市：中央大學出版中心；臺北市：遠流，
2014.12
　　面：　公分
　　ISBN 978-986-5659-03-5（平裝）

1. IDL（電腦程式語言）

312.3213　　　　　　　　　　103024964

IDL 程式語言

著者：許志泓
執行編輯：許家泰
編輯協力：簡玉欣

出版單位：國立中央大學出版中心
　　　　　桃園縣中壢市中大路 300 號 國鼎圖書資料館 3 樓

　　　　　遠流出版事業股份有限公司
　　　　　台北市南昌路二段 81 號 6 樓

發行單位／展售處：遠流出版事業股份有限公司
地址：台北市南昌路二段 81 號 6 樓
電話：(02) 23926899　傳真：(02) 23926658
劃撥帳號：0189456-1

著作權顧問：蕭雄淋律師
法律顧問：董安丹律師

2014 年 12 月 初版一刷
行政院新聞局局版台業字第 1295 號
售價：新台幣 600 元

YLib.com 遠流博識網 http://www.ylib.com E-mail: ylib@ylib.com

本書所引用 IDL 軟體英文線上查詢系統資料由科協股份有限公司授權